巧妙的雨水设计

美国优秀雨水管理案例分析

［美］ 斯图尔特·埃科尔斯
伊莱扎·潘妮帕克 著
童可嘉　马会　谭畅 译

中国城市出版社

著作权合同登记图字：01-2016-8830号

图书在版编目（CIP）数据

巧妙的雨水设计：美国优秀雨水管理案例分析／（美）斯图尔特·埃科尔斯，（美）伊莱扎·潘妮帕克著；童可嘉，马会，谭畅译．—北京：中国城市出版社，2020.7

Artful Rainwater Design Creative Ways to Manage Stormwater

ISBN 978-7-5074-3286-2

Ⅰ．①巧… Ⅱ．①斯… ②伊… ③童… ④马… ⑤谭… Ⅲ．①雨水资源-水资源管理 Ⅳ．①TV213.4

中国版本图书馆CIP数据核字（2020）第098904号

责任编辑：戚琳琳　姚丹宁
责任校对：王　烨

巧妙的雨水设计
美国优秀雨水管理案例分析
［美］斯图尔特·埃科尔斯　伊莱扎·潘妮帕克　著
童可嘉　马会　谭畅　译
*
中国城市出版社出版、发行（北京海淀三里河路9号）
各地新华书店、建筑书店经销
北京锋尚制版有限公司制版
临西县阅读时光印刷有限公司印刷
*
开本：850×1168毫米　1/16　印张：17¼　字数：392千字
2020年10月第一版　2020年10月第一次印刷
定价：175.00元
ISBN 978-7-5074-3286-2
（904271）

目录

致谢

许多人帮助我们将很多关于雨水和景观设计的有趣想法带入这本书中，我们非常感谢他们。首先，我们想感谢《景观建筑》（Landscape Architecture）杂志的编辑威廉姆·汤普森（William Thompson），他在2005年时，鼓励我们尝试编写本书，为我们提供了大量关于该项目的信息，并发表了一些我们的早期文章。然后是《景观杂志》的编辑艾伦·戴明（Elen Deming），她于2008年在该杂志发表了一篇文章，并提供了奖学金以及专业信息。感谢我们当时的研究生和疯狂热情的同事赛斯·威尔伯丁（Seth Wilberding），他的论文给我们提供了很多好的素材。我们还要特别感谢波特兰的开拓者和绿色基础设施的拥护者汤姆·立普顿（Tom Liptan），他的“为什么不”的心态直接孕育了许多巧妙的雨水系统设计思想的种子。

如果没有国内众多才华横溢的设计师们的智力贡献，我们不可能成功出版这本由许多夺人眼球的实际项目和新奇想法组合而成的书。OLIN的史蒂夫·本茨（Steve Benz）、尼尔森·伯德·沃尔兹（Nelson Byrd Woltz）的沃伦·伯德（Warren Byrd）、Koch Landscape Architecture的史蒂夫·科赫（Steve Koch）、环境艺术家丝塔西·利维（Stacy Levy）、俄勒冈州波特兰环境服务局退休环境专家汤姆·立普顿（Tom Liptan）、梅尔/里德（Mayer/Reed）的卡罗尔·梅尔·李德（Carol Mayer Reed）、城市雨水设计（Urban Rain Design）的凯文·帕瑞（Kevin Perry）、Michael Vergason Landscape Architects, Ltd.的迈克尔·沃格森（Michael Vergason）、OLIN的苏·维勒（Sue Weiler）在2013年宾夕法尼亚州立大学ARD研讨会上分享了他们的想法，为此值得我们特别感谢。我们还要诚挚地感谢所有为我们提供案例研究信息的设计师们，他们是：Andropogon Associates, Ltd.的何塞·阿尔米娜娜（Jose Alminana）和汤姆·阿莫罗索（Tom Amoroso）、Perkins+Will事务所的利奥·阿尔瓦雷斯、ML Baird &Co.的玛拉·李·贝尔德（Mara Lee Baird）、亚特兰大BeltLine Inc.的凯文·伯克（Kevin Burke）、Perkins + Will的马克辛·科尔曼（Maxine Coleman）、Bruce Dees and Associates布鲁斯·迪斯（Bruce Dees）、Atelier Dreiseitl的赫伯特·德雷塞特尔（Herbert Dreiseitl）、宾夕法尼亚园艺学会（Pennsylvania Horticultural Society）的大卫·埃利奥特、Greenworks的迈克·法哈（Mike Faha）、Gaynor的佩吉·盖诺（Peggy Gaynor）、Walker Macy的伊恩·霍尔兹·沃思（Ian Holz worth）、环境艺术家洛娜·乔丹、RDG

Planning&Design的乔纳森·马丁（Jonathan Martin）、Miller Company Landscape Architects设计师杰弗里·米勒（Jeffrey Miller）、密歇根大学的琼·拿苏尔（Joan Nassauer）、Green works的亚历克斯·佩罗弗（Alex Perove）、华盛顿大学的南希·罗特尔（Nancy Rottle）、堪萨斯州立大学的李·斯卡博朗德（Lee Skabelund）、环境艺术家巴斯特·辛普森（Buster Simpson）、SvR Design Company的派格·斯德西里（Peg Staeheli）、Ten Eyck Landscape Architects Inc.的克里斯蒂·藤·艾克（Christie Ten Eyck）、Murase Associates的马克·蒂尔比（Mark Tilbe）、Atlas Landscape Architecture的尼克·威尔逊（Nick Wilson）、Site works的萨拉·威尔逊（Sara Wilson），以及Design Conservation Forum的戴维德·姚卡（David Yocca）。在上述名单中，我们尤其要特别感谢沃伦·伯德（Warren Byrd），他是我们的老朋友和ARD的倡导者，他总是鼓励我们进一步传播这个专属名词。

感谢宾夕法尼亚州立大学景观建筑系系主任罗恩·亨德森（Ron Henderson）不仅以时间而且用金钱给予我们的支持。我们同样要感谢的还有施塔克曼建筑与景观学院院长纳特·贝尔彻（Nat Belcher），以及宾夕法尼亚州立大学艺术与建筑学院院长芭芭拉·科纳（Barbara Korner）。

如果没有图表的创建者克里斯·毛雷尔（Chris Maurer）和图标的设计者莱西·哥德堡（Lacey Goldberg）在艺术表现上的贡献，这本书看起来不会像现在这么好。

最后，我们要向Island出版社的主编柯特妮·李克斯（Courtney Lix）致以最深切的感谢，她的帮助和配合使这本书的诞生过程充满了欢乐。

中文版序

美国学者斯图尔特·埃科尔斯与伊莱扎·潘妮帕克合著的《巧妙的雨水设计》一书，英文版自2015年问世以来，在美国雨水径流设计与管理和城市景观设计领域引发了不小的轰动，以致该书在很短的时间内连续再版，但依然供不应求。作者认为“真正的可持续雨水管理设施必须是美观的，只有这样人们才会珍视它”。基于此，作者从2005年开始探索这个主题，创新性地提出了将可持续的雨水管理功能设计与人性化的景观设计进行有机融合的“巧妙雨水设计”（ARD）理念。书中，作者还详细阐述了雨水管理功能的设计要求、人性化的景观设计要求（教育、娱乐、安全、公共关系、美学丰富性等），及其相互结合的方法与理念；并从美国景观建筑师协会和美国建筑师协会的获奖项目中，精选了20个在可持续雨水管理措施上应用巧妙的设计理念和方法的ARD范例进行了解析，帮助读者学习和理解。

绿色城市雨水管控的理念与实践始于20世纪90年代，如美国的LID、英国的SUDS、澳大利亚的WSUD、新加坡的ABC等。我国根据中国国情和城镇化发展状况，从生态文明建设、城镇化绿色发展以及加快补齐城市排水设施短板等方面的需求，于2013年提出了海绵城市的理念。即在城市规划、建设和管理等环节，转变依靠“末端治理”的灰色基础设施为主的传统做法，采取灰绿结合的现代城市排水系统设计理念，从“源头减排、过程控制、系统治理”着力，综合采用“渗、滞、蓄、净、用、排”等技术措施，统筹协调水量与水质、生态与安全、分布与集中、绿色与灰色、景观与功能、岸上与岸下、地上与地下等关系，有效控制城市降雨径流，最大限度地减少城市开发建设行为对原有自然水文特征的干扰和对水生态环境造成破坏，使城市能够像“海绵”一样，在适应环境变化、抵御自然灾害等方面具有良好的“弹性”，实现修复城市水生态、涵养城市水资源、改善城市水环境、保障城市水安全、复兴城市水文化的多重目标，达到“小雨不积水、大雨不内涝、水体不黑臭、热岛有缓解”的现代城镇化发展的要求。

2015年以来，在国家有关部门的领导和指导下，在中央财政的大力支持下，以试点引路，在全国不同地域选取了30个城市进行海绵城市建设试点，取得了引人瞩目的成就，也获得了社会的高度认可。取得成绩的同时，也暴露出一些需要进一步完善和细化的问题，尤其是在蓝绿融合、功能与景观效果方面的问题和认识比较突出。《巧妙的雨水设计》中文版的出版应当说是恰逢其时，想必书中介绍的城市雨水管控与人性化高度融合的ARD设计理念和案例解析，一定会对我国从事城市规划、给排水、园林景观、建筑设计等专业人员在海绵城市规划设计、建设与管理方面的有机融合起到有益的借鉴和推动作用。

《巧妙的雨水设计》的译者来自中国建筑标准设计研究院生态环境规划设计研究中心的年轻人，他们在工作之余翻译了这本专著，使我们更加方便地学习和了解国外同行的理念、方法和经验。对此，我对他们辛勤付出所做的贡献表示由衷的敬意。同时，也坚信这本译著的出版，一定会对推动我国海绵城市建设有所裨益。

2019年11月3日于北京

前言

在位于西海岸的俄勒冈州波特兰市，一名男子在一个下雨天来到阿伯小屋（Arbor Lodge）的新季节市场（New Seasons Market），想为晚餐选购几样东西。当他急匆匆地跑进商店时，不经意间抬头看了看入口处的雨棚，这让他注意到雨水正从屋顶旁边的一个排水口喷涌而出，刚好冲刷着一组金属制成的鲑鱼群雕塑，那些相互追逐的鲑鱼好像正在逆流而上。这时一个念头在他心中油然而生：这些雨水将从屋顶一直流淌进附近的河里，如果能始终保持雨水水质洁净并且水量充沛该有多么好啊（图Ⅰ.1）！

而在美国国土另一端的佛罗里达州盖恩斯维尔市，一名佛罗里达大学的女生正在西南娱乐中心的健身房里进行晚间锻炼。跑步机的位置让她恰好可以通过玻璃幕墙看到入口处的景观，她看到那里有一条小水渠从建筑物墙根处流出，然后穿过人行道流入到一片植被繁茂的庭院中。在这条人行道的边缘处矗立着一尊镂空的金属雕塑，雕塑中央竖立着一根光影不停变幻的蓝色光柱。这引起了她强烈的兴趣，同时也让她感觉有些困惑，因为她不理解这件雕塑的含义。当她锻炼完身体离开大楼后，便急忙来到雕塑旁仔细阅读基座上的那块小标识牌，原来这件雕塑代表的是棕榈植物的细胞结构，蓝色的光柱表示植物正在吸吮雨水并且聆听从屋顶上传来的降雨声。和波特兰市的那个男子一样，此时这位女生突然意识到：原来屋顶径流能够滋养植物，因此雨水应该是一种资源，而不是需要全部排放掉的废弃物呀（图Ⅰ.2）!

这些生活中常见的例子正好体现了巧妙雨水设计（ARD）的核心理念，即构建起一种具有景观人性化要求的可持续雨水管理系统。ARD不仅能够控制雨水径流量和改善径流雨水水质，而且增加了景观的体验性价值。设计的视觉表达起到了教育、娱乐或启发作用，它赞美了雨水的资源价值，并向受众讲述了雨水是如何被管理的。2005年，当我们开始研究这个话题时，斯图尔特·埃科尔斯（Stuart Echols）创造了这个名词——巧妙雨水设计。巧妙是指设计是美观而有目的性的。而用“雨水设计”代替“雨水管理”，是因为通常人们总是将雨水作为一种废弃物来对待。通过使用“巧妙雨水设计”这个名词，我们想强调雨水是一种值得被人们感知和赞美的宝贵资源。

随着全国城镇污水和雨水管道的排水量超过负荷，越来越多的市政当局开始要求对场地雨水进行管理。雨污合流制系统会在汛期周期性地将未经处理的污水带入自然水体中，大量

图 I.1（左） 俄勒冈州波特兰市阿伯小屋新季节市场的雨水排水孔，让人们意识到雨水对河流的重要影响（设计：Lango Hansen Landscape Architects PC; Ivan McLean; 照片: Stuart Echols）
图 I.2（右） 在佛罗里达大学娱乐中心锻炼的学生有机会感知雨水（设计：RDG Planning and Design; 照片：Kevin Thompson）

使用这种系统的日子已经过去了。实际上，在美国各地，越来越具有前瞻性的法规要求对暴雨初期雨水（也就是初雨，即最脏的1.5英寸也就是约38毫米降雨）在场地内进行消纳。越来越多的州希望通过场地设计来管理0.5 ~ 1.5英寸（13 ~ 38毫米）的降雨量。相对于把这些规定当作一种负担，我们更愿意把这视作一个难得的机遇。应当通过创造更富有活力的绿色基础设施（土壤和植物）设计，而不是仅仅使用排水管道来管理场地上的雨水。正如俄勒冈州波特兰市环境服务局退休环境专家汤姆·立普顿所说: “使用景观!” [1]这种方法既符合逻辑又非常有益：当植物吸收污染物的同时让水来滋养植物，最终使水通过渗透和蒸发作用在自然水文系统中循环。

城市场地往往缺乏建设传统的大型雨水滞留池所需的空间，昂贵的城市土地要求用更加智慧的方式来收集雨水。在这样的大背景下，径流管理可以通过建设多样的小型分散系统来实现，从绿色屋顶到低位花坛，从集水系统到雨水花园。末端治理、异地治理、隐蔽工程治理的雨水管理方式正在逐步丧失其可行性。相反，设计那些设置在可见区域内并且具有教育意义的小型分散径流管理系统的机会却比较容易找到。通过建设把雨水治理策略可视化的可持续雨水管理系统，我们可以使人们意识到雨水是一种资源。我们不但要控制雨水水量，而且要保证它们的质量，使得它们能真正成为滋养自然系统的资源。

这样的策略为设计师们提供了一个践行环境保护责任的绝佳机会，即将雨水系统设计的可见、有教育意义而且美观。正如伊丽莎白·梅尔（Elizabeth Meyer）发表在杂志《景观建筑》上的宣言中所述：“如果可持续设计要产生重大的文化影响，对外观和美学的关注是非常必要的”。[2] ARD为设计师提供了通过设计使系统美观这一践行环境保护责任的绝佳机会。如果人们欣赏并珍视我们建设的景观环境，它们将受到持续的维护和保护，环境效益也将得以延续。

因此，这本书的创作来源于以下我们认为在未来雨水管理设计中至关重要且势在必行的一系列原则：

- 雨水是重要的资源。
- 为了确保雨水的资源价值，采用可持续雨水管理措施是极为重要的。
- 美国当前和即将出台的径流管理法规均强调要建设全场地绿色基础设施，即通过建设小规模、分散型、全场地干预的雨水系统来管理小流量径流，特别要针对的是首次冲刷污染。
- 真正的可持续雨水管理设施必须是美观的，只有这样人们才会珍视它。
- 设计师应将ARD视作实现可持续雨水管理策略的机会，将其抓住。

ARD强调了什么？

采用ARD措施的项目通常是为了可持续性管理小规模降雨和暴雨初次冲刷事件（即初始和最脏的1.5英寸也就是约38毫米降雨量）。ARD一般不用于管理大规模降雨而形成的内涝。由于地理位置的原因，1.5英寸（约38毫米）降雨事件占所有降雨事件的60%～90%左右，代表了温带气候地区径流的大多数情况。因此，ARD措施作为降雨管理的方案在对初次冲刷和小规模降雨管理要求日益严格的背景之下，提供了一个令人兴奋的解决方案。换句话说，本书呈现的ARD措施对管理小规模降雨和初次冲刷不仅是非常有效的，而且是一种美观并且具有教育意义的做法。

因为ARD强调了许多重要的问题，所以我们希望它能够成为一种新的径流管理模式。ARD为以下问题提供了对策：

- 响应径流管理法规的要求，特别是针对小规模降雨和首次冲刷；
- 在城市用地方面提供有效的径流管理措施；
- 以负责任的方式管理径流，从而有益于我们的自然水系统；
- 使用雨水资源滋养景观；
- 改变人们的认知，不再把雨水当作废物，而要当作一种资源对待；
- 增加景观的人性化；
- 确保环境和文化的可持续性。

总而言之，ARD为21世纪的雨水管理提供了一个重要而及时的方法。

这本书所讨论的范围

尽管美国各地的一些设计师都开始承担ARD的设计，但他们之中很多人都有着各种不同的焦虑。他们担心这样设计太昂贵了，太难以通过审批流程，不太适合当地的区域地理特征，或者他们干脆就不知道如何去设计。这本书将为设计师们提供有用的指导信息，帮助他们构思和实现这一径流管理的方法。

我们从2005年开始探索这个主题，从美国各地挑选了一组优秀的ARD项目。尽管我们很欣赏国外许多富有创意的ARD作品，但是由于美国的法规和审美偏好与其他国家有所不同，所以我们的研究更加关注美国本土的项目。虽然我们的重点放在美国的项目上，但我们也特别希望其他国家的读者会从我们的研究中有所收益或受到启发。

我们最初是通过筛选美国景观建筑师协会和美国建筑师协会的获奖项目，从中找出那些在可持续雨水管理措施上应用巧妙的设计理念和方法的作品，然后与这些项目的设计师们联系，通过向他们征求更多有关ARD设计的创意和想法的方式，选出ARD范例项目。从那时起，通过在全国各地的交流会上与人们进行交谈，以及通过建立了解我们研究工作的专业人士和学生网络，我们已经将最初掌握的少数几个范例项目扩充至覆盖全国范围的50多个范例（详见附录"巧妙雨水设计项目列表"。）

我们几乎对所有这些项目进行了现场勘察与分析，并从它们的设计者那里获得了有关信息。换句话说，每个被我们选中的项目都经过了我们严格的筛选。由于ARD是一个全新和不断发展的设计理念，无疑还有很多令人兴奋的项目由于没有被我们发现或者还没有那么知名而被我们忽略，以至于没有被收集到我们的书中来，但是可以肯定地说，我们已经尽了最大的努力，并尽可能广泛地对不同种类的示范项目进行了研究。

通过浏览ARD项目列表可以发现，大约有一半的设计项目位于华盛顿州的西雅图和俄勒冈州的波特兰。有多种原因使位于西北部的太平洋沿岸实际上成了ARD的圣地。从每年10月到来年5月，这些地区属于漫长的潮湿气候，这让当地居民养成了与雨水和谐而居的生存方式，从制定非常严格的雨水管理条例，到开发将雨水从废物转化为资产的创新方法等等。值得提醒的是，西雅图和波特兰绝不是因为持有某种反主流文化的创造力，才成为ARD圣地的。

实际上，20世纪90年代这两个城市被迫开始采取行动的原因，是为了应对波特兰市雨污混流系统曾出现过的灾难性的溢流污染，以及西雅图地区鲑鱼栖息地的严重退化问题。这些问题加上频繁的降雨，使美国全国的市政官员们在面临相同挑战而开始考虑采取ARD策略时，令这些城市理所当然地站在了排头而已。所以，我们从波特兰和西雅图选择的范例，虽然所处地理位置集中在西北部的太平洋沿岸地区，却也不应该被其他地区的设计师们所忽视。事实是，他们为全国的设计师们提供了特别丰富、令人兴奋并有可能转化和复制的一系列解决方案。

这本书将ARD分为两个组成部分：景观设计的人性化要求和可持续雨水管理的功能性要求。在人性化要求和功能性要求的章节中，我们讨论特征、目标和措施。这种设置是为了便于读者使用，易于理解并用作参考文献。

第一部分提供了该主题的背景，从历史上传统的雨水管理方式（灰色基础设施）到使用土壤和植物管理雨水的策略（绿色基础设施），再到最近对雨水管理的人性化要求。然后聚焦于ARD现阶段的发展过程：它应该在哪里被应用？以何种形式实现？以及设计师采用这种方法的原因。

第二部分深入介绍了各种人性化要求的设计特征、目标和措施。

第三部分介绍了ARD的功能性特征、目标和措施。这两个部分均通过向各个主题提出一系列问题，来鼓励读者创造性地将这些想法和策略应用在自己的设计之中。

第四部分介绍了21个案例研究：我们在美国各地收集的ARD示范项目，提供了相应的策略。其中每个案例研究，我们首先提供基础数据和项目背景概述（项目的驱动力和实施意图，以及遇到的特殊挑战）。然后我们描述了项目的人性化和功能性策略，并以我们称之为“注意”的部分作为每个部分的结尾，即告诉读者在设计自己的ARD时值得考虑的一些有趣的要点。

第五部分介绍了一些关于ARD的终极思考，比如讨论了当人们说“我们不能在雨水管理中进行巧妙雨水设计”时最常见的理由和对其最有说服力的反驳意见。在书的结尾处，我们向您提供有用的信息并鼓励您在ARD道路上开始自己的努力。

从形状像鲑鱼的雨水管，到灵感来自棕榈的雕塑；从显示“雨水路径”的河流岩石，到能够形成栖息地的水草——本书中许许多多的创意将帮助您更好地设计更加生态友好型、雨水和谐型的雨水管理系统。ARD可谓是一种有益的策略，它将雨水视为一种珍贵的、赋予生命的，和鼓舞人心的资源。

注释：

1. Tom Liptan, Personal communication with authors, 2013.
2. Elizabeth Meyer, “Sustaining Beauty: The Performance of Appearance,” *Landscape Architecture* 98, no. 10（2008）：92–131.

第一部分　雨水管理的历史以及巧妙雨水设计的背景

尽管几千年来，在农业领域中雨水被认为是一种资源，但在城市环境中，雨水一直以来被当作废物对待。除了历史上少数一些管理策略外，城市雨水一直被视为一个需要缓解的问题，一种需要消除或控制的废物。

然而，最近在雨水管理方面的创新催化出了一种新的转变，即从把城市径流视为不受欢迎的事物，到把它当作一种必须非常小心管理的自然资源加以珍惜。在过去几十年里，管理策略已经发生了变化，从简单的防洪堤坝和雨污合流排水系统，到旨在控制过剩流量的场地滞留系统，再到后来为减少径流量和非点源污染的渗透和雨水收集系统。自20世纪90年代以来，人们对把雨水视作地下水和地表水补给的一种资源，特别是通过渗透和生物过滤来进行处理的兴趣越来越大。20世纪90年代末，法规的制定者和出版物的作者们开始呼吁在减少径流数量和优化径流质量的同时，创造人性化的雨水管理目标。自21世纪初以来，一些设计师已经开始有效地解决以上三个目标并通过创造巧妙雨水设计（ARDs）来赞美雨水。本章阐述了雨水管理转变的背景以及它是如何演变成ARD的。

强调雨水径流量：传统的内涝防控

几千年来，雨水管理仅聚焦于内涝防控上。甚至在公元前1760年，美索不达米亚的汉谟拉比国王为了保护下游的土地领主，在汉谟拉比法中制定了雨水管理法规：

> 53条：如果有人因为懒惰而没有把水坝维护好，导致堤坝决口，田地被淹没，那么决口发生在谁的堤坝上，该人将被变卖，得来的钱将用于由他导致的庄稼损失的补偿费用。
>
> 55条：如果有人挖沟给他的庄稼浇水时粗心大意，导致水淹没了他邻居的田地，那么他必须用庄稼来赔偿邻居的损失。

图1.1 在过去，雨水管理仅聚焦于内涝防控。如图，这种蓄水池系统因为常常位于公众的视线之外，设计时既不考虑美观，甚至也缺乏明显标识（设计：未知；照片：Stuart Echols）

图1.2 随着时间的推移，设计师们开始意识到，雨水管理系统同时可以提供栖息地和宜人的环境，就像这个潮湿的水塘（设计：未知；照片：Stuart Echols）

图1.3 今天，设计师们意识到把可持续雨水管理系统设置在高度可见的地点，将它们设计得美观，并向公众展示其工作原理和意义的巨大益处。图为位于女皇植物园入口处游客中心的雨水生态系统（设计：Atelier Dreiseitl and Conservation Forum，BKSK Architects；照片：Stuart Echols）

56条：如果有人放水导致他邻居的土地被淹没，那么每淹没10gan土地，要赔偿10gur（古时货币单位）的庄稼。[1]

控制水量是唯一的目标。早期，为保护财产免受洪水的破坏而把水排放到别处是重中之重；而现在，雨水管理的重点已经扩大到保护自然水体免受洪水侵蚀的影响。这两种情况的基本策略是疏导和滞留。

洪水管理工具：蓄水池、沟渠和管道

综上所述，以往城市雨水管理的目标单纯是将径流从构筑物中疏导和排放出去，以保护本地财产免受洪水的破坏。正如专门从事"水体综合解决方案"的工程公司罗斯纳和马修斯在他们经常被引用的文章《1990年代的水管理》中解释的：

"以往雨水管理一直局限于针对改善雨水排放系统的规划、设计和实施阶段。在大多数情况下，规划和设计只注重保护需要排水的场地，很少考虑由此造成的流量和峰值增加对下游的不利影响。"[2]

但是，正如罗斯纳和马修斯所解释的那样，这种仅关注和解决本地洪水问题，而忽视对下游自然排水系统不利影响做法的实质，不夸张地说就是"眼不见，心不烦"。

以往雨水内涝管理就是通过排水系统的排放功能，使洪峰快速转移到下游去。（例如，我们可以想象一下那一排排古罗马的综合排水道，从马克西姆大下水道一直连通至台伯河。）古代管理雨水首要考虑的是将水尽快排放出去，而没有考虑到水位、流量、洪水频率、持续时间或者水质的保持等问题。当时雨水管理技术的重点仅仅是水的安全排放。几千年来，人们一味考虑的是如何建造尺寸足够大的管道和排水沟渠，以便有效地将水从场地内排走。传统的做法是参照一个类似排水条件的管道尺寸，来确定新建的管道尺寸是否足够大。这种方法在用于建设乡村道路下的排水管道时还够用，但是当一个管道排水系统是用于处理城市径流时，由于尺寸不足所可能导致的流量过载，将会使事情变得十分危险。

1851年，爱尔兰工程师托马斯·马尔瓦尼率先发明了有效估算洪水流量的方法。该方法由埃米尔·奎克林在美国推广开来。马尔瓦尼假设降雨由三种自然的方式消解：蒸发、渗透和径流。他推断全年的蒸发和渗透量是恒定的，只有日径流量会根据降雨量的变化而变化。因此，径流计算的"合理方法"是针对假设完全不透水的城市区域内发生预测最大暴雨时所导致的地面峰值进行取值。这种"合理方法"给设计师们提供了可以预测城市区域雨水径流的方式，用以设计足够尺寸的排水管道，防止城市内涝。这个方法简便易行，时至今日仍被用于地表水流量的计算。但这种方法有一个固有的内在缺陷，即它完全忽略了蒸发和渗透也可以作为有用的雨水管理策略的实际价值。

另一个以往使用管道排除场地雨水的问题在于，当洪峰被顺利地转移之后，下游土地仍然要遭受内涝风险（Strom & Nathan, 1993，第87页）。在所有这些措施中，城市环境中的雨水被视为强大的敌人，而不是一种资源。可持续景观先驱，也是《雨水最佳管理方法》（Best Management Practices For Stormwater）一书的作者图尔比尔（Tourbier）说：

> "雨水管理起源于法律语言中所谓的'共同敌人法则'，即尽可能快地将水从房子和后院排走。随着人口的增长，这种做法被证明是有害的，因为每个人的后院连着其他人的前院。然后径流不断累积，导致下游遭受洪水破坏。多年来，美国联邦政府着力于内涝防控，结果却陷入了一个怪圈——在开支不断增加的同时，洪水损失仍在不断攀升。"[3]

内涝造成的麻烦还不够，暴雨和污水系统结合后经常导致更大的破坏。自古以来，城市里的下水管道既排放雨水又排放污水。前面提到的古罗马马克西姆大下水道堪称工程奇迹，至今仍然是一个著名的例子，它将雨水和污水一起直接排入台伯河。混合排水系统（CSSs）尽管导致了河流和其他受水水体的水质恶化，但是几个世纪以来，该系统却一直被视作一种丢弃城市不需要的水体的有效办法。长期以来，CSSs一直被看作是既能排放雨水又能稀释污水的聪明做法。世界各地的城市，当然也包括美国的城市，在20世纪初一直在建造CSSs系统。但是当大型降雨事件淹没CSSs管道时，将会发生什么呢？ 在最坏的情况下（而且往往如此），它们会满流并回流，将污水送回原来的源头，或者只是让污水溢入小溪、河流、湖泊和海湾。这一不幸的情况今天被称为合流制溢流（CSO），这是一个全世界的城市都在努力预防的问题。目前大多数城市已经停止建设CSSs系统，但许多城市仍不得不疲于应对旧管道系统反复出现的CSO。总而言之可以断言，使用管道将雨水排放到别处去的雨水管理方式所造成的问题，比它能够解决的问题还要多。

还记得《汉谟拉比法典》第53条中要求维护水坝的法规吗？这引出了将雨水滞留在场地内的主题，这是另一种防止径流导致内涝的传统管理策略。蓄水池在概念上十分简单。首先，建造一个池体，将雨水径流引入其中。其次，确保水从池体中缓慢地释放出来，这样就防止了下游遭到洪水的破坏。就像浴缸一样，蓄水池必须足够大，大到可以储存暴雨产生的水量。同时，类似于浴缸的泄水口，需要有一个大小合适的出水口用来控制从蓄水池中流出的水的峰值流量。尽管今天的法规规定，场地开发后峰值排水量需要和场地开发前峰值排水量相同，可是由于两个推理上的错误，下游问题仍然存在。首先，雨水滞留方法没有认识到，当多个蓄水池同时以最大允许流量泄水时，这些水流在下游结合，将再次引发洪水。但是，这种洪水是在合法的排水量下引起的，而且仅仅发生在下游，因此很难将其归咎于某一特定的土地业主。

第二个错误是，它假定蓄水池泄水不会对河道产生负面影响。因为水流从单一蓄水池中排出的量和开发前是一样的，所以河道不会有问题。可是我们再一次没有意识到，水流同时从多个蓄水池中同时排放所产生的累积影响。其结果是，自然的河道长时间处于满水位（即"充满状态"），满水位保持的时间过长，超过自然状态后，将导致河道冲刷和侵蚀。直到

1980年代，人们充分地认识到由于蓄水池排水导致的河床侵蚀，这一问题才得到解决。

总之，传统的雨水管理实践通常只强调为了风险控制而处理多余的径流，排放并丢弃作为土地开发副产物的多余雨水。以往雨水内涝管理的实践，主要目的在于控制本地城市洪水和保护本地财产，却从来没有打算效仿自然蒸发、渗透和径流过程。结果，这些传统的管理方法非但没有模拟自然水文过程，反而进一步破坏了健康的生态系统。因为城市发展所造成的真正环境问题，是由于渗透和蒸发减少而产生的过量径流量。从某些方面来说，把雨水当作废物处理会导致更多的问题。

蓄水池的传奇还在继续：蓄水池排水时的河道保护措施

综上所述，几个世纪以来，蓄水池起着暂时储存本地雨水以防止内涝的作用，但同时，也导致了非预期的下游影响。

1982年，随着土壤保护署技术发行版20（TR-20）的发布，事情得到了改变。它提供了一种计算整个流域的雨水径流率和流量的实用技术，有效地结合了下游多地点径流影响因素。TR-20大大提升了下游流量水平和频率的模型技术，包括满流状态下对下游河岸的影响。这个模型程序使评估位于一个流域的滞留设施的综合效果变得容易许多，并使设计人员能够更好地了解这些设施如何影响系统中特定点的流速。因此，滞留系统的位置、规模和设计可以调整，使其得以以更慢的速度释放径流，从而减少下游河岸的满流流量。这要求对整个区域的雨水管理进行规划和设计。更重要的是，它还需要在区域范围内执行，这在SCS-TR-20诞生以前很少发生。然而，根据大多数当地土地开发法规的要求，最常见的雨水设施仍然是场地滞留设施。这种简单的方法过去是、现在仍然是最简单和最常见的。

一种不同的思路：强调雨水水质

到了20世纪中叶，美国的管理机构和研究机构人员意识到，洪水并不是暴雨向下游倾泻所造成的唯一问题。不幸的是，水也会携带沿途的污染物，因此下游的水体可能会被含有多种毒素的雨水污染，从动物粪便到碳氢化合物等。因此，水质和水量一起成为雨水管理需要统筹考虑的问题。20世纪80年代和90年代，经过初期一系列过滤方法的探索，生物过滤和渗透开始被认为是有效的措施，这导致了绿色基础设施成了一种有效管理雨水的策略。

序曲：点源污染

早在1948年，美国联邦政府就决定重视美国湖泊、河流和小溪的水质下降问题。他们认为，正常情况下人们应该可以在自然水体中游泳和钓鱼。1948年的《联邦水污染控制法》规定，各州必须确定超过“可容忍”水平的污染水体，确定其具体位置并控制污染排放。由于消除点源污染的难度很大，这项法案没有得到很好的执行。佛罗里达州立大学环境工程荣誉退休教授安德鲁·朱力克表示：

“由于这些程序的低效，河流正在变成露天下水道，五大湖区的水生生物面临灭绝，用于饮用、灌溉和工业用途的纯净水受到威胁。”[4]

直到20世纪60年代，美国才把水质问题确认为流域的重要环境问题，使一系列关于水质保护的重大举措得以出台。

从蕾切尔·卡森（Rachel Carson）的《寂静的春天》（Silent Spring, 1962）到伊恩·麦克哈格（Ian McHarg, 1969）的《设计遵从自然》（Design with Nature, 1969），出版物、专家和积极分子为美国人在环境污染问题上敲响了警钟。从那以后雨水管理的研究和设计开始注重控制点源污染。1972年对《清洁水法案》（Clean Water Act）进行了修改，规定从任何点源向美国任何可通航水域排放污染物都是非法的，除非污染者拥有美国环境保护署（EPA）授权的排放许可证。这些点源污染法规为几年后制定非点源污染法案铺平了道路。

非点源污染控制

研究雨水和水污染的专家们早就知道，雨水径流会受到地表的污染，污染物质几乎囊括地面上所有的物质，从石油、防冻剂到肥料的营养成分。比较突出的想法是“通过稀释解决污染问题”，也就是说，随着水的总量的聚集，污染物浓度会降低，那么水的污染程度就会下降。专家们认识到，雨水同样也可以被用于降低污染程度。例如20世纪80年代的文献指出，沉淀池和湿地是减轻污染的措施，法国或荷兰的排水系统（在英国称为渗水坑）在一段时期内采用了雨水渗入的方式来进行水处理。但直到20世纪90年代，这些管理措施很少被当作减少径流污染的强制手段予以实施。

20世纪90年代，随着人们对城市雨水污染热点地区的发现，对雨水径流进行净化的要求急速攀升，包括化肥储存设施和加油站等污染物水平较高的区域。对这些热点地区的管理是基于采用包括特拉华砂过滤器（一种捕获碳氢化合物的重力流系统）在内的一系列危害防控和缓解措施。可是在撰写本书之时，这类措施还没有得到统一的强制施行。

随着《清洁水法案》的修订，市政管理部门被要求记录他们在雨水中排放污染物的总量。这一文件的出台很快导致了一项管制措施的诞生，该措施要求所有市政管理部门设定减少城市非点源污染的目标。

随着城市面积的不断扩张，城市地区变成了主要的非点源污染产生区域，这就使人们在非点源径流污染防控上的注意力从农业地区转向了城市地区。于是市政当局开始着手减少雨水径流中的非点源污染。很明显，净化所有的雨水径流是不切实际的，而且也很可能是不必要的，因为对雨水径流的简单抽样显示，大多数污染物是在造成第一次冲刷的降雨时所产生的。换句话说，对降雨持续时间内产生的径流进行采样表明，第一个样本［在第一个0.5 ~ 1.5英寸（13 ~ 38毫米）降雨量时采集］污染最严重（包括泥沙、花粉、金属、油脂、氮、磷等）。这个真相可以轻易地被沥青表面的油花总是在下雨的初期而不是在中后期显现这一事实证明。

这一发现导致美国各地均颁布法规来捕捉和处理造成第一次冲刷的雨水，这通常是指第一次0.5～1.5英寸降雨量时（确切的数据因地区不同而异）。大多数处理首次冲洗雨水的早期技术都是采用灰色基础设施（即单纯的工程技术方式）进行的，比如建造过滤器、油砂分离器和沉淀池等。所不幸的是，由于安装不当，经常导致雨后所收集的雨水尽管流经了此类系统，却未经处理的情况。此外，设施维护也存在着问题，尤其当涉及维护主体的责任问题时（例如市政当局、土地所有者等），经常出现推诿扯皮等情况。

20世纪80到90年代，有人提出通过建设绿色基础设施来减轻雨水污染的主张，此后有一批专家成为这项建议的支持者。他们通过观察许多农业水处理设计项目，认识到如今已经被大家所熟知的现象：排入草塘湿地的水被植被和土壤净化了。他们想："为什么不采用这种成本低的自然清洁方法来代替工程化的城市管理系统呢?"

这种方法非常明确：即在减少场地的不透水表面的同时，增加景观区域。雨水设计应该采用成本效益最高的污染负荷处理方式，即将径流直接引入景观区域，其体量应该刚好能够容纳第一次冲刷所污染的雨水。起初这一绿色策略只是作为缓解污染的辅助方式而流行起来。但是随着时间的推移，绿色基础设施逐渐被当成一种具有多重优势的雨水管理战略而获得公众认可。因为它不仅可以解决水质的问题，而且通过渗透、生物过滤和生物保持等方式，帮助缓解了水量不足问题，同时还给野生动物栖息地、开放空间和景观的人性化要求等方面带来了诸多好处。

渗透

简单地说，径流渗透是地表水通过吸附（附着在植物和土壤上）或吸收（吸收到植物或土壤中的水）进入土壤的过程。渗入土壤的水可以被植物吸收，或者横向流动并在附近排放，也可以流入土壤，进入地下水含水层。渗透过程对水生态来说是非常重要的，因为它使水循环到能够实现滋养植物、恢复河床基流或地下水补给等重要功能。渗透同时也是最有效的净水方法之一。渗透需要一定的土地面积，在没有其他可行的替代办法或由于水位下降而使补水成为更主要的需求时，往往需要采用渗透方式。渗透现象在多孔的沙质土壤地带效果较好，因此像佛罗里达和长岛等地区经常采用渗透这种方式来进行径流管理。世界级雨水专家布鲁斯·弗格森（Bruce Ferguson）认为：

> "与其他雨水管理方法不同，渗透能够解决城市径流中遇到的几乎所有问题：峰值流量、基本径流、河岸侵蚀、地下水补给以及水质净化等。"[5]

实际上，弗格森在20世纪90年代到21世纪初为推广渗透这种雨水管理方式做出了大量贡献。可是比较普遍的情况是，随着城市化程度的提高，渗透量较场地开发前的水平逐步减少，其结果是地下水水位逐年下降，与此同时，人类采掘地下水的行为反而使这一现象加速恶化。

弗格森和其他一些专家根据每年的水位情况，而不是降雨量大小标准，研究和探索将渗透量恢复到开发前水平的方式。这就引出了对水平衡概念的研究和理解，其实质是强调流域内的水量平衡；它要求进入流域内的水（不管通过何种方式，通过各种形式的降水以及水流）和流出的水（渗透、蒸发或流动）必须相等。这一概念对于保护河道中低水位底流以及理解流域设计和功能影响等至关重要。

弗格森还提出了溢流分流器的概念，建议将径流送到下游，但多余的流量有时可以分流到入渗区域。这种将径流总量分割成不同流量而进行不同处理的理念将在本书后面做重点介绍。

生物过滤和生物滞留

从许多农业水处理设计中得到的基本概念是，排入草塘的水会被植被和土壤净化，这发展成为我们现在所说的生物过滤和生物滞留。生物过滤是一种通过植物和土壤来过滤水中污染物的雨水管理策略。而生物滞留是在浅洼中保存径流的同时，利用植物和土壤来净化雨水。利用这种自然系统来管理城市雨水污染物的现代理念，是从20世纪70年代用来保护河流免受农业污染物（粪便、杀虫剂、化肥等）污染的方法演变而来的。如果这种方法对农业污染物有效，为什么不利用它来减轻城市郊区不透水地面的径流污染呢?

生物过滤和生物滞留已被普遍认可为一种有效的可持续雨水管理策略。然而，值得注意的是，一些早期的生物滞留设计存在着固有的缺陷，许多这些早期系统的溢流道设计只能暂时承载初次冲刷的污染，这些污染物随后会被后面的大雨量降水裹挟着溢流出滞留设施和下游水体。相比之下，渗透系统则经常会将初次冲刷污染捕捉后，进行净化处理，而后允许后期径流溢出这些设施。

关注污染是如何为ARD奠定基础的?

几十年来，控制雨水径流带来的污染一直是个挑战。雨水径流源头的数量、城市雨水径流的分散特性、处理和控制非点源污染的困难、财政限制以及数不胜数的法律程序阻碍了环境保护局制定的净水计划目标的实现。为了应对这些困难，1972年修订的《联邦水污染控制法》（Federal Water Pollution Control Act），即《清洁水法案》，为建立国家污染物排放与消除许可制度（NPDES）和确立点源污染物排放控制的基本方法提供了依据。但在20世纪80年代末，一项具有里程碑意义的法规将部分雨水重新定义为“具有点源污染性质的废水”。

由于包括雨水在内的主要水污染来源被视为点源污染，那么产生这种污染的主体必须取得向美国水体排放污染物的许可。

为了解决污染问题，从20世纪90年代到21世纪初这段时间里，美国雨水管理的主要目标变成了处理初次冲刷雨水。通过滞留、渗透、生物渗透和生物滞留等方式截留污染最严重的初次0.5～1.5英寸（约13～38毫米）径流雨量，去除水中的污染物，永久性地或临时性地阻止这部分水排放到下游水体。前面提到过，降雨形成的径流量的绝大部分虽然绕过了首次冲刷系统，但这种策略实际上已经成功控制了大约60%～90%的年降雨污染（取决于地理位置）。径流一旦被截留和净化，它就可以被用于灌溉和冲厕，或者通过渗透来补充地下水，又或者被截留并缓慢释放到地表水体之中。

利用自然系统或绿色基础设施作为灰色基础设施的替代品，用以减少雨水径流量和污染程度的理念，最初只是为了满足法规的要求。但很快专家们就认识到，绿色基础设施可以实现更多的目标，比如在净化和吸收雨水的同时，被滋养的植物群落还可以减少城市热岛效应，将二氧化碳转化为氧气；再比如它们可以为人们提供舒适的环境，增加物业产业的外观吸引力等。如果能够利用绿色基础设施把大部分污染物截留和吸附在地表，那么整个系统的维护成本将大大降低。绿色基础设施甚至被认为是一个与雨水环境的共生系统，它在处理和控制雨水的同时，能将雨水作为一种资源用来灌溉植物以及补充地表和地下水系统。

初次冲刷雨水管理模式处理污染物的策略，实际上是要求设计师将系统设计成一组分散在场地周边，而不是集中在一处的系统形式。一组小而浅的洼地在允许雨水流过或通过的同时，能够截留初次冲刷雨水，这比设置一个很深的洼地来储存污染物的方式更加有效。这种采用小型分散设施管理场地雨水的策略，能够适合大多数降雨事件，至少在温带气候区是非常有效的。由于在场地上设置分散的小型设施的理念是ARD的基础，因此重视管理初次冲刷雨水实际上在很多方面为ARD策略铺平了道路。

引发重视雨水管理环境的另一个重要动力来源于自愿评价体系，包括“杰出能源和环境设计标准”（LEED）和SIETS标准（以前的“可持续场地理念”）。在每一项设计中，设计师们为使项目得到这些标准的认证，都会努力通过不同的方式进行可持续设计的尝试，以获得相应分数。这些标准为对场地雨水水量和水质进行管理所采取的措施设置了分值，这也为推广ARD提供了帮助。

所有这些可持续雨水管理的方法，其核心理念在于无论采用何种管理开发后径流的新技术，都应该使场地径流努力接近于开发前的状态。目前我们还没有做到这一点，即每一种人为控制的管理技术都存在缺陷，都不如自然水文循环的方式更有效。今后日益严格的法规、自愿采用的可持续发展评价体系和快速的城市发展，都将不断推动可持续雨水管理设计的创新。

对雨水管理系统人性化要求的增长

一旦雨水从敌人转化为朋友，人们就不可避免地提高对雨水管理系统的期望——为什么这个系统不能在净化和控制雨水的同时，更具有人性化呢？

许多有创意的设计师在一些特定的雨水管理策略中发现了人性化的潜力，他们把雨水滞留池设计成优美的鸭子池塘，把干式截留池设计成了游乐场。一些具有开拓性的“大创意”设计师已经开始认真地重新思考20世纪70年代提出的雨水自然意识，怀念伊恩·麦克哈格（Ian McHarg）（尤其是他以聚焦自然系统的Woodlands社区设计）以及迈克尔·科贝特（Michael Corbett）和朱迪·科贝特（Judy Corbett）（Village Homes的设计师，将雨水渗入设计结合在社区空间之中）。

但是，正如前面所提到的那样，雨水管理之所以引入人性化要求，主要还是针对处理初次冲刷雨水的需要。初次冲刷雨水的处理必须在场地上进行，区域或集中式处理无法实现。为了说明这个问题，应考虑以下几方面因素。首先，集中式收集池的容积需要设计得非常庞大；其次，这个巨大收集池中收集的雨水，将不仅仅包括初次冲刷雨水，还必然会包括来自随后多次降雨事件的雨水。这将大大稀释收集池中污染物的浓度，徒增污染物收集的难度。而现场雨水管理系统与集中式处理系统不同，它只需要储存和过滤非常少量的水［0.5～1.5英寸（约13～38毫米）降雨量的初次冲刷雨水］。此外，由于把污染管理分布在不同场地的多个系统之间，分散式系统会更加安全。如果一个小系统失灵了，其他的系统仍然可以继续工作，而相对较小的水量本身就更容易控制。最后，现场管理体系还便于将系统维护责任明确地由市政当局转移给土地业主。

从20世纪90年代开始，由于认识到采用可持续雨水理念的场地设计能够有效地对雨水进行管理，一些投资商和设计师意识到包括生物滞留池、草塘、雨水花园系统在内的场地雨水处理设施，有可能给项目增加不同程度的人性化价值。[6]尽管在设计雨水管理系统时，采用特定措施创造、恢复和保护水生动植物栖息地的做法已经非常普遍[7]，但目前市面上还没有专门的雨水设计手册，能够用于指导如何在设计时提高城市景观的人性化要求和体验价值。

还有一些其他的例子。皮特·斯塔赫尔（Peter Stahre）的研究说明了新的雨水管理设施是如何给瑞典马尔默市增加“积极价值”的。在他2006年出版的《城市雨水排放的可持续性：规划和实例》一书中，斯塔赫尔将设施的价值划分为美学、生物学、文化、生态、经济、技术、教育、环境、历史、娱乐和公共关系特征等几类，而最后是其他几类价值的综合评估结果。从文献中找到的另一个关于雨水管理系统人性化要求的例子，是英国的《可持续城市排水系统》（SUDS）法规。事实上，英国已经将雨水管理系统的人性化要求作为关键因素列在了《可持续城市排水三要素》（Sustainable Urban Drainage Triangle）（CIRIA，2007）法规之中。如今，该法规要求对所有新设计的排水系统的人性化和水质水量两个因素同时进行评估。

开始时，人性化设计经常将重点放在创造野生动物栖息地和开放空间两个方面。然而，《可持续城市排水系统条例》修订了人性化的定义，将其扩展为“社区价值、资源管理（如雨水资源利用）、空间的综合利用、教育、水资源、创造栖息地、生物多样性行动计划等”（National SUDS Working Group，2003）。但是，尽管斯塔赫尔和SUDS都强调了雨水管理天然具有的人性化潜力，但它们都没有明确提出设计师们实现这些目标的具体方法。迄今为止，奈杰尔·邓尼特（Nigel Dunnett）和安迪·克莱登（Andy Clayden）的《雨水园——园林景观设计中雨水资源的可持续利用与管理》（2007）可能是采用ARD最具鼓舞性的例子了。他们的研究列举并描述了世界各地以美观和非传统的方式对雨水进行收集、分流和再利用的项目案例。通过照片和插图的方式，这本书详细介绍了雨水处理链是如何融入典型的住宅、公共环境或商业景观之中的。

到21世纪初，来自全球不同地区的专家都在呼吁把创造人性化作为管理系统的重要部分，纳入雨水最佳管理实践（BMPs），但都没有就如何创造人性化给出明确方法。然而，一些设计师已经开始尝试ARD，走在了大多数人的前面。

ARD的出现

尽管美丽的蓄水池和其他引人注目的雨水管理设施早在1990年前就出现了，但当年俄勒冈州波特兰市一个博物馆停车场的设计，有一个创意在此生根发芽并从此之后一发而不可收拾。最近刚从波特兰环境服务局退休的环境专家汤姆·利普坦，详细地描述了当时俄勒冈州科学与工业博物馆（OMSI）停车场设计的实验性创意。那时，市政当局正在寻求制订与即将颁布的联邦雨水法规相适应的清洁水法案，以改善威拉米特河的水质。审视OMSI传统的停车场景观岛设计时，一个净化和截留停车场暴雨径流的想法被提出。正如利普坦在2013年的一次私人谈话中向我们叙述的那样，这个疯狂的想法是，为什么不可以把常规的做法反过来思考？即把设计的停车场地面抬高，把景观带下沉以备蓄积停车场的径流？于是Murase Associates公司的OMSI停车场设计，成为波特兰市第一个大型场地雨水生物过滤和渗透系统，并且在引人入胜的多年生植物和灌木丛景观之中，用标识牌向人们说明了该系统的作用。它同时也成为ARD的一个早期案例——可持续雨水管理系统，不仅在视觉上吸引人，而且将它管理雨水的方式介绍给了公众。

公众对OMSI的称赞变成了一个重要因素，鼓励利普坦和其他一些人采用更具美观特征和教育性特征的设计方案来管理雨水。于是有很多类似的工程项目得以实施，如许多城市生物滞留池和小型地面截留道牙扩建工程（举几个案例，包括西斯基尤格林街东北、格林街12号和蒙哥马利西南）以及学校的创新改造项目等（包括获奖的塔博尔山小学和格伦科小学）。这些令人赏心悦目并具有教育意义的高知名度案例，为当地居民和外来游客提供了发现、欣赏和学习雨水资源价值的机会——我们将这个策略称之为“巧妙雨水设计”。

与此同时，其他的波特兰设计师们也意识到ARD方法的价值所在，并将其应用到他们的项目中。其中包括本书第四部分中介绍的两个案例——俄勒冈会议中心（Mayer/Reed 2003）和Koch Landscape Architecture（2005）在珍珠区建造的第十霍依特（10th@Hoyt）公寓楼。另一家是波特兰的Greenworks公司，不仅设计了许多已建成的ARDs（包括第四部分中的瓦休戈城镇广场），而且在2009年7月编写了非常具有参考价值的《低影响开发策略手册》（Low Impact Development Approaches LIDA）。

同时，华盛顿州西雅图的“西雅图公共事业”（SPU）正在制定策略以应对20世纪70～90年代期间城市雨水径流剧增的问题。SPU表示，他们的出发点不是为了制定法规，而是为了保护鲑鱼——普吉特湾受到污水的影响，令极其珍贵的鲑鱼沦为濒危物种。2001年，SPU启动了将一条居住区街道重新设计改造成为生物滞留池的试点工程，创建了SEA（Street Edge Alternative）街道。在那之后的2002年，又建设了一套阶梯式水池（生物滞留种植池）工程“第110叠层瀑布”，用以截留和过滤另一条居住区街道沿街排放的雨水。此后，西雅图很快进行了雄心勃勃的大规模的西雅图西区高点改造项目。在这里，SPU和西雅图房屋管理局在城市环境中合作建设了一个大型的自然排水系统。（有关此项目的更多信息，请参见第四部分“案例研究”）。与波特兰一样，西雅图的设计师们也采用了ARD的设计方法，各种创新性的项目在整个城市中不断涌现。

与西雅图和波特兰情况类似的城市大量采用了ARD方法，是因为这些城市迫切需要采用精神性和创造性相结合的雨水管理方式来提高雨水管理水平。在众多优秀设计师的带领下，主要通过公共项目的设计来引导和教育公众提高对可持续雨水管理的认识。通过一系列努力，这些城市不仅有效地尽到了他们管理雨水的责任，而且向公众展示了他们所付出的努力——这是一个非常聪明并且成功的公共关系特征策略。前期取得的成功经验，促使城市在发展ARD方面增加更多投入并取得了进一步的收获。这两个城市现在都拥有大量的ARD项目，这也是为什么本书中的大量案例都来自西雅图或波特兰的原因。

我们这些生活在美国其他地方的人不应该把西雅图和波特兰当成“外太空”，或者认为他们的努力与我们自己的生活环境毫无关系。这两个城市只是因为面临着合流制溢流（CSOs）的挑战以及率先触及国家监管标准水平的地区。正如史蒂夫·洛（Steve Law）在《波特兰论坛报》(Portland Tribune）上所写的那样：“在全国范围内，有700多个其他城市都存在着合流制溢流的问题，就像波特兰的很多地方一样，许多大型社区是在一个多世纪前或更早的时候建设起来的。”[8]因此，美国几乎所有的主要城市都面临着同样的问题，所以他们应该明智些，尽早采取如西北部城市一样的创新做法。例如，费城最近与环保署签署了一项为期25年的协议，以绿色基础设施的方式解决全部合流制溢流问题。2013年，芝加哥启动了一项为期5年、耗资5000万美元的绿色基础设施升级计划，目前这份名单还在增加。我们认为，成功的关键是要按照波特兰和西雅图在治理雨水方面采用的创新做法，即用ARD的方式来推进此项令人激动的工作。

美国各地能找到更多优秀的ARD项目，尽管这些项目的建设地点远比在美国西北部地区分散得多。但需要指出的是，在美国几乎所有地区都出现了富有创意的ARD设计项目，其种类囊括了居住设施、公建设施和市政设施等。在本书（第四部分）的案例研究中，我们从迄今为止我们研究过的全美50个案例中挑选出21个最令人激动的ARDs设计项目进行介绍。当然，还有更多已经完成的ARDs项目我们还没来得及研究，我们真心地希望，ARD将成为新的可持续雨水管理系统标准，我们期待不久后将有不计其数的ARDs项目出现。

结论

在我们生活的这个时代，人们对雨水径流管理的态度发生了巨大的变化。由于雨水汇聚成洪水后给人们造成的巨大财产损失，以及它对地表水和水生系统产生的污染作用，雨水以往曾被当作废弃物甚至人类共同的敌人。而现在，雨水在人类心目中的地位已经发生了根本性的改变，变为有利于水循环系统的宝贵自然资源。相关专家认为，人们的环境责任应该是采取综合、全面的解决办法，以尽可能接近自然水文循环的方式对雨水进行管理。此外，有越来越多的人认为，雨水管理系统应该以重视雨水的资源价值，并通过吸引、教育和娱乐公众的人性化景观设计方式，来赞美雨水这一大自然给人类的馈赠。

显然，与传统的灰色基础设施方式相比较，采用ARD方法对雨水进行管理需要设定更复杂的目标，并且在设计和实施阶段具有更大的难度。那么为什么还要这么做呢？以下的答案来自于我们国家最具丰富经验的ARD设计师们。

沃伦·伯德，尼尔森·伯德·沃尔兹

“我们为什么不能放弃这种努力呢？为什么我们要从事这种被称为景观建筑的复杂艺术工作呢？因为我们致力于让这个世界变得更美好、更健康、更美丽。”

“在大多数文明社会中，雨水总会以某种方式得到‘管理’。我们选择采用巧妙的和智慧的方式来利用雨水，使这种环境系统成为各个不同尺度的景观设计的前沿和中心。我们选择将我们的大多数项目打造成拥抱并尊重生命系统的环境，无论是公共项目还是私人项目。”

“水是我们生命中必不可少的基本元素之一：它需要被以尽可能多的有成效的方式加以赞美和展示。既然我们一直把景观设计理解为艺术、科学和文化价值（创意、努力、意图）的结合，那么用‘巧妙’的方法去设计雨水甚至不应该是一种选择，而应该是一种必须达到的目标才对。”

凯文·佩里，城市|雨水

“对我来说，这一直是个功能问题，而不是表达问题。要创造出能够最好地复制自然系统功能的设计，就需要使雨水设施变得简单、浅显、分散，当然，还要美观。它是一种可以应用于任何类型的气候和环境的设计方法，无论潮湿还是干燥，也无论是在市区还是郊外。其成果应该是一个引人入胜的、成本划算的高性能景观。”

琼·拿苏尔，密歇根大学景观建筑教授

“对我来说，采取巧妙雨水设计方法的动机是让对环境有益的设计持续下去。我的设计策略是将文化上令人满意的视觉景观，与不可见的或者令人反感的环境效益结合起来。我使用我平时在景观美学研究中所学到的知识，用来创造能够赢得公众喜爱的那些早期绿色基础设施。这就能够降低我的创新性景观作品不被下一个土地业主或新的管理者所接受的风险。”

史蒂夫·奔驰，OLIN

“就我个人而言，作为一名工程师，我不在乎以占用土地为代价来设计绿色基础设施。雨水增加了传统景观所不具有的独特维度和设计机会。我认为巧妙雨水设计是创造极其多样而高效的‘功能景观’的一种方式，并且可以在各个层面上提高生活质量。因此，我总是乐于与富有创造力和才华的景观设计师们一起工作！”

史黛西·利维，环境艺术家

“小时候，我经常在城市公园边上的排水沟里一玩就是好几个小时，看着雨水暴涨，河水侵蚀着河岸。那时，我并没有过多考虑雨水的破坏力，但我喜欢看到河水随着时间的推移

而变化：有时是涓涓细流，有时是激流澎湃。作为一名艺术家，我的工作就是把这种变化带回我们的景观之中。我想创造一个像动词一样运动着的场地，它活跃并且包含着变化和解决方案；而不是像名词那样，成为一幅不与自然互动的静态画面。"

为了实现高效、多任务的ARDs，雨水管理设计师需要的不仅仅是法规和灵感。他们需要创意：如何将雨水管理转化为可持续雨水管理的具体构思，以便为景观增添价值。有了这些构思，设计师就可以将ARD作为多方面可持续雨水管理的措施向前推进。本书的后两部分将介绍实现这些目标的具体方式，第二部分介绍景观人性化特征、目标和设计措施，第三部分介绍可持续雨水管理特征、目标和设计措施。您可以在创建自己的ARDs时考虑采用这些设计措施。

注释：

1. Asit K. Biswas, *History of Hydrology*（Amsterdam, The Netherlands：North Holland Publishing, 1970）, 20–21.
2. L. Roesner and R. Matthews, "Stormwater Management for the 1990s," *American City and Country* 105（1990）：33.
3. J. T. Tourbier, "Open Space through Stormwater Management：Helping to Structure Growth on the Urban Fringe," *Journal of Soil and Water Conservation* 49（1994）：14.
4. Andrew A. Dzurik, *Water Resources Planning*（New York, NY：Rowman and Littlefield Publishers, 1990）：56.
5. Bruce Ferguson, *Stormwater Infiltration*（Boca Raton, FL：Lewis Publishers, 1994）：3.
6. Significant resources on this topic include the following, listed in the References section of this chapter：Göransson（1998）, Wenk（1998）, Niemczynowicz（1999）, Thompson and Sorvig（2000）, Dreiseitl, Grau,and Ludwig（2001）, and Dreiseitl and Grau（2005）.
7. See, for example, Coffman（2000）, Hager（2001）, and Urbonas et al.（1989）in the References section of this chapter.
8. Steve Law, "River City's Pipe Dream," *Portland Tribune*, November 9, 2011, accessed January 5, 2014, http：//cni.pmgnews.com/component/content/article?id=15327.

第二部分 巧妙雨水设计的人性化要求

巧妙雨水设计人性化要求思考概述

正如我们在本书前言部分所讨论的，ARD有两个重要组成部分：人性化要求和功能性要求。本书这一部分介绍ARD人性化要求方面的内容：设计师们可以采用以下的特征、目标和措施，用以建造具有景观人性化的可持续的雨水管理系统，实现对雨水的赞美。鼓励公众去学习了解、娱乐休闲，或以其他方式享受雨水景观。[1]我们希望，通过本书的这一部分和接下来第三部分所提供的信息，再加上案例研究部分中对实际场景的细节描述，可以帮助设计师们积累足够的创意和策略来进行自己的ARDs设计项目的构思。

在这本书中，"人性化"的定义是来自于我们对ARD的定义和《美国传统词典》（American Heritage Dictionary）对人性化要求定义的综合考虑，即"增加吸引力或价值的特征，尤其是指一项房地产项目或某个地理位置的吸引力或价值。"[2] 在ARD的背景下，人性化被定义为注重雨水体验的功能特征，用以增加景观的吸引力或价值。

这里必须要指出的一点是，我们对这个定义的使用有着一些不可避免的限制。首先，在这本书中所讲的设计的"吸引力或价值"是通过人类自身的欣赏价值体系来衡量的，并不一定能满足野生动物或任何其他生命形式的需求。其次，我们承认，在本书中对"吸引力"的判断是基于所谓的传统美学以及我们对美国主流审美标准的理解和认同。我们相信，这种对传统美国审美偏好的关注，对在美国工作的设计师是有参考价值的。

为了更好地理解本章内容，有必要提前说明的是，在2005年我们开始ARD工作之前，可持续雨水管理并没有为实现人性化要求而设定专门的要求、目标或措施。为此我们不得不为设定这些参照内容投入巨大的努力。为了实现这一目的，我们认真研究和归纳ARD的案例，确定以上三方面的要点。我们所使用的方法，有时可被称为实地理论方法。这种方法是指，研究人员从数据开始（对我们来说，数据就是ARD项目），通过研究和重复研究这些数据，梳理出一套规律或者要点，最终将其发展成为理论。[3]通过我们的工作，在对项目不断反复地详细研究中，我们发展出了一套虽不是十分完善，但却非常有用的ARD设计要求、目标和措施体系。

我们工作中的第一步是制定一套ARD人性化要求。此项工作一开始是对照一份已出版的土地开发文献清单（Beyard, 1989；Book out, 1994 a, 1994 b；Kone, 2006；O'Mara, 1988），对其景观设计中一般意义上的人性化要求进行研究：

- 便利性：位置方便或舒适
- 教育性特征：提供良好的学习条件
- 休闲娱乐性特征：为玩耍或放松提供良好的条件
- 安全性特征：免受危险或能及时提醒风险
- 社会互动特征：个体或群体的融合
- 公共关系特征：设计师或业主价值的符号化表达
- 美学丰富性特征：因良好的设计构图而实现的审美或愉悦体验

然后，我们对比研究了我们的数据——ARD项目——将这些一般意义上的景观人性化要求与我们在设计中发现的人性化特征进行对比。我们发现虽然ARD项目的重点在于雨水管理，并没有在便利性或者社会互动性上有重大的出色表现，但是项目包含的这方面的特性几乎都是有关联的（当然，也许在我们研究的ARD项目之外，可能会有在这些方面表现突出的其他项目）。因此，作为本书和研究的基础，我们收集的ARD项目必须在以下几方面的人性化要求上有突出表现：

教育性特征

公共关系特征

休闲娱乐性特征

美学丰富性特征

安全性特征

一旦我们确立了这些人性化要求，我们就再次回到ARD项目中寻找人性化的目标。经过大量的研究和归纳分类，我们从多个ARD项目中为每一个人性化要求的实现总结出了具有实用性的目标清单。（尽管并不是每一个目标都会体现在所有项目之中）。

最后一步是选择可用于实现每一个人性化要求目标的设计措施。我们再次返回到项目中，寻找我们在ARD项目中实现每个人性化要求目标所使用的所有方法。最终归纳出设计师可以用来实现每个人性化要求目标的众多技术清单。

虽然对这一过程的解释是冗长的，但这方法本身却是非常有效的。这是一种从（在这个研究中）一组设计中提取丰富信息模式的好方法。我们认为这对于景观设计师来说是一种特别有效的研究方法，我们很高兴艾伦·戴明（Elen Deming）和西蒙·斯沃夫菲尔德（Simon Swaffield）在他们2011年出版的《景观建筑研究：探究、策略、设计》（*Landscape Architecture Research: Inquiry, Strategy, Design*）一书中对我们的研究方法进行了介绍。

本书的以下部分是按照五个人性化要求的顺序进行编写的——教育性特征、休闲娱乐性特征、安全性特征、公共关系特征和美学丰富性特征。其中对每项要求都进行了简要的说明，并通过一页纸的表格内容概述了项目中反复出现的关键目标和设计措施。每个表格后面都通过文字和图片进行简短的说明，介绍每一个人性化要求目标类型中值得注意的工程实例。

我们在本书的这个部分向您具体建议阅读和使用本书的方法：选择一项您感兴趣的要求，浏览用于实现这些要求的目标清单和措施清单，然后再去查看案例，这样会非常有助于理解项目的设计思想。当您准备好开始创作自己的ARD时，可以使用要求、目标和措施表格作为您的技术资源，然后按照"要考虑的事情"这部分内容开始构思。这套方法非常有效果，一定会在您创建自己的ARDs项目时，为您带来灵感和创意。

注释：

1. This chapter expands on an article that appeared in Landscape Journal（27：2/ISSN 0277-2426）, published by the University of Wisconsin Press.
2. http：//education.yahoo.com/reference/dictionary/entry/amenity accessed August 12, 2013.
3. Corbin and Strauss（2008）.

2.1

巧妙雨水设计的教育性特征

在ARD的背景下，教育性特征要求可被理解为是为学习雨水或相关问题而创造的宜人环境，包括提供了解场地可持续雨水管理系统的机会，场地水环境的历史状况，滨水植物生态群落等。在某些情况下，这些创意可以专为教育的目的而设计出来，或者利用景观叙事的方式来讲述这个地方有关水的故事。教育性特征要求导向的ARDs也可以通过旅游、游戏或其他方式为公众提供接受教育的机会。

在ARD案例研究中，我们发现可以通过一系列措施来实现三个不同的教育目标，如表2.1所示。

在下面的部分，本书具体介绍了特定的ARDs使用各种教育目标和不同措施方法的细节。其中三个项目介绍了如何讲述雨水的故事，一个项目在向公众介绍它的雨水处理系统的同时，展示了在我们所有研究的案例中，被认为是最棒的标识方法。还有一个项目介绍了如何在人流聚集的显眼位置设置雨水处理系统，并向大家提供有效的学习环境。最后一个项目提供了一个互动的学习体验机会，它吸引大家亲身去探索和发现雨水管理的策略。

教育目标：水循环的教育性特征创意

措施：创作一个关于雨水或水循环的故事

项目：俄勒冈州波特兰市阿伯小屋新季节市场：Lango Hansen Landscape Architects PC, Ivan McLean, artist；宾夕法尼亚州“山脊与山谷”，宾夕法尼亚州立植物园，大学公园：Stacy Levy,artist, with MTR Landscape Architects, Overland Partners；俄勒冈州波特兰市，俄勒冈州会议中心的雨水花园：Mayer/Reed

很多时候，关于雨水的故事以及它对水循环的重要意义，可以通过景观叙事或视觉叙事的方式有效地讲述给观众。在俄勒冈州波特兰市阿伯小屋新季节市场可以找到这种教育方式的例子，尽管简单却非常有效（图2.1）。在这里，Lango Hansen Landscape Architects PC，和艺术家伊凡·麦克林恩（Ivan McLean）将雨水管改造成引人注目的雕塑，彰显出雨水和西北地区最珍贵的鱼类鲑鱼之间的密切关系。麦克林恩从排水口的末端垂下轻快的不锈钢卷须，并连接上不锈钢材质的鲑鱼外轮廓金属架构，使这些鱼看起来像是正在向上游的水源游动。当雨水倾泻而下时，效果就显现了：鲑鱼面向从排水口倾泻而下的雨水，显然是在努力地“逆流而上”。即使在干燥的晴天，由鲑鱼和那些看似液态的钢卷须组成的雕塑，也会使观众意识到雨水对下游环境的影响。

教育性特征：为了解雨水或雨水径流相关问题创造条件　　表2.1

目标： 提供	设计措施
学习内容	
水循环	使雨水路径清晰可见
	讲述雨水或者水循环的故事
	使用富有表现力的水文符号
历史水环境状况	使雨水路径清晰可见
	将与雨水相关的场地构件整合到设计中
	创造一个历史水环境状况的故事
	使用富有表现力的历史水环境状况符号
水处理方式	使水处理系统清晰可见
	使雨水处理系统有趣、迷人或令人困惑
	在设计中使用多种雨水处理系统
处理系统影响	创建可见的收集和存储垃圾或污染的系统
滨水植物种类	提供各种可见的植物类型和群落
滨水野生动植物	通过以下方式提供多种有趣的野生动植物栖息地：
	提供野生动物可食用的植物
	设计不同水深环境
	为例如鸟类和蝙蝠等野生动物提供庇护所
学习方法	
标识	通过简单的标识和展示等方式：
	简明的文字
	清晰的图案
	位置信息、颜色或者吸引人的移动方式
项目	设计处理系统，吸引公众参与教育性特征游戏或活动
学习环境	
可见性	使处理系统清晰可见
	通过改变雨水处理系统不同部分的外观来创造视觉趣味
聚集性	为人们创造多样化的探索、聚集或在雨水处理系统附近休息的空间
互动性	使处理系统可以被人体接触
	吸引人们去探索雨水处理系统周边或内部

图2.1 七角市场（Seven Corners Market）的不锈钢鲑鱼造型排水口，让观众在脑海中把雨水与河流连接起来（设计：Lango Hansen Landscape Architects, Ivan McLean；照片：Eliza Pennypacker）

图2.2 “山脊与山谷”讲述了春溪河流域雨水与径流的故事（设计：Stacy Levy with MTR Landscape Architects, Overland Partners；照片：Frederick Weber）

“山脊与山谷”的故事背景更加宏大。这是一件环境艺术作品，它讲述了宾夕法尼亚州一个完整流域内山脊和山谷的雨水故事（图2.2）。在宾夕法尼亚州立植物园的游客馆，艺术家斯泰西·利维（Stacy Levy）按照当地春溪河流域的河流和支流的地势图案，雕刻了一个青石平台。其中可供游客坐下歇息的长石灰岩板代表着该地区标识性的山脊，它们沿着流域地图上的“山谷”排列。当雨水从屋顶排水孔倾泻而下，流到这张地势图上时，切割而成的河流和支流们会将雨水引向平台边缘的雨水花园。这个平台因向游客提供了当地景观地形中地表水运动的微缩景象而大受欢迎。

在波特兰俄勒冈会议中心的雨水花园中，景观设计师卡罗尔·梅尔·里德（Carol Mayer Reed）设计了一个隐喻水循环过程的景观（这需要参观者有一定的想象力）。五个巨大的排水口从会议中心的建筑外墙上伸出，将从5英亩（约2公顷）大小的屋顶上收集到的雨水排入一个被设计成抽象的地区性河流形状的滞留、生物过滤和渗透系统中。天然玄武岩柱矗立在由漏斗、水池和堤堰按顺序组成的分层通道之中；当地的植物优雅地生长在通道的内侧和沿途各部分。这其实是一个复杂而精致的自然河岸和湿地环境。整个设计是把环境比喻成河流，与“山脊与山谷”一样，讲述了雨水从屋顶直到汇入河流的旅程（图2.3）。

图2.3　在俄勒冈会议中心的雨园，一条抽象的河流讲述了水从屋顶直到汇入河流的旅程（设计：Mayer/Reed；照片：Eliza Pennypacker）

教育性特征目标：学习水处理方式

措施：使雨水处理系统清晰可见；在设计中采用多种雨水处理系统。

教育性特征目标：通过标识的学习法

措施：使用印有简明的文字、清晰的图形、位置信息以及醒目颜色的简单标识

项目：华盛顿州钱伯斯河，皮尔斯郡环境服务局：Bruce Dees & Associates, SvR Design Company, The Miller|Hull Partnership

雨水处理系统清晰可见，会吸引观众对雨水处理策略产生兴趣，有可能让他们马上领悟其中的原理，也有可能（也许更加迷人）让他们通过类似拼图一样的体验，探索和理解场地是如何来管理雨水径流的。可见的雨水管理系统通常与标识有效地结合在一起，这样可以使教育效果最大化：访客可以阅读有关系统说明的标识，然后来观察该系统是如何在这个设计项目中工作的。（本书第四部分，华盛顿州皮尔斯县的钱伯斯溪环境服务设施的案例，研究中向读者提供了更多关于这种综合教育性特征策略的细节。）

雨水路径是从建筑物的一个角落开始（图2.4），屋面径流从雨水排水口落入一个带有

图2.4 皮尔斯县环境服务局的雨水路径，雨水从排水口落入一个带有螺旋水道的混凝土池中（设计：Bruce Dees & Associates, SvR Design Company, The Miller|Hull Partnership；照片：Stuart Echols）

螺旋水道的混凝土池中。下雨的时候，雨水会从混凝土池旋转着流入邻近的湿地，游客可以从横跨湿地的一条优雅蜿蜒的木栈道上观赏湿地（图2.5）。雨水在路面下短暂消失了一段距离，在湿地的尽头再次出现，流入一个展示其设计功能的生态草塘中。生态草塘湿地铺设着卵石，滨水的植物中点缀着一些浮木，以突显水的主题。生态草塘形成了一个270英尺（约82米）长的轴线，两边分别是员工停车场和社区步行道，这确保了雨水管理系统的最大可见度（图2.6）。在生态草塘的尽头，水流再次短暂地消失在路面之下，最终进入系统中一个特别有趣的部分——一个位于在生态草塘轴线上设有三个可见的阀门端头的广场（图2.7）。指示牌上写着“分流器广场”，系统将径流输送到两个不同的传输型渗透洼地（一个是植草型洼地，一个是湿地植物型洼地），而第三个分流器成了末端，像是在等待接入未来新型的处理措施。多种类的雨水“课程”以及高水平的工艺和维护理念贯穿在整个系统之中，这体现了设计师为唤起游客对多层次雨水处理系统的关注而付出的巨大努力。

皮尔斯县复杂的雨水设计，因为在明显位置设置的标识牌，教育效果大大提升。标识系统无疑是用景观提供教育信息的有效措施，我们书中列举ARD案例介绍了一系列使用标识牌的策略，其中一些效果非常突出。我们发现，文字内容密集到占满整个标识牌缺乏视觉吸

图2.5　皮尔斯县环境服务中心蜿蜒的木栈道引导游客进入湿地参观系统（设计：Bruce Dees & Associates, SvR Design Company, The Miller|Hull Partnership；照片：Stuart Echols）

图2.6 皮尔斯县环境服务局270英尺（约82米）长的生物沟连接了停车场和休闲步道，确保水处理系统的最大可见度（设计：Bruce Dees & Associates，SvR Design Company, The Miller|Hull Partnership；照片：Stuart Echols）

图2.7 轴向生物沟（背景）终止于一个“分流器广场”（前景），在这里，标识牌解释了用于排放和渗透径流的不同方式（设计：Bruce Dees & Associates, SvR Design Company, The Miller|Hull Partnership；照片：Stuart Echols）

引力，因为它们看起来太像矗立在景观中的一篇学术论文，无法有效地激发参观者的兴趣。事实上，篇幅密集的文字有让人望而生畏的感觉，以至于我们仅是把它拍摄下来，留待日后学习，而不是站在现场阅读。皮尔斯县环境服务中心的标识牌却采取了一种聪明的做法，它们通过采用简单的方式，吸引和诱导前来拜访的游客学习。首先，每个标识牌上都提供了一个可以快速阅读的简单的标题性提示信息，内容都是些有趣的知识，而不是完整但令人生畏的大段文字（图2.8）。其次，由于标识牌分散设置于整个场地的不同位置，每段信息都是完整系统的一个组成部分，每阅读一处，读者的知识就会得到进一步的扩展和延伸。此外，这些标识牌被非常有心地布置在雨水处理系统旁边的人行道上；换句话说，一个人在游览的同时，一定会遇到这些标识牌和它们有趣的提示信息，这些有趣的信息会激发游客游览整个场地的兴趣。最后，标识牌使用的是让人无法忽视的亮黄色。整个标识系统的总体效果是非常明显的：我们在游览的过程中，一下子就被其中一个鲜亮颜色的标识牌所吸引，于是情不自禁地靠近它去阅读上面有趣的信息，然后就自然而然地开始了寻找有趣的“黄标签”之旅。不知不觉中，我们便沿着雨水处理系统的路径，学习了很多有关知识，并且乐在其中（图2.9）。

图2.8 在皮尔斯县环境服务中心，众多的标识牌提供了便于理解的短小信息，每个标识牌都注重了文字和图形的均衡（设计：Bruce Dees & Associates, SvR Design Company, The Miller|Hull Partnership；照片：Stuart Echols）

图2.9　引人注目的黄色标识牌精心地布置在步道沿线（设计：Bruce Dees & Associates, SvR Design Company, The Miller|Hull Partnership；照片：Stuart Echols）

教育目标：提供学习和聚会的环境

措施：为游客创造不同的空间供其探索、聚会或在雨水处理系统附近坐下来休息

项目名称：宾夕法尼亚州斯沃斯莫尔，斯沃斯莫尔科学中心，ML Baird & Co.；Einhorn Yaffee Prescott

斯沃斯莫尔科学中心的户外公共空间旁边有两个雨水管理系统：一个在大楼的上层，另一个在低层。埃尔德里奇公用场地（Eldridge Commons）是科学中心上层的一个公共空间，站在公共空间的大玻璃墙前，人们可以很容易地看到这两个系统。上层系统的一部分，是一个瀑布墙下镶嵌的2英尺（约61厘米）高的混凝土小水渠，它将屋顶的雨水径流引人瞩目地沿建筑物排走；水渠中的水随着渠道坡度下降并消失在同一层设置的一个填满石头的方形水池内。整个雨水系统挨着一个公共露台，露台上有很多的桌椅（图2.10），旁边是埃尔德里奇公用场地的大块玻璃墙。虽然水的去向仍然是个谜，但是水的运动对于那些坐在庭院空间和公共场所的人来说是清晰可见的。瀑布墙附近的一个小标识牌上写着，雨水将流入一个地下蓄水池，然后将被用于浇灌附近的花园。对于庭院区域的人来说，雨水成了一个非常有趣的焦点。在没有标识牌的情况下，水的路径依然清晰易见，但是标识牌又绝对满足了人们的

好奇心（图2.11）。

在建筑的另一侧，学生和教师要从楼上走到楼下的户外活动空间，需要先通过该建筑的一段地下通道，然后再往下走一段宽阔的石阶。人行道的一侧是雨水踏步，雨水踏步把从一个未知的源头流出来的雨水逐级跌落到较低的平面上；在最低一个雨水踏步处，连接着一个内嵌沟渠的可用来坐下歇息的完美矮墙，这个沿着露台边缘的沟渠可供流淌雨水。在矮墙的末端，这个系统采用了与瀑布墙相同的手法：水从稍高一些的沟渠端口流下来，然后消失在同一层设置的填满卵石的方形水池中，再次隐藏了它最终的去向（图2.12）。

在这个项目中，不同层的两个径流输送系统都靠近宽敞的公共空间（室内和室外），这使它的可见度非常高。如果不靠标识牌的说明帮忙，两个系统中水的来源和去向都会是未知的。

图2.10　从屋顶到地面的雨水路径都可以在相邻的斯沃斯莫尔科学中心露台观察到（设计：ML Baird & Co.; Einhorn Yaffee Prescott；照片：Stuart Echols）

图2.11 斯沃斯莫尔科学中心上层露台的一个小标识牌说明了瀑布墙的雨水处理方式（设计：ML Baird & Co.; Einhorn Yaffee Prescott；照片：Stuart Echols）

图2.12 雨水路径从雨水踏步一直延伸到场地边缘的步行楼梯，再到斯沃斯莫尔科学中心的低层露台（设计：ML Baird & Co.; Einhorn Yaffee Prescott；照片：Stuart Echols）

教育目标：为了解水循环

措施：使雨水路径清晰可见；讲述一个关于水循环的故事；使用富有表现力的水文符号

教育目标：提供一个学习和互动的环境

措施：通过设计吸引人们去探索系统的周边或内部

项目：佛罗里达州盖恩斯维尔, 佛罗里达大学西南娱乐中心：RDG Planning and Design

在佛罗里达大学西南娱乐中心的扩建过程中，大量教育性特征内容和实施措施实现了结合。通过采用诸如一条清澈的水流路径、隐喻性的雕塑、大胆吸引行人进入的系统，以及显眼的位置等手法创造了一套美观、信息丰富、有趣和吸引人的ARD。

首先是位置，这个大学西南娱乐中心的扩建项目位于一条靠近校园主要入口的繁忙街道上。中心扩建项目的设计师对旧建筑沿街立面进行了翻新改造，为其安装了宽阔的玻璃幕墙。沿着新的玻璃幕墙，在道路和建筑之间的空间，设计师设置了一条种满粗壮的当地多年生植物的长条形生态洼地。然后将人行道平行设置于生态洼地的两侧，一条挨着道路，一条挨着玻璃幕墙。简单地说，这个雨水管理用的生态洼地就是用来向进入娱乐中心的所有人进行展示的，包括司机、骑自行车的人，以及行人在内。

接下来就是需要学习的清晰理念了，这必须要感谢佛罗里达州的“建筑艺术州”（art in State Buildings）项目使一个为特定场地创作的艺术装置变为了现实。行走在生态洼地和建筑物之间的行人被带入了一个有趣的关于水的故事之中。沿着建筑物外墙安装着六个小而低的青铜排水口，它们间隔的位置充满了节奏感，这些排水口将屋顶径流排入到填满卵石的水池中，然后水流从垂直于建筑外墙的小水渠流入生态洼地之中，这些小水渠里满满地排布着鹅卵石。这六条小水渠都要穿过人行道，任何一个细心的行人都可以清楚地看到，建筑屋顶收集的雨水从脚下流过，最终流向了生态洼地。在雨水流入雨水花园之前，它会经过位于生态洼地边缘的多个色彩鲜艳的柱状镂空金属雕塑（图2.13）。

靠近娱乐中心前门的这座黄色雕塑基座上，有一块解释这件艺术装置作品的铭牌。上面写着（部分内容）：

> 金属镂空雕塑象征着棕榈树的根部结构，其造型与人类的结构组织非常接近，它象征着植物和动物之间的共同特征，以及生命对水同样的依赖。

细心的路人会注意到，每条从雕塑下面流过的雨水渠都表明这个有机体吸收了赋予生命的水（图2.14）。总而言之，这个清晰而有象征意义的设计给我们上了一堂关于雨水及其赋予生命品质的课。

图2.13 6条排水渠穿过人行道将屋顶径流从建筑物排往生态洼地之中，每条排水渠都会流经一个色彩鲜艳的柱状雕塑（设计：RDG Planning and Design；照片：Eliza Pennypacker）

图2.14 设计中的每一条水渠都使水从雕塑下流过，象征着有机体是如何吸收赋予生命的雨水这一过程（设计：RDG Planning and Design；照片：Eliza Pennypacker）

但是等等，还有更多。从建筑物延伸出来的每一条水渠都作为一个围堰的端部，继续穿过此生态洼地，然后通过踏步石顺着地形一直延伸到公共人行道。换句话说，在生态洼地沿线上的六个地点，设计者大胆而清晰地邀请行人从路边人行道走进雨水管理系统（图2.15）。

总体来说，这个ARD涉及了所有的教育目标——学习的内容、学习的方法，以及学习的环境——它采用了一些很棒的措施，完成了一个特别适合大学校园且十分令人兴奋的项目。

图2.15　一条较宽的石板路将每条水渠延伸到公共人行道，邀请行人进入生态洼地（设计：RDG Planning and Design；照片：Eliza Pennypacker）

在您努力实现ARD的教育性特征目标时要考虑的内容

列表和项目都为ARDs的教育目标设计提供了大量的机会和问题，总结如下：

- 您希望游客掌握哪些关于雨水的信息？
- 设计使用了何种可持续的雨水管理系统？它们是否提供了学习的机会，是否具有可见性？
- 雨水的故事可以在没有标识，甚至没有水的情况下讲述吗（也就是干的状态下）？
- 雨水的故事能在寒冷的冬天讲出来吗？
- 水的来源和去向是否清晰？
- 如果需要标识，如何将其变成有趣、简洁、清晰的ARD设计的一部分？
- 雨水系统的一些部分能否设置在公共聚集区，以增加人们对该系统的认识和讨论？
- 在其他哪些方面，能够促使人们关注和了解这个系统？
- 是否有可能促进与系统的互动，以启发游客？

2.2

巧妙雨水设计的休闲娱乐性特征

作为ARD的一项设计要求，特征意味着向人们提供有利于放松身心、愉悦情感或振奋精神的环境氛围，与雨水处理系统形成互动。与教育性特征要求相比较，休闲娱乐性特征要求着眼于人们与雨水系统之间有趣的互动，是以简单享受为设计目的的。显然，教育性特征和休闲娱乐性特征之间的区别是细微的，并有相当多重叠的内容。但本书还是把它们作为不同的要求来分别介绍，这么做是为了帮助那些想要强调其中一项要求的设计师进行自己的创作。

我们在探索休闲娱乐性特征创意的过程中，认识到巧妙雨水设计与休闲娱乐性特征互动的三个目标，一是视觉感受，即游客在景观场地中放松身心时，不管人在移动还是坐着，均应有机会看到水或水系统；二是进入，即游客能够进入水或水系统并与之产生身体接触；三是玩耍，即游客能有机会参与甚至动手改变水或水系统。表2.2列出了这些休闲娱乐性特征目标以及实现这些目标的各种设计措施。

休闲娱乐性要求：创造有利于放松身心、愉悦情感或振奋精神的环境氛围，与雨水系统形成互动　　表2.2

目标： 创造条件	设计措施
视觉感受	
路过	在重要位置设置道路，确保游客经过雨水处理系统
	将场地与场地外的道路相连，确保游客经过雨水处理系统
停留	创造可以俯视雨水系统的视觉感受
	设置与雨水处理系统相关的停留地点
休息	在可以看到雨水系统的地点，通过设置矮墙、长椅，或桌子和椅子提供坐下休息的场所
进入	
导向系统	在雨水系统入口处提供清晰的标识
	将入口设计为视觉吸引或带有神秘色彩的风格
通过性	使入口非常便于进入
	雨水系统内部设置可以坐下休息的地方
玩耍	
探索	提供可以玩耍和探索的大小不同的场所
	设置可供攀登以及亲身探索的场所，并且注意在安全性特征与冒险性之间取得平衡
互动	创造可以供用户安全改动的雨水系统，例如小型可移动的卵石与堰

一些创造休闲娱乐性特征措施的ARD案例脱颖而出：有两个是通过有意规划散步路线或是设置自行车道的方式创造雨水系统视觉感受的案例，一个是通过设置可以坐下休息的矮墙创造出视觉感受雨水传输的案例，另一个是鼓励游客离开人行道进入雨水管理系统的案例，还有一个是吸引游客在雨水输送系统中玩耍的案例。

休闲娱乐性特征目标：创造可以欣赏和途经机会的ARD

措施：将场地内部和外部道路连接，确保途经雨水处理系统

项目：俄勒冈州波特兰水污染控制实验室：Murase Associates

确保雨水管理系统可视性的一种方法，是设置引导行人经过这些系统的休闲娱乐性特征通道。将场地外部的参观点与场地内部道路连接起来是一个很好的策略，因为它迫使人们在穿过场地前往目的地的途中注意到雨水处理系统，这个有效的策略正是水污染控制实验室项目所采用的。在这里，步行或骑自行车的人在往返附近的大教堂公园，或前往北部商业和住宅区，或仅仅沿着威拉米特河散步时，都会感觉自己置身于一个有趣的场地之内，不由得被这庞大的、艺术性的雨水管理系统所吸引（图2.16）。

图2.16　连接水污染控制实验室的人行道，它指引行人进入雨水管理系统（设计：Murase Associates；摄影：Seth Wilberding）

休闲娱乐性特征目标：创造观察或通过ARD的机会

措施：有策略地设置道路，确保游客途经雨水处理系统

项目：华盛顿州兰顿水厂花园，兰顿：Lorna Jordan

第二个值得关注的通过策略性设置道路系统的案例是水厂花园项目。在这里，设计师将毗邻一个郡级污水处理厂的雨水处理系统改造成为一个吸引人的有序雨水花园空间，这个设计让雨水沿着花园向山下流动：小山、漏斗、洞穴、通道和排水口。游客漫步在花园空间中，可以体验几乎所有卡普兰在他的书《以人为本》（*With People in Mind*）中引述过的关于提高“探索欲望”的神秘特征，包括“探索更多的建议”，通过曲折的道路和部分景观被植物遮掩的方式吸引游客。这条曲折的道路不仅引起了人们探索的欲望，同时还打造出了植物丰茂、野生动物多样、地形和景色迷人的湿塘和湿地（图2.17）。

图2.17　在水厂花园，一条迷人的小径引导着行人经过湿地和水处理池塘（设计：Lorna Jordan；照片：Stuart Echols）

休闲娱乐性特征目标：创造在ARD旁观赏和休息的机会

措施：通过设置矮墙、长椅，或桌椅提供坐下休息的空间供游客观察雨水处理系统

项目：俄勒冈州，波特兰市，波特兰市立大学斯蒂芬·埃普勒会堂；Atlas Landscape Architecture, KPFF Consulting Engineers, Mithun

当说到吸引人们去欣赏风景，没有什么比提供一个可以坐下休息的地方更有效的方法了。无论是矮墙、长椅，还是普通桌椅，座位肯定会让人们打算停下来欣赏周围的环境。在ARD中，一个典型的设计意图就是希望人们能够关注雨水的特性；我们找到的最好案例是在波特兰州立大学城市校区的宿舍斯蒂芬·埃普勒会堂外，有策略地放置了一对有顶棚的长椅，人们可以坐在此处观看真正的雨水演出。在这个设计中，水系统具有的特征，在降水过程中将特别引人注目：水从五层高的落水管中喷出，落入一组装满砂砾的小水池中，然后从水池基座上的细小排水口中涌出，进入连接“生物池塘”（下凹种植池，如图2.18所示）的水渠之中。两个面对雨水系统的长椅放置于独立的雨棚之下（在下雨时这显得非常重要）。

图2.18 埃普勒会堂的径流从落水管（在柱子旁边）进入底部的方形水池，然后穿过水沟空间到达“生物小巷”（设计：Atlas Landscape Architecture, KPFF Consulting Engineers, Mithun；摄影：Seth Wilberding）

长椅背靠建筑外墙，这个空间会带给人们一种强烈的好奇和庇护感，这使得坐下休息的空间十分具有吸引力（图2.19）。总而言之，这个设计为埃普勒会堂提供了一个方便、舒适的空间用来感受雨水。这种方式显然非常有效：根据建筑师的说法，学生在降雨期间会从宿舍出来坐在此处观赏雨水表演（McDonald，2006）。

图2.19　埃普勒会堂的有顶长椅提供了雨中水景展示的视野（设计：Atlas Landscape Architecture，KPFF Consulting Engineers，Mithun；摄影：Stuart Echols）

休闲娱乐性特征目标：创造进入和通过ARD的机会

措施：使入口容易进入；在雨水系统中提供可以坐下来的位置

项目：俄勒冈州，波特兰市，俄勒冈会议中心的雨园：Mayer/Reed

与ARD的另一种休闲娱乐性特征互动方式，可以通过使游客能够进入雨水管理系统的方式实现。在俄勒冈州波特兰市的俄勒冈会议中心雨水花园项目中，本书前面所描述的河流抽象表达使探险者有机会参与到河流的体验之中。线性雨水路径与附近的人行道被郁郁葱葱的草地断开，更加清晰的分隔是通过一个宽阔的密植区域以及其边缘放置的岩石带实现的，但在某些特定的区域，这宽阔的隔离带敞开与外界环境相连接，游客可以通过平坦的岩石铺设的拦沙坝进入“河”中（图2.20，图2.21）。

图2.20 俄勒冈会议中心抽象的河流走廊与人行道（图右）被郁郁葱葱的草坪和沿着“河流”边缘（图左）的浓密植物边界（设计：Mayer/Reed；照片：Stuart Echols）

图2.21 偶尔平坦的岩石与草坪齐平，允许游客在堰边进入“河流”（设计：Mayer/Reed；照片：Eliza Pennypacker）

一旦进入，喜欢冒险的人可能会爬过（甚至在岩石上跳舞）岩石（图2.22），而其他人可能会选择简单地坐在其中一块岩石上欣赏郁郁葱葱的环境。

图2.22 “河流”的设计是为了赞美娱乐，允许游客在系统中的拦沙坝旁坐下休息甚至跳舞（设计：Mayer/Reed；照片：Teresa Chenney, ASLA）

休闲娱乐性特征目标：创造在ARD中玩耍和探索的机会

措施：提供大小各异的玩耍和探索空间

项目：纽约，法拉盛，皇后区植物园：Atelier Dreiseitl with Conservation Design Forum；BKSK Architects

在新皇后植物园游客中心，雨水是设计中的亮点，这清楚地表明，通过植物展示的方式体现出雨水作为宝贵资源的价值。为了突出雨水，设计师设计了一个雨水输送系统作为场地的线性焦点。在这个系统的许多地点，水是可接近的，可触摸的，并且是非常吸引人的，整体形成了一个可嬉戏的互动展示空间。

首先，雨水从游客中心屋顶延伸出来的排水口倾泻而下，进入建筑公共入口的浅水池中进行生物过滤；之后雨水进入到一个地下集水池中用紫外线进行消毒处理，消毒后的水通过水泵进入场地另一个区域的喷泉池。水通过顶部的圆弧形水平出流槽缓缓流入喷泉中，然后从阶梯式的一组同心的圆弧形黑色花岗岩台阶逐级而下，水声潺潺、波光粼粼。喷泉是游客可以进入并且可以触摸的：喷泉池上端与草坪齐平，台阶边缘的花岗岩外墙可供游客坐下休息。这绝对是十分具有吸引力的喷泉，游客会不自觉地靠近并触摸泉水。但是水并不是一直在流，就像喷泉旁边的一块标识牌上写的那样："就像自然界的小溪一样，当雨水丰沛的时候，水就会从这个喷泉流出来。但是，当雨水非常少的时候，就像是在旱季，我们的喷泉和周围的小溪也可能会干涸。"这一间断性的喷泉提醒我们，当我们有条件时应该尽可能去珍惜和享受雨水带来的快乐（图2.23）。

图2.23 经过处理的雨水为皇后植物园（Queens Botanical Garden）的喷泉池提供了带有泡泡、闪闪发光、且可接触的间断性供水水源（设计：Atelier Dreiseitl with Conservation Design Forum, BKSK Architects；照片：Stuart Echols）

在喷泉的底部，雨水从这里以蜿蜒小溪的形式流回到游客中心。在喷泉广场内，小溪的两边是用低轮廓的直线铺装界定的，这些铺装逐级延伸到水面以下。在广场的远端，小溪一侧的铺装被沿河的植物所取代。这两个范围中，铺装道旁的流动的水对游客来说是完全开放的；这个设计会吸引人们在水中击打水花或只是用脚趾来接触水面，或者漂浮玩具船，看着鸟儿在河中洗澡，又或者只是边欣赏边从此处路过（图2.24）。

这条浅溪上架设了两座桥，方便游客游览植物园的不同的部分。在小溪的尽头，靠近场地东北角的地方，雨水沿着水平散布器流入一座建造的水池中（在建筑服务一侧），然后流回中心公共入口的水池中。细心的游客会注意到，雨水流动了整一个圈，穿过景观区域，穿过种植区域，又回到了它的源头，这是一个愉快的对水循环系统的隐喻。

图2.24　简单的入口吸引游客去击打水面，漂浮玩具，或只是观看雨水在皇后植物园的河流中流动（设计：Atelier Dreiseitl with Conservation design Forum, BKSK Architects；照片：Stuart Echols）

在实现ARD休闲娱乐性特征目标时要考虑的事情

列表和项目都为ARDs的休闲娱乐性特征目标设计提供了大量的机会和问题，总结如下：

- 您的ARD是否有可能沿路从场地外进入？
- 是否有可能在您的ARD中提供能够清晰观察到焦点所在的座位？
- 标高较高的区域是否能提供观察庭院内部的有趣视野？
- 当地法规是否允许游客进入您的ARD?如果可以，入口应该设置在哪里？如何设置？
- 您在ARD中是如何设计供游客坐下休息的场地的？
- 人们是如何修改或玩耍ARD中设置的物理对象的（例如水、岩石等），这样做会破坏或者丰富设计吗？

2.3

巧妙雨水设计的安全性特征

ARD安全性特征要求的重点在于通过减少与水相关的危险，来提高人员与水之间互动的安全性特征。这可能不应该算做ARD的一项明确的人性化要求，但是在目前美国社会的法律和诉讼环境下，安全性特征要求则是能让ARD项目得以实施的关键要素。

在ARD中，水经常是以静止或流动的形式存在，我们应该如何防止ARD成为溺水危险的根源呢？[1] 我们的ARD项目列表中揭示了减少由水引发危险的两个目标：其一是控制与水的接触，其二是控制水的流速和水深。表2.3给出了这些缓解措施的目标以及一系列实现目标的设计措施。

安全性特征要求：通过减少与水相关的危险，提高人员与雨水处理系统互动的安全性特征 表2.3

目标	设计措施
接触控制	
垂直屏障	设置墙壁、屏障、栏杆等，在阻止进入雨水系统的同时保证其可视性
	设置高地、滨水植物或水生植物群落，在阻止进入雨水系统的同时保证其可视性
水平屏障	使用桥梁、木栈道或观景平台让人员能够从高处俯视雨水系统
水的容器	使用与水相关的地面储存设施，如雨水罐、水塔或蓄水池
水量控制	
水深	不要设置大型集中储存设施来收集雨水
	使用分流器或分层池将雨水分散到较浅的储水设施中
	通过创建水平的扩散设施来限制雨水的深度
	通过在人们可以进入的水池中添加大型河石来限制雨水的深度
流速	不要设置大型集中储存设施来收集雨水
	使用水位分布器或分流器将雨水分散到小型输水设施中
	设置“水闸”通过突然改变水流方向来降低流速
	通过建造小型瀑布来消散能量并降低雨水的流速

在这些项目中，解决安全性特征问题的五个措施的案例脱颖而出。有两个项目是通过设置不同类型的垂直屏障限制对水体的接触，从而实现接触控制这个目标的，一个项目是使用巧妙的水平屏障，另一个则使用具有象征性意义的水容器。为了控制水量，一个项目使用了我们在ARDs中经常看到的方法来解决水深问题，另一个项目同样是使用了常用的措施，有效地限制了水的流速。

安全性特征目标：用垂直屏障进行接触限制

措施：通过设置墙体、屏障、栏杆等，在阻止进入雨水系统的同时保证其可视性；设置高地、滨水植物或水生植物群落，在阻止进入雨水系统的同时保证其可视性

项目：佐治亚州，亚特兰大市，历史第四区公园：HDP and Wood+Partners；宾夕法尼亚州，费城，鞋匠格林：Andropogon Associates Ltd., Meliora Design LLC

这两个项目从垂直屏障的样式上呈现出两种完全不同的安全策略：历史第四区公园（Fourth Ward Park）呈现出各种高大、坚硬的屏障，可以最大化游览者的视野，但清楚而明确地表示出“请不要靠近水!”的警示。相比之下，鞋匠绿地（Shoemaker Green）的屏障设置得很低，也很微妙。

历史悠久的第四区公园位于亚特兰大市沿亚特兰大环线的公园，规模很大，场地为一斜坡，面积相当于两个街区。南部街区的雨水通过设计成自然溪流的景观水系流向山下。一条蜿蜒的小路沿着这条小溪铺设，路上的行人可以清晰地看见水，但项目同时使用两个简单的措施提醒行人“不要靠近”。一是在曲折的步道两侧设置了弯曲的不锈钢扶手（有些地方——特别是在桥上——会增设钢缆来保证安全）(图2.25)；二是令栏杆外的植物生长得十分繁茂，甚至看上去非常野性。薄而优雅的钢铁与野生景观产生的鲜明对比，清楚地向我们表明，最好还是待在铺好的路上（图2.26）。

来自这个街区和另外一个更大汇水区域的雨水，被输送到北部街区一个用石墙围成的深蓄水池中（局部墙体高达23英尺——约7米高）。值得一提的是，这个蓄水池被设计成为一个美丽的、非常受欢迎的园林景观，它由一个永久性的湿塘、各种各样的雨水喷泉和茂盛的岸边植物组成。这里采用的基本安全性特征措施与南区相同：通过一条闪亮的钢扶手和由12排钢缆构成的围栏，以及茂盛的植被分隔，游客的行动被限定在一条蜿蜒的小路上，而无法穿越。这个安全系统的非凡之处在于，它在视觉上是如此轻盈，形态蜿蜒而轻快，让人在体验美丽水景的同时，感觉不到任何约束（图2.27）。

与宾夕法尼亚大学的帕莱斯特拉球场相邻的鞋匠绿地的更新设计，包括靠近建筑的硬化道路旁的座位空间，一个宽敞的椭圆形合院，以及一个场地坡向西北角用以汇集整个区域雨水的雨水花园。游客可以很容易地观察并理解雨水管理系统的原理：格栅覆盖的沟渠将雨水直接从广场导入雨水花园，然后水沿着一条布满岩石的“河床”流动。这个项目引人注目的地方在于垂直屏障的巧妙设置：雨水花园有四分之三的边界被6英寸（约15厘米）高的花岗岩缘石和种植在其内侧的厚厚的低矮植物所包围，剩下的边界以及主要的人行道则被可以用来坐着休息的矮墙包围，游客因此无法进入雨水管理系统内部。实际上，人们还是有可能在某些位置进入到雨水花园内部的：花岗石上预留用来收集雨水的开口处，河流岩石的“河床”一直延伸到路边的开口，这个区域不会生长植物。除此之外，设置在雨水花园旁边可供人们就坐歇息的矮墙，因为朝向路面所看到的均为硬铺装，所以吸引人们面向雨水花园而坐。真正阻止人们进入雨水花园的因素，是一个合理而有效的种植规划：如果一个人真的走

图2.25 薄薄的不锈钢栏杆后面是野生景观，点缀着轻快的曲线，这就像是在说“请待在人行道上!”（设计：Wood+Partners；照片：Eliza Pennypacker）

图2.26 在桥梁上，钢扶手被缆索加固，以确保人们远离径流雨水形成的“小溪”（设计：Wood+Partners；照片：Eliza Pennypacker）

进花园，那些密密的、不能通行的植物——特别是草——将让人们无处可去（图2.28）。

图2.27　沿着南区湿塘，人行路两侧设置的不影响视线但却难以翻越的钢制扶手以及其下方由12股钢缆所构成的护栏（设计：HDP；照片：Eliza Pennypacker）

图2.28　鞋匠绿地的雨水花园边缘种植着茂密的矮草和灌木，阻拦行人有可能进入系统的行为（设计：Andropogon Associates Ltd., Meliora Design LLC；照片：Stuart Echols）

安全性特征目标：设置水平屏障以控制接触

措施：使用桥梁、木栈道或观景平台，在阻止进入雨水系统的同时保证其可见性

项目：华盛顿州，兰顿，水厂花园：Lorna Jordan

在本书前面部分曾介绍过水厂花园项目人性化设计中关于休闲娱乐性特征要求的内容（第二部分2.2），除了休闲娱乐性特征的内容，设计师还采用了大量有效的设计措施，在限制游人与雨水直接接触的同时，确保游人融入并享受场地周围的水环境。其中一个例子是在花园入口处的小山丘，设计师采用了一个特别令人愉悦的措施：在这里，游客们被一排用玄武岩柱框定的小路吸引着走向一个可以俯视下方的形式迷人的平台。沿着这条小路，雨水真的就在游客脚下安全地流淌，而且非常容易引起人们的关注。钢格栅承载着勾勒出河流形态的石材地面。就在钢格栅之下，流动着潺潺的溪流。游客们可以看到、听到，甚至闻到潺潺的水流——可他们就是无法接触到它。雨水的流动是这个入口的核心体验，通过简单的步行格栅的隔离，水流对于在它上方行走的游客来说绝对是安全的（图2.29）。

图2.29　通过设置一个简单的步行格栅满足安全要求，是水厂花园入口处雨水体验的核心部分。同时，还请注意向下俯视区域设置的安全栏杆（设计：Lorna Jordan；照片：Eliza Pennypacker）

安全性特征目标：通过设置雨水储存装置控制与水的接触

措施：采用水相关主题的地面雨水储存设施如雨水罐、水塔或蓄水池

项目：得克萨斯州，奥斯汀市，瓢虫约翰逊野花中心，奥斯汀，得克萨斯，J. Robert Anderson Landscape Architects, Overland Partners

"瓢虫约翰逊野花中心"有一个崇高的使命：让游客了解到得克萨斯州原乡景观。这景观中的一大特点就是历来得克萨斯把水视为一种宝贵的资源，因此从很早以前得克萨斯人就开始设计各种巧妙的方法来收集雨水资源供人们使用。在这个中心，这一特点是通过一种清晰且完全安全的方式来展示的：雨水降落在礼堂的蝴蝶形屋面之上，通过屋顶设置的倒V形漏斗流入导水槽。导水槽的通道沿着位于中心入口走道一侧的西班牙传教士式的石廊顶部设置，将水在距离地面上方很高的位置进行传输。引水渠的水被收集到地面上一个巨大的、传统的得克萨斯风格的储水池中。储水池高15英尺（约4.5米），上面设有灯塔，成为中心入口处的一个用来欢迎游客的标志性的建筑。储水池上面装饰着一个巨大的蜻蜓雕塑，向人们展示着水和自然的主题（图2.30，图2.31）。由于这些导水槽和蓄水池系统的设置，水的流动和收集过程都是非常清晰可见却又完全无法接触的，这保证了系统的安全性特征。

图2.30　一个巨大的传统得克萨斯州风格的储水池装饰着蜻蜓雕塑，欢迎游客来到瓢虫约翰逊野花中心。这个设计使雨水收集成了本中心的主题（设计：J. Robert Anderson Landscape Architects, Overland Partners；照片：Pam Penick）

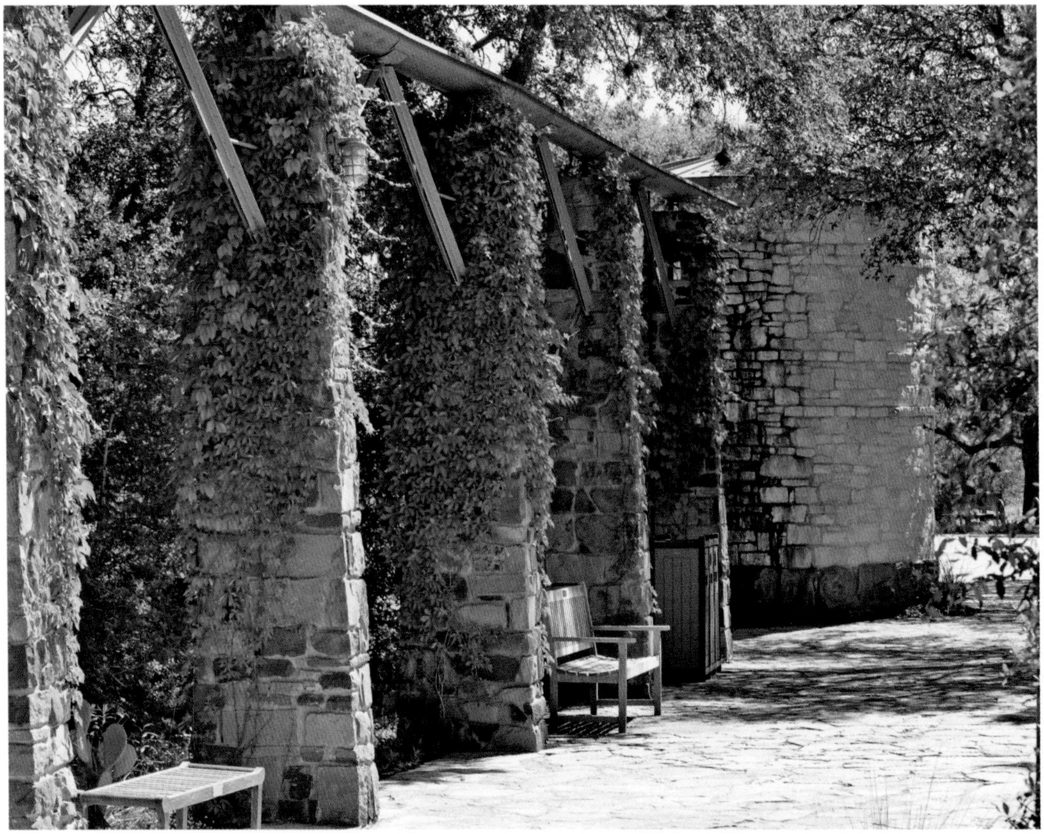

图2.31 又高又远且人无法接触到的导水槽将雨水从屋顶输送到入口的储水池中（照片的远处），成为展示雨水安全性特征的入口设计标志（设计：J. Robert Anderson Landscape Architects, Overland Partners；照片：Pam Penick）

安全性特征目标：控制水量和水深

措施：通过在人们可以进入的河流之中添加大型河石，限制雨水的深度

项目：俄勒冈州，波特兰市，格伦科小学：波特兰环境服务局

作为一个典型的案例，拦沙坝上坡一侧设置的滞留池是用卵石填满的。雨水通过大量圆形卵石之间的空隙收集进入滞留池中，雨水要么消失在空隙中，要么顶多微微高于岩石表面（图2.32）。一般来说，设计师其实可以采用任何种类的材料铺设池底，以创造用来滞留雨水的足够空隙。在这个设计中采用卵石的原因有两个，首先考虑到卵石具有流水冲刷形成的自然外形，其次是卵石的这种圆滑形体与任何形状的物体接触都能产生更大的空隙。

图2.32　格伦科小学（Glencoe Elementary School）的一个蓄水池被卵石填满，使雨水可以安全地汇集到滞留池中（设计：Portland's Bureau of Environmental Services；照片：Stuart Echols）

安全性特征目标：控制流量和流速

措施：通过设置小瀑布消能来减缓雨水的流速

项目：弗吉尼亚州，夏洛茨维尔市，坎贝尔大厅生物滞留平台：Nelson Byrd Woltz Landscape Architects

2008年弗吉尼亚大学建筑学院坎贝尔大厅（Campbell Hall）的改造设计项目中，为了解决斜坡地形的排水问题，对包括原有景观等内容进行了改造。项目中，尼尔森·伯德·沃尔兹（Nelson Byrd Woltz）将沿着建筑的斜坡地形重新设计成为连续的阶梯形浅池，由可以控制水流速度和水深的拦沙坝以及围堰分隔。我们在很多坡地地形的项目中发现了这种方式的设计手法。拦沙坝形成的阶梯式水池沿着雨水路径把汇集的雨水按顺序排放到连续的浅池中。浅水池里种植着色彩斑斓的本地植物。在这个过程中，水在从每一个围堰边缘垂直溢入下一个浅池时，水流速度会减慢：水流能量通过落差和冲击而被削弱（图2.33）。在这个雨水管理系统中水流路经的全程，由一系列拦水坝和围堰组成的一连串浅池将有效化解潜在的坡地雨洪，行人可以安全地从近旁的人行道上欣赏雨水柔和地从浅池中依次向下流淌。而且，该系统在枯水时，浅池就成为五颜六色花园的边缘，沿着人行道和服务车道连续地向上延伸着。

图2.33 弗吉尼亚大学坎贝尔大厅的连续性阶梯式拦沙坝和围堰控制着水流速度和水深（设计：Nelson Byrd Woltz Landscape Architects；照片：NBW）

列表和案例研究为ARDs的安全性特征设计提供了大量的机会和问题，总结如下：

- 垂直屏障的设置对阻止访客进入你的ARD有效吗？如果有效，人造屏障合适，还是植物屏障更合适？你是如何强调雨水管理系统的视觉效果的，俯视还是透视？
- 访客可以站在ARD上面或在ARD上面行走吗？如果是这样，雨水效果应该如何呈现给他们：在他们的步道之下，或从平台边缘可见？只听得到却看不到水的效果会不会更加有趣呢？
- 雨水是否可以更有效地通过以水为主题的装饰容器，或易于识别区域性的当地风格的雨水罐、蓄水池或其他容器来收集？
- 场地面积是否足够用来建设由众多的小型浅水池或大型浅水区域的雨水管理系统？
- 如何才能减缓坡地雨水径流的速度？是否可以改变水流方向、阶梯下落、瀑布下落，或者通过拦沙坝或者围堰来控制水流？

- 每一个水流降速的需求都提供了一个设计机会。如何通过你ARD中的水流降速措施来展现雨水有趣的休闲娱乐性特征?

注释:

1. 这里我们关注溺水的安全问题。与水接触可能引起的其他伤害(如绊倒、滑倒、跌倒等)在本书中被省略掉了,是因为这些危险在任何种类的景观措施中都是存在的,并不是ARD所独有的。水质问题带来的与水传播疾病相关的危险在此也被省略了,因为在通用的雨水管理设计手册中,该问题已经得到了解决。

2.4

巧妙雨水设计的公共关系特征

作为ARD的另外一项要求，公共关系特征（PR）是指项目设计的特点或整体特性能够清楚地表达出设计师或场地业主的价值观和品格。任何这样的设计信息，无论是外在的还是内在的，本身就是一种对公共关系特征的表达和展现。您可能会再次发现这项ARD要求与本部分内容中的其他要求有重叠之处，但我们仍然将其作为一项独特的要求进行介绍，以便您能够理解不同的ARD公共关系特征信息的类型以及实现它们的设计技巧。

通过对ARD项目的分析，我们总结了ARD通常传递的四类宽泛的公共关系特征目标："我们关心"、"我们积极"、"我们聪明"和"我们富有经验"。另外我们发现，若将这四类宽泛的公共关系特征信息细分成可以独立表达或者组合表达的子类型信息进行使用，效果会非常明显。表2.4展示了我们在研究ARD项目时发现的公共关系特征目标以及实现这些目标的设计技巧。

在这些案例中，我们发现了针对每种达到各种公共关系特征目标方式的一系列项目。总而言之，通过一系列的设计方法可以清楚地表达各种各样的内容。

公共关系特征目标：表达"我们关心，我们对环境负责，我们想让你了解雨水"

措施：设计各种明显可见的雨水处理系统；在入口、庭院或窗户附近设置雨水处理系统，以获得较高的可见度；使用标识牌说明雨水处理及其意义

项目：华盛顿州，西雅图西部，高点：WA, SvR Design Company，Mithun, Bruce Meyers

公共关系特征目标"我们关心，我们对环境负责，我们希望你了解雨水"可以通过可持续雨水管理清晰地传达给公众。也就是说，在设计中向公众公开展示雨水可以带来何种水文效益，以及这些效益是如何实现的。这也是教育性特征要求的一种形式吗？当然可以这么说。但这里我们所关注的重点是在公共关系特征目标和措施上，即我们想提倡的价值，以及为了表达我们的想法，在雨水设计时所采用的方式。在西雅图西部的新传统社区高点（High Point）项目中，"我们关心"这个价值观传达得清晰而响亮。该项目位于可见度非常高的区域，设计向人们展示了可持续雨水管理系统一系列措施的运用，从透水人行道和车道，到几乎每条道路都设置的沿路生物洼地。所有这些系统都是经过精心设计的。颜色鲜明且带有简短文字和图形的标识牌，很有策略地沿社区道路和人行道布置，其内容简洁清晰，向路人解释了雨水管理系统的各个不同部分是如何工作的（图2.34）。事实上，整个社区都非常注重雨水管理：人行道采用嵌入式同心圆图案，象征着水滴落入水池后产生的水纹，用带有蜻蜓图案的混凝土构件装饰下水道入口，甚至在一些落水管底部设置的防溅板上都装饰着与雨水有关的图案（图2.35）。在这里，两种公共关系特征信息被这里采用的所有设计措施清晰地

公共关系特征要求：创建关于场地使用者和拥有者的价值观和品质的象征性雨水信息　表2.4

目标： 表达和沟通	设计方法
我们关心	
我们对环境负责任，希望你了解有关雨水的知识	创建各种高度可见的雨水处理系统
	在入口、庭院或窗户附近设置雨水处理系统，以获得较高的可见度
	使用说明雨水处理和意图的标识
	为规划教育活动创造机会
我们想让你知道你自己能够做到	使用常用的材料
	创建小规模的、可复制的干预措施
	使用常见的设施如人行道和停车场
我们很积极	
我们有实验精神	使用创新的雨水处理方法
	使用说明雨水处理和意图的标识
我们还有创新精神	使用新的形式和材料
	以新的方式使用传统的雨水处理方法
	即使是在一块小场地上也要展示可持续雨水管理的重要性
我们很聪明	
我们足智多谋，聪明伶俐	利用小的、剩余的和意想不到的空间
	具有包括降低车速减小噪声，美化环境等其他功能
我们知道如果处理系统很有趣，你一定会注意到的	使雨水路径易于发现和跟随
	使雨水路径神秘地消失和重现
	使雨水或水处理系统可以接触
	设置跌水池或落水管使雨水可以被听到
	让雨水以不同的方式流动（翻滚、奔腾、飞溅）
	让雨水流过一些有趣的地方，上面写着："看！雨水是一种资源！"
我们富有经验	
我们在美学上是高雅的	创造优雅简单的构图
	使用精制或昂贵的材料
	使用精致或昂贵的施工方法
	限制材料和形式的多样性
	修剪外观设计：修剪，修剪，清洁
我们是独特的	打造一条不同寻常的雨水路径
	使用不同寻常的雨水展示形式和主题

传达了出来。首先，从覆盖社区各个部位、范围广、数量多的可持续雨水管理措施，可以看出开发商对雨水管理的高度重视。其次，从遍布整个社区的可见度高且美学吸引力很强的绿色基础设施，可以看出开发商在将环境责任转化为完美的景观这方面的态度是多么的积极，技术是多么的熟练。这些设计举措明确地表达了开发商（因为开发商是西雅图城市代理商）把雨水作为资源来赞美的前瞻性思维。

图2.34 色彩鲜艳、积极乐观的标识说明了在高点生物洼地雨水管理“做好”的努力（设计：SvR Design Company, Mithun, Bruce Meyers；摄影：Seth Wilberding）

图2.35 高点的雨水主题一直延伸到装饰精美的落水管防溅板（设计：SvR Design Company, Mithun, Bruce Meyers；照片：Stuart Echols）

公共关系特征目标：表达"我们关心你，我们想让你知道你自己也可以做到。"

措施：使用常用材料；使用常见的设施，如人行道和停车场

项目名称：皇后区植物园，法拉盛，纽约：Atelier Dreiseitl with Conservation Design Forum, BKSK Architects

驱车前往皇后区植物园（Queens Botanical Garden）的游客，经过入口大门后，要将汽车停在一个大约可停放100辆汽车的"停车花园"内。是什么让停车区域成为一个"花园"，而不仅仅是一个"停车场"呢？正如游客中心内部的宣传册中所解释的，停车区域此前是一片湿地，一排排停车位之间的生态洼地吸收了大量雨水。但真正的"我能做到!"的发现其实是停车区域场地表面本身：矩形铺装的缝隙被约1英寸（约25.4毫米）的砾石区分隔开，这是我们所见过的透水路面中最明显的一种形式了（图2.36）。这本名为"绿色停车"的小册子上说。

可透水的铺装之下铺设了三层级配青石砾料，这使得雨水能够深入到土壤之中。这种结构也促进了有益的食油细菌的生长，这些细菌能够分解汽车泄漏的液体，并将它们从环境中清除。

管理措施是合理的，设计手法非常清晰，这个“信息”选择在停车场位置进行表达也是非常巧妙的，它提供了一个有吸引力的、简单的可持续雨水管理设计的首要提示和最后的提醒，游客也可以在家里按照此种方式进行建设（图2.37）。游客中心给游客们准备的小册子，既提供了有效信息，又强调了植物园对可持续发展的承诺。

图2.36 皇后植物园停车场的地砖被用砾石嵌缝隔开，这是我们见过的最明显的透水铺装形式了（设计：Atelier Dreiseitl with Conservation Design Forum, BKSK Architects；照片：Stuart Echols）

图2.37 这个透水停车场提供了关于具有吸引力的简单的可持续雨水管理设计的首要提示和最后的提醒。游客可以照此在家里建设（设计：Atelier Dreiseitl with Conservation Design Forum, BKSK Architects；照片：Stuart Echols）

公共关系特征目标：表达“我们是积极的，我们有实验精神”

措施：采用具有创新性的雨水处理方式；设置用于说明雨水处理方式和意义的标识系统。

项目：华盛顿州，钱伯斯河，皮尔斯郡环境服务局：Bruce Dees & Associates, SvR Design Company, The Miller|Hull Partnership

到目前为止，我们认为在本书第二部分2.1中介绍过的皮尔斯郡环境服务局的“分流器广场”，是所有项目中向公众表达“我们具有实验精神”这一公共关系特征目标中最突出的案例。它大胆而引人注目地传递了这样一个信息，即这个设计本身值得再次进行思考。在长长的线性生态洼地的末端，三个雨水阀栓将轴线延伸到铺装场地部分；标识系统上的文字告诉我们，这个“分流器广场”的雨水阀将雨水导向三个方向：第一个阀门将一部分雨水引入到植草洼地之中，第二个阀门将一部分雨水引入湿地植物洼地之中，第三个阀门准备连接“未来处理技术”（根据标识牌内容），皮尔斯县的这个项目清晰地表达了他们已经时刻准备着迎接下一代可持续雨水管理措施这一信息（图2.38）。

图2.38　皮尔斯县的“分流器广场”宣称该设施致力于实验和面向未来的思维（设计：Bruce Dees & Associates, SvR Design Company, The Miller|Hull Partnership；照片：Stuart Echols）

公共关系特征目标：表达“我们是积极的，我们具有创新精神”

措施：向公众展示即使是在一个小尺度的场地上，可持续雨水管理系统可以带来多么大的意义

项目：俄勒冈州，波特兰市，波特兰州立大学，斯蒂芬·埃普勒会堂（Stephen Epler Hall）：Atlas Landscape Architecture, KPFF Consulting Engineers, Mithun

在斯蒂芬·埃普勒会堂（Stephen Epler Hall）里，创新性的将一组生物过滤池相连接构成的“项链”，它使得铺装路面为主的小型广场可以储存大量的雨水。这个设计清楚地表明了波特兰市立大学对可持续发展策略的重视程度。实际上，这个设计同时也是在城市化小型场地内建设可以有效分散管理雨水的绿色基础设施的典型案例。本书第二部分2.1中曾简要介绍过这个项目，雨水从埃普勒大厅学生宿舍楼屋顶通过落水管流入高于地面标高并填满卵石的混凝土集水池中；通过一条横穿广场的沟渠，这些盒状集水池收集的雨水，被输送到一组下沉的“生物塘”内进行净化和滞留。生物塘系统中收集的雨水在建筑中被再次利用，如果雨水超过生物塘的容量将溢流至下游的生物塘内。如果雨水太多，导致最下游的生物塘也出现满流状态，这种情况下，过量的雨水将溢流至雨水排水系统中。整个雨水管理的过程都发生在一个非常狭小的场地空间内。总而言之，这个复杂的、相互关联的可持续雨水管理系统，是由多用途（可供坐下歇息的种植池）、安全（可供步行的沟渠）传输、生物过滤和集水单元等多种功能元素组合而成的。整个系统全部设置在一个小广场空间内，却也不显得拥挤。全部这一切，清楚明了地表达出波特兰州立大学的庄重承诺：即使场地条件拥挤受限，也要按照正确的方式来进行建设（图2.39）。

图2.39 斯蒂芬·埃普勒大厅的透视图展示了由沟渠和顺序性的生物塘构成的可持续雨水管理系统（设计：Atlas Landscape Architecture, KPFF Consulting Engineers, Mithun；图：Stuart Echols和Chris Maurer）

公共关系特征目标：表达“我们机智、聪明而且足智多谋。”

措施：伺机利用小尺度的、冗余的和意想不到的空间创造额外的功能，比如降低车辆通过速度减小交通噪音或美化环境等。

项目：俄勒冈州，波特兰，东北西斯基尤街道旁生物缓冲区项目NE Siskiyou Street Curb Extensions（“东北西斯基尤绿道”“NE Siskiyou Green Street”），波特兰环境服务局；俄勒冈州，波特兰塔博尔山中学（Mount Tabor Middle School）：波特兰环境服务局

俄勒冈州波特兰市由于合流制溢流问题的影响，威拉米特河（Willamette River）的污染问题成为该市主要面临的挑战。因此该市环境服务局正在探索利用绿色基础设施解决雨水问题的可能性。位于波特兰东北部的东北西斯基尤街（NE Siskiyou Street）是一条绿树成荫、宁静的住区街道。环境服务局发现，如在西斯基尤和第35街的交叉口附近增设道旁缓冲区，可以用来蓄积并过滤道路上的首次冲刷径流。这个设计十分简单：在原有的道牙上开设7英尺宽的道旁缓冲区，每一缓冲区边缘设置倒梯形的路缘石开口将初雨引入缓冲区，雨水的流速因缓冲区内设置的河石拦沙坝而减缓（图2.40）。缓冲区里长满了蕨类植物和草，它们的颜色分别是绿色、蓝色和灰色，给人一种舒适的感觉。这是一个在现实生

图2.40　西斯基尤绿道是通过可以接收雨水径流的截留口来管理初次冲刷的，雨水从截留口流往浅池，流速被浅池中的河石堰所减缓（设计：波特兰环境服务局；照片：Kevin Perry）

活中能够精确按照ARD字面含义找到的巧妙空间设计的案例，它将柏油路面转化为景观元素之一，不仅可以用来管理雨水，还可以达到美化环境、降低车辆通过速度以及教育公众的目的（图2.41）。

另一个设计巧妙的例子还是来自波特兰市，波特兰的塔博尔山中学。塔博尔山中学拥有一座u型的单层建筑，外形具有20世纪60年代大多数公立学校的特色。因此就和它们中的大多数一样，学校的室外空间被开口朝南的U型建筑所包围，中间是一个沥青停车场。这样的布局造成了严重的热岛效应，特别是对窗户朝南向开启的教室和办公室来说更加严重。2002年，波特兰环境服务局在研究解决学校附近街道的CSO问题时，教育局和学校都认为这是一个向公众展示可持续雨水管理系统的大好机会，他采用可以将雨水进行生物过滤和地面渗透的雨水花园来取代原有的停车场（项目还包括大量其他的场地雨水改造内容）。当然，雨水花园的建造不仅起到了雨水管理的作用，如今它还在提供了视觉人性化的同时，为其临近的空间降低了温度，为公众提供了一个可以聚集或坐下休息的地方，并让学生们了解了绿色

图2.41 西斯基尤道旁缓冲区项目在管理雨水的同时，通过教育行人（通过标识牌），美化街道，降低车辆通过速度（设计：波特兰环境服务局；照片：Stuart Echols）

基础设施的益处。总体而言，雨水花园的设计清楚地表明："看看我们是多么聪明和足智多谋，把一个沥青烤炉变成了一个多功能的、十分有效的宜人设施!"（图2.42和图2.43）。

图2.42　塔博尔山中学的沥青停车场在改造为雨园之前的样子（设计：波特兰环境服务局；照片：波特兰环境服务局）

图2.43　塔博尔山中学雨水花园（设计：波特兰环境服务局；照片：波特兰市Kevin Perry）

公共关系特征目标：表达“我们很聪明，我们知道如果系统很有趣，你一定会注意到的。”

措施：使雨水路径容易被发现并且容易被跟随；让雨水流经那些可以告诉人们“看，雨水是一种资源!”的设施。

项目：华盛顿州，瓦休戈市，瓦休戈城镇广场：GreenWorks, Sienna Architecture Company, Inc., Ivan McLean

瓦休戈是距离俄勒冈州波特兰市东北方向约25英里（约40公里）的一个小镇，这里曾经历了一场雨水的文艺复兴：镇内几乎每条中心街道的沿路都精心布置着植物生长洼地，中心广场上没有明确边界的种植池用来收集并过滤地面铺装上的径流雨水。在这美观而又随处可见的可持续雨水管理的背景之下，城镇广场脱颖而出。这里的一个室内庭院成了广场周边新建零售和办公建筑的焦点，向公众传达着非常清晰的信息：“请看看雨水在做什么!”水先是通过一条长长而纤细的排水管从一座建筑物的屋顶输送出来，然后雨水从一组15英尺（约4.57米）高，看上去像一股飞溅的水花那样有趣的金属雕塑上方落下。这个雕塑是由艺术家伊万·麦克莱恩创作的（图2.44）。

图2.44 在瓦休戈镇广场，一个细长的排水管将水引到庭院空间，然后雨水落在一个看起来像溅起的水花一样的高大金属雕塑之上（设计：GreenWorks, Sienna Architecture Company, Inc., Ivan McLean；照片：Stuart Echols）

然而，有趣的雨水设计还不止这些。庭院里还点缀着“雨水之树”：一些高高的、伞状的金属空心柱矗立在凸起的通流过滤种植池中。从这些空心柱下部流出的雨水很显然将流进这些种植池中。在每一个构件的底部，包括沙棘、茉莉和紫藤等起过滤作用的植物生长而出，紧紧包裹着钢柱构件，最终将使整个构件变成树状的植物形态。同样，它们要传递的信息是明确的：水从建筑物的屋顶流下来滋养“雨水之树”。总的来说，这个空间中与雨相关的雕塑既有趣又巧妙地传达了“雨是一种资源”这个信息。这项设计另一个值得注意的特点是：不管是下雨天还是晴天，它要传达的信息都特别明确（图2.45）。

图2.45　种植在抬高的种植池中的藤蔓植物会被雨水径流滋养，将会顺着“雨水之树”的金属柱向上生长。这个设计清楚地表达了雨水是植物得以生长的重要资源（设计：GreenWorks, Sienna Architecture Company, Inc.，IvanMcLean；照片：Stuart Echols）

公共关系特征目标：表达“我们是富有经验的，我们是注重美学的”

措施：创造优雅简单的构图；使用精致昂贵的材料；减少材料和形式种类；精炼的外观设计（截断、修剪和清洁）

项目：俄勒冈州，波特兰市，第十霍依特：Koch Landscape Architecture

通过ARD表达出“我们是富有经验的”这一信息，很大程度上取决于设计组合以及材料的选择，只有这两者都能达到最佳效果才能创造出优雅或前卫的作品。在波特兰珍珠区一栋名为第十霍依特（10th@hoyt）的高档公寓楼内部入口庭院的设计中，这条公共信息以及它的子信息“我们是注重美学的”非常成功地表达了出来。庭院布局采用简单朴素的正方形结构，入口在整个场地的轴线上；材料的统一，色彩的简洁，加上有机的纹理组合出一个柔和优雅的室外环境氛围（图2.46）。雨水系统与整个庭院的风格既协调统一，又有不同之处：庭院轴线的标志是一个简单的铜质落水管，它沿着五层建筑的外墙表面从上到下敷设。雨水从落水管排水口流出后，经过一个小的水渠，沿着人造叠水（小瀑布，阶梯状瀑布），然后流入一个铺满河石的集水池中，最后来到考顿钢制成的喷泉中进行循环（图2.47）。在庭院空间的两个角落里，另外的排水管、沟渠系统展示了同样的主题。整个建筑环境优雅而宁静，别出心裁的设计激发人的好奇心。这个设计既为波特兰市时髦的都市居民营造了一种舒适的生活氛围，也表达出将雨水径流作为一种有价值的资源来对待是很时尚的行为。这个设计项目取得的效果是明显的：公寓开发商要求科赫为他们的其他项目设计ARDs，因为根据他们的调查，为第十霍依特公寓项目所做的庭院雨水设计吸引了很多租户（Koch，2006）。

图2.46　第十霍依特场地中明快的轴向构图和精致的材料营造出柔和优雅的氛围（设计：10th@Hoyt, Portland，照片：Eliza Pennypacker）

图2.47　第十霍依特的雨水路径既迷人又优雅（设计：Koch Landscape Architecture；照片：Stuart Echols）

公共关系特征目标：表达“我们富有经验，我们与众不同”

措施：采用不同寻常的雨水表现形式和主题

项目：佛罗里达州盖恩斯维尔，佛罗里达大学西南娱乐中心扩建项目：RDG Planning and Design

在本书前面的2.1部分已经介绍过，佛罗里达大学的这个项目通过巧妙的设计措施，展示出巧妙雨水系统设计教育目标中的一系列内容。但是值得一提的还有一个细节，即大学优雅而娴熟地向公众作出对可持续发展的承诺。如前所述，该项目中设置了色彩迷人引人注目的雕塑，用以象征有机体的细胞。在我们的近50个ARD项目中，有不到10个项目专门设置了以水为主题的雕塑，这本已经让这个项目足够突出。但是让这个项目更加与众不同的原因，在于它闪耀迷人的夜间照明方案。每个柱状雕塑内部都有一个高高的、不透明的LED管；到了晚上，每根管子都会发出蓝色的冷光，象征着有机体细胞吸收的生命之水。娱乐中心的行人和在室内跑步机上的人都很容易看到它以如此优雅的方式表达出来的含义（图2.48）。

图2.48 夜间，每个柱状雕塑内的灯管发出蓝光，象征细胞吸收的水分（设计：RDG Planning and Design；照片：Kevin Thompson）

在设计你的ARD时，为满足公共关系特征要求时需要考虑的事情：

列表和项目都为ARDs的公共关系特征信息设计提供了大量的机会和问题，总结如下：

- 场地业主的价值观、用户或居民的价值观，或者设计可能表达的公司价值观是什么？
- 雨水管理系统的哪些部分可以用来传达重要的价值观？
- 表达价值信息的最佳美学主题或方法是什么？
- 为了达到最佳效果，高度可见的表达细节应该放置在场地的什么位置？
- 标识有助于解释信息吗？

2.5

巧妙雨水设计的美学丰富性特征

在ARD中，美学的丰富性意味着设计的目的之一是为公众创造一种以雨水为中心的美感或愉悦的体验。有人可能会说，美学的丰富性是包含在所有ARD设计要求之中的。但有时，丰富的体验仅仅是通过设计构图本身，包括引人注目的形式、颜色、声音等等元素组合表现出来的。所以我们认为，通过把上述元素巧妙地组合起来以使公众关注雨水问题的策略，是值得单独列举出来的。在通常的情况下，人类的感觉包括视觉、听觉、触觉、嗅觉和味觉体验，但由于我们的ARD项目缺乏嗅觉或味觉的元素，所以我们的研究仅限于视觉、听觉和触觉方面。表2.5列举出能够创造这三类感觉体验的元素中最有效的组合方式，然后介绍了可以达到以上设计效果的措施。

ARD的一系列项目案例展示了使雨水处理系统富含美感的设计措施，由于有太多不同的美学目标和措施，我们不可能在本书这一部分作详尽介绍。以下内容仅着重介绍一些突出的美学目标例子。现在让我们开始吧！

美学丰富性特征目标：创造视觉趣味或视觉焦点

措施：使用排水口、水池、蓄水池、溅水板或雨链来重点突出雨水流向的变化

项目：华盛顿州，西雅图，“81藤街的召唤水箱”：GAYNOR, Inc., Carlson Architects, SvR Design Company, Buster Simpson

任何雨水收集地点或者改变雨水输送方式的地点，都能为设计师提供一个机会，用来创造一个赞美雨水的视觉焦点。在所有这些设计机会之中，迄今为止我们认为最具创意的设计项目是艺术家巴斯特·辛普森（Buster Simpson）设计的一个有趣的水箱。这个精心设计的水箱是西雅图藤街Vine Street上展示雨水管理系统的一个标志物，它因被命名为“生长之藤”而为人们所熟知。该项目的屋面雨水以一种有趣且清晰的姿态被收集起来：街道旁的一个高大的蓝色波纹钢板水箱向着建筑物微微倾斜，水箱上部伸出一只绿色钢制巨手，手掌向上、五指张开。从81藤立面斜向伸出的落水管，在人行道上空与巨手食指的排水槽相连接。看起来好像巨手伸向天空的食指已经轻轻触及到了来自屋顶的雨水。然后，落下的雨水被分开，一部分消失在水箱中，一部分通过“拇指”水槽被传送到一个雨水花园的瀑布状叠水池中。对于所有路经此地的行人来说，这个设计都是一个有趣的视觉焦点。它告诉人们不论是这个集水箱还是雨水花园都渴望接收雨水。水箱的另一个特征则传达了另外的信息：一个长长的红色标尺的“测杆”从水箱盖上伸出，用以记录水箱中的水深。这个聪明的设计不仅向路过的行人提供了水深的信息，同时也道出了我们关心水箱究竟能够收集多少水这一真实心态——因为雨水是我们应该尽力保护的一种资源（图2.49）。

美学丰富性特征：创造优美和快乐的有趣雨水体验 **表2.5**

目标： 创造		设计措施
视觉兴趣	点	将集水池建造为一个特征点或焦点 使用排水口，水池，蓄水池，溅水板或雨链来强调水流特征改变的视觉感受
	线	使用落水管、排水沟、水槽、生物洼地等来吸引人们对雨水路径的关注，增加其识别性，激发公众兴趣和好奇心
	面	建造如水池和瀑布等的水平和垂直平面，以利用雨水在表面流动的视觉效果，并通过堰或挑檐等使雨水从平面倾泻而下
	体	用填充有植物和水的池子来创造视觉趣味或有关主题：凹的、凸起的、正交的、弯曲的、有机的、几何的、小的或大的
	颜色 / 材质	将自然元素（如植物和岩石）与人造元素（如修剪过的草坪、钢铁或混凝土）进行对比 通过河流岩石和滨水植物的不同组成进行对比
	轴线	使用漏斗、落水管、生物洼地等措施创建轴线的雨水路径 使用雨水路径上对齐的处理系统、水池和水道等，刻画出隐含的轴线
	节奏 / 频率	使用多个生物洼地，水池，堰，池塘，雨水花园或其他雨水收集措施打造统一的设计主题
听觉兴趣	音量	通过让雨水从不同的高度落在不同的材料上来创造出不同的音量，如石头或钢铁
	音调	通过让雨水以不同的形式落在不同的地方，比如平地、金属管、桶和池塘，来改变音调
	节奏	通过改变雨水在处理系统中流动的流量和流速来创造不同的节奏
触觉兴趣	材质	在可接触的范围内，使用多种与水有关的植物，如灯心草科和禾本科植物 使用各种与水有关的硬物，如河卵石和浮木，来创造有趣的平面区域
	湿润	允许人们触摸不同形式的雨水，如流动的，下落的，飞溅的，直立的，薄膜状的，或者是潮湿的表面，上面的水可以用以浸泡或蒸发

图2.49　艺术家巴斯特·辛普森（Buster Simpson）在生长之藤（Growing Vine）中设计的“召唤水箱”是强调我们对雨的赞美的视觉焦点（设计：Buster Simpson；照片：Stuart Echols）

美学丰富性特征目标：通过线创造视觉趣味

措施：使用落水管、流道、水槽、生物洼地等来吸引人们注意的雨水路径，增加了可识别性、趣味性和好奇心

项目：华盛顿州，雪松瀑布，雪松河流域教育中心：Jones and Jones, Dan Corson

ARD中经常用来强调雨水传输的一个措施，几乎都是创造一个线性系统来横穿整个场地。然而雨水路径的组成可以有很多种形式。线条可以是笔直且完全可见的，使雨水路径非常明显，甚至非常突出；它也可以在场地中飞跃或消失，使它的踪迹令人感到费解或神秘；此外，这条流线还可以使用突出的曲线形式，强调雨水迷人的流动性，就像雪松河流域教育中心弯曲的雨水路径一样（图2.50）。该设施的目的是为了告诉西雅图当地居民，重视他们本地流域管理工作是十分必要的，因为这个流域为他们提供了饮用水的水源。毋庸置疑，水是这个项目的焦点和主题，这一主题在雨水输送路径穿过中心公共空间之一的“传统庭院”时非常优雅地展现了出来。

图2.50 这条雨水路径以轻快的s形曲线清楚地显示出“水”，尽管实际上并看不见水沟里的流水（设计：Jones & Jones, Dan Corson；照片：Stuart Echols）

项目中，雨水径流经过落水管从屋顶流入一个雕刻的水池；水从水池中缓慢地细细流出，进入一条填满蚕豆大小砾石的沟里。从这里开始，它以最优雅的曲线流经整个平台，当水流到达平台的边缘后会进入生物过滤区域。穿过广场的这条清澈的S形曲线具有诱人的视觉吸引力，蛇形的雨水路径被一个带有曲线图案的穿孔钢板格栅所覆盖，上面弯曲而轻快的图案延伸了水流主题，与卵石填充的排水沟相呼应，这一切使得蛇形雨水路径显得清晰、实在并且安全。值得一提的是，实际上参观者无须看见雨水在其间流动，因为雨水柔和而弯曲的路径是非常清晰的，无论它是有水还是处于干燥状态。

美学丰富性特征目标：通过平面创造视觉趣味

措施：建造如水池和瀑布等的水平和垂直平面，利用雨水在表面流动的视觉效果，并通过堰或挑檐等使雨水从平面倾泻而下

项目：弗吉尼亚州，夏洛茨维尔，弗吉尼亚大学小溪谷：Nelson Byrd Woltz Landscape Architects with Biohabitats, Inc., PHR&A with Nitsch Engineering

小溪谷的小溪和蓄水池的日间景观展示了两个特别优雅和具有启发性的平面设计组合。在这两个项目中，经过平面的水流通过巧妙的设计展示了它的流量和强度。

第一个项目中，经过自然化的、蜿蜒的、采光充足的水流在接近池塘时突然改变了它的输送方向和水流特征，即通过一条笔直的、运河化的排水渠将水流90度转弯直接跌入池塘中。在高出地面的排水渠末端，水平散布器将水以纸片性的平面形式流入池塘之中，这种设计将使水流随着降雨的强度而改变其特征：在小的降雨事件中，片流将垂直下降，而在大的降雨事件发生之时，水流将转变其外形特征，呈弧形远离传输结构（图2.51）。

图2.51　在小的降雨事件中，水垂直地从排水渠末端落下；在大的降雨事件中，水流将以水平抛物线的形状落入远离排水渠末端的水中（设计：Nelson Byrd Woltz Landscape Architects with Biohabitats, Inc., PHR&A with Nitsch Engineering；照片：Stuart Echols）

另一个简单而优雅的平面组合设计是池塘拦沙坝的堰，它2英尺（约0.6米）宽，顶部用平坦而整齐的石板铺就，它在干燥时是一个很吸引人的人行步道（图2.52）。整齐的石板中部下凹，由两个不同高度的水平步道构成围堰。在小的降雨事件中，水只流经那段位于中央的最低的石板；而在较大的降雨时，水则会漫过中央石板两侧稍高一些的平面。与前面的设计一样，水流的特征也会随着降雨强度的变化而变化，从浅的垂直瀑布到翻滚浪花的激流（图2.53）。总而言之，这个设计不仅呈现了精美的石板步道构思，而且还将它变成了衡量降雨强度的视觉指示器。

图2.52 拦沙坝顶部的石板平面提供了一个吸引人的人行步道（设计：Nelson Byrd Woltz Landscape Architects with Biohabitats, Inc., PHR&A with Nitsch Engineering；照片：Stuart Echols）

图2.53 格达姆平面作为降雨强度的视觉指示器：小的降雨事件只在中央（最低）前湾平面上降水，而大的降雨事件可以在整个结构上翻滚（设计：Nelson Byrd Woltz Landscape Architects with Biohabitats, Inc., PHR&A with Nitsch Engineering；照片：Stuart Echols）

美学丰富性特征目标：通过体量创造视觉趣味

措施：用填充有植物和水的池子来创造视觉趣味或有关主题：凹的、凸起的、正交的、弯曲的、有机的、几何的、小的或大的

项目：华盛顿州，西雅图，生长之藤，GAYNOR, Inc., Carlson Architects, SvR Design Company, Buster Simpson

我们回到西雅图的藤街来看看之前曾讨论过的“召唤水箱”。和水箱直接连接的下游山坡上，四个圆形水池顺序接收上游流出的雨水，从屋顶径流开始，雨水从召唤它们的水箱之“手”的“拇指”流向第一个水池。当水一路向下流过，几个外形一样的水池带来了一种主题般的节奏感（图2.54）。

图2.54　生长之藤的雨水按照圆形水池形成的节奏，沿着第一街区的山坡向下流动（设计：GAYNOR, Inc., Carlson Architects, SvR Design Company, Buster Simpson；照片：Stuart Echols）

美学丰富性特征目标：通过色彩或纹理创造视觉趣味

措施：将自然元素（如植物和岩石）与人造元素（如修剪过的草坪、钢铁或混凝土）进行对比。通过河流岩石和滨水植物的不同组成进行对比

项目：俄勒冈州，波特兰市，波特兰市立大学，斯蒂芬埃普勒会堂，Atlas Landscape Architecture, KPFF Consulting Engineers, Mithun；俄勒冈州，波特兰市，俄勒冈州会议中心的雨水花园：Mayer/Reed；俄勒冈州，波特兰市，第十霍伊特（10th@Hoyt）：Koch Landscape Architecture

在ARD中创造视觉丰富性的另一种方法是通过颜色和纹理的视觉对比形成的，比如河流岩石和滨水草科植物的对比，草科植物比较典型的是灯心草科和莎草科。许多ARD项目中的视觉组合展现出非常惊人的效果。滨水草科植物和河流岩石不仅仅在视觉效果上可以成为一对引人注目的组合，由于它们都是与水相关的材料（图2.55），便自然而然地将ARD设计与水的主题紧紧联系起来。若进一步将它们与混凝土、切割的石块或锈蚀的钢铁的直线边缘进行对比，效果将更为显著（图2.56）。

在我们所有参观过的ARD项目中，质感对比最强烈的是第十霍依特的公寓庭院项目。首先，庭院的面积约为9000平方英尺（约836平方米），场地被五层高的公寓楼所包围；这

图2.55　斯蒂芬·埃普勒大厅项目通过将河卵石、滨水草科植物和切割的石材进行组合，达到引人注意的视觉对比效果（设计：Atlas Landscape Architecture, KPFF Consulting Engineers, Mithun；照片：Stuart Echols）

图2.56　与水沟通的另一种纹理的设计策略是将繁茂的滨水植物与锈蚀的钢材的破损边缘与修剪过的草坪衔接设置，就像俄勒冈州会议中心雨水花园项目中采用的方式（设计：Mayer/Reed；照片：Stuart Echols）

图2.57　光滑、黑色的石质花盆与盆内植物的细丝和苔藓纹理以及它们所在的木质格子表面形成对比（设计：Koch Landscape Architecture；照片：Stuart Echols）

个封闭私密的空间给参观者提供了可以接触景观材质的机会，让他们体验这有趣的触觉感受。这个经过深思熟虑的材质组合设计，有助于向公众传达我们在前面讨论过的“我们是富有经验的”公共关系特征信息：光滑的黑色石质花盆与盆内栽种的沙参茶树（camellia sasanqua camellia sasanqua “Yuletide”）或日本冬青（ilnata “convexa”）的丝枝状纹理以及承托它们的木质板条台面形成鲜明的对比（图2.57）。在场地的另一侧，那些挺立着的曾经作为恐龙食物的巨大而有光泽的智利大黄树叶（Gunneratinctoria），与甜木犀（Galiumodorata）和麝香鼠尾草（liriope muscari）的小叶片相互衬托，组成了一幅精致的图案。用考顿钢制作的喷泉和水平散布器的粗糙表面上点缀着彩色玻璃“按钮”，这些“按钮”点缀在钢板上，大块的灰色河卵石填满了用作承托考顿钢材质构件基础的集水池（图2.58）。这个空间充满了触觉感，设计者最初的用意好像只是为了吸引人们的目光，但随之而来的却是几乎让人无法抗拒的触觉感受。

图2.58 通过采用对比鲜明的材质如曾经作为恐龙食材的智利大黄（Gunnerat inctoria），玻璃按钮的考顿钢水平散布器和河卵石的组合，就像要乞求被人触摸一样（设计：Koch Landscape Architecture；照片：Stuart Echols）

美学丰富性特征目标：通过轴线创造视觉趣味

措施：使用轴向水渠、落水管、生物洼地等创建雨水路径

项目：救世军克劳克（Salvation Army Kroc）社区中心：Andropogon Associates Ltd. and MGA Partners, Inc.

救世军克劳克社区中心的新址坐落在一块12.43英亩约（5公顷）大小的棕地之上。安德罗波贡创新的场地设计收集并再利用了第一个1英寸（约25.4毫米）的径流雨水，并在设计中巧妙地构思了轴线，巧妙地引出了雨水管理的策略。轴向渠道从建筑的半圆形内凹外立面延伸出来，将屋顶径流雨水和空调冷凝水输送到中央椭圆形草坪处；可见的雨水路径在环绕草地的人行道处截止。这个设计意在展示将建筑收集的雨水径流输送到景观中（图2.59）。实际情况要比表面上复杂得多：这里的水会流到一个地下蓄水池，然后被用于绿化浇洒。设计师的理念在设计中有所体现，但在细节上并没有展示出来。

图2.59　轴向水渠从建筑延伸到中心的椭圆形草坪处，表明建筑的水被输送出来用于景观灌溉浇洒（设计：Andropogon Associates Ltd., MGA Partners, Inc.；照片：Stuart Echols）

美学丰富性特征目标：通过节奏和重复创造视觉趣味

措施：使用多个生物洼地，水池，堰，池塘，雨水花园或其他雨水收集措施打造统一的设计主题

项目：俄勒冈州，波特兰西南第12大道绿街项目：波特兰环境服务局

由于雨水路径经常作为ARD的焦点，重复和节奏可以作为一种有效的设计手法，用于强调穿过场地的雨水处理系统。这一策略不仅有利于构图的美学；同时也对水文功能有所帮助。在一个场地上建设重复的一系列小型处理元素的方式（如生物洼地、滞留池、拦沙坝），设计师可以创造出一个更有效和更综合的“处理链”，而不是一个局限在某个位置

的单一处理系统。通过设置重复的雨水元素而创造出富有视觉感的有趣的带节奏的项目非常多，俄勒冈州波特兰市西南第12大道绿色街项目就是其中一个典型的案例。项目中径流从城市街道分流进入滞留池，雨水在其中被过滤净化。滞留池是由四个混凝土边缘的矩形下凹水池顺序构成，池中种植着灯心草、莎草和行道树。这个设计为城市街道景观创造了一种节奏感，不仅是视觉上的，同时也是功能上的。雨水径流从一个滞留池流入另一个滞留池，这个重复的节奏不仅承担着水处理系统的功能，同时也是街道景观的重要组成部分（图2.60）。

图2.60 第12大道绿街项目的下沉盆地有节奏地重复了统一的做法，并服务于水处理系统（设计：波特兰环境服务局；照片：Stuart Echols）

美学丰富性特征目标：通过音量大小创造听觉趣味

措施：通过让雨水从不同的高度落在不同的材料上来创造出不同的音量，如石头或钢铁

项目：俄勒冈州，波特兰市，第十霍依特项目：Koch Landscape Architecture

ARD项目中，水流的声音为设计师们提供了非常难能可贵的机会，用来唤起人们对雨水的关注。在前面提到过的第十霍依特城市庭院的项目，就是一个非常好的展现听觉感受的案例。项目中设计了各种形式的水流方式，这导致在降雨过程中，人们会听到雨水的交响乐：雨水奔流穿过水槽，翻滚落下台步（小的阶梯式瀑布）（图2.61），滴落在玻璃突起镶嵌的考顿钢表面（图2.62），滴入布满河石的水池中。即便是雨停之后，声音还会持续30个小时左右——至少会在两个考顿钢“堰箱”上滴落——那是可以使雨水暂时性循环使用的滞留水箱。

图2.61　第10霍依特项目中雨水从输水道中落下（设计：Koch Landscape Architecture；照片：Steven Koch）

图2.62 第十霍依特项目中雨水滴落在考顿钢表面（设计：Koch Landscape Architecture；照片：Steven Koch）

美学丰富性特征目标：通过音高和节奏创造听觉趣味

措施：通过让雨水以不同的形式落在不同的地方，比如平地、金属管、桶和池塘，来改变音调。通过改变雨水在处理系统中流动的流量和流速来创造不同的节奏

项目：华盛顿州，雪松瀑布，雪松河流域教育中心：Jones and Jones, Dan Corson

综上所述，雪松河流域教育中心的设计重点是用来告诉西雅图地区的居民保护他们流域的重要性。这个生态启示主题的一个代表作是在毗邻主要欢迎中心的森林法庭。在这个项目中，当地艺术家丹·科森（Dan Corson）设计了一个由21个手鼓组成的环形场地，这些电子手鼓可以通过水滴的击打发出特定的鼓点音律，它代表了全球21个土著文化（Owens Viani, 2007）。柔和、有节奏的鼓声将吸引游客从欢迎中心里走出来，进入到设计好的景观场地之中，并提醒他们本土文化与自然系统的关系，微妙地暗示我们或许应该尊重和拥抱这里的雨水（图2.63）。

图2.63　艺术家丹·科森的21个手鼓是通过水滴打击产生电子信号来发出声音，演奏特殊的节奏，它们代表着世界范围内的21种土著文化（设计：Jones & Jones, Dan Corson；摄影：Seth Wilberding）

美学丰富性特征目标：通过润湿创造触觉趣味

措施：允许人们触摸不同形式的雨水，如流动的、下落的、飞溅的、直立的、薄膜状的，或者是潮湿的表面，上面的水可以用以浸泡或蒸发

项目：华盛顿州，西雅图市，藤街，蓄水池台阶：GAYNOR, Inc., Carlson Architects, SvR Design Company, Buster Simpson

纽约州，法拉盛，皇后区植物园：Atelier Dreiseitl with Conservation Design Forum, BKSK Architects

最后，我们来谈谈水的触觉体验，即可靠近、可触摸的水。威廉·h·怀特（William H. Whyte）在其制作的里程碑式的纪录片《小城市空间的社会生活》（The Social Life of Small Urban Spaces, 1980）中指出，可触摸的水是城市空间的一种资产，禁止触摸可以看得见的水实际上是一种罪过。事实上，在ARD项目中可触摸雨水的例子并不多，这可能是因为我们当代人对水的恐惧，例如怀疑水是不是经过化学杀菌的方法进行了处理？这是一种带有普遍性的社会认知造成的，即在意识上认为可接触的水是有害的。藤街的“蓄水池台阶”是一个

大受欢迎的可接触雨水的案例，该项目我们在前面讨论用体量创造视觉趣味的部分已经介绍过。项目中的水体小而浅（也就是安全）。那些依次减小的蓄水池以一种有趣的节奏沿着山坡向下布置，环绕蓄水池设置的人行台阶使水变得特别容易接近，行人可以伸手触摸到从每个雕刻出来的排水口中滴向下方蓄水池的雨水（图2.64）。

图2.64 台阶环绕着藤衔的蓄水池，让行人能够接触到雨水（设计：GAYNOR, Inc., Carlson Architects, SvR Design Company, Buster Simpson；照片：Eliza Pennypacker）

但是最能吸引人、既好玩又可触碰到水的例子是皇后植物园的雨水喷泉和小溪的设计。正如在前面第2.2部分中所讨论的，雨水吸引着游客在冒泡的喷泉梯级和那个把雨水从喷泉引到场地另一侧的“小溪”中玩耍嬉戏（图2.65）。在我们崇尚洁净的美国文化中，这种情况怎么可能发生呢？如前所述，这里的雨水径流经过地下水池的紫外线处理，水在被输送到喷泉之前已经进行了杀菌消毒，从而使这些雨水像其他大多数天然溪流中的水一样干净。

图2.65　皇后植物园的雨水喷泉和溪流提供了许多与水互动的机会（设计：Atelier Dreiseitl with Conservation design Forum, BKSK Architects；照片：Stuart Echols）

在您努力实现ARD美学丰富性特征目标时需要考虑的事情：

列表和案例研究都为增加ARD的美学丰富性特征提供了大量的机会和问题。总结如下：

- 什么样的美学组合是适合项目的（例如，顽皮、优雅、神秘、平和）？
- 由于传输在雨水管理中非常常见，所以要特别仔细考虑雨水路径。他们的美学特征应该是什么？无论晴天还是下雨，你怎样才能让人们把它们“读”出来呢？
- 用水发出声音合适吗？什么样的水声会对传达设计信息有帮助？
- 当地的法规允许人们接触雨水吗？它在这个设计中是否适当呢？如果是的话，会创造出什么样的触觉体验呢？
- 是否可以通过丰富的纹理材质来创建一个诱人的可触摸景观呢？

结论

我们希望这一部分能帮助你认识到，设计师们可以通过许多方式将可持续的雨水管理系统转化为宜人的景观设施。我们也希望这一部分的想法和案例不仅能启发你，也能帮助你构思出更多巧妙雨水设计的创意。

第三部分 巧妙雨水设计的功能性要求

巧妙雨水设计功能性要求思考概述

在这一部分，我们将重点为大家介绍一系列可持续雨水管理设施，以及它们与ARD人性化要求之间的潜在联系。鉴于之前很多关于可持续雨水管理的书籍中都已经详细解释和阐述了很多有效的雨水管理策略，所以我们在本书中不再进行过多的重复描述，也不会一一罗列出每一种雨水管理策略。我们只选择适合ARD的可持续雨水管理策略进行介绍。

在ARD中，雨水管理的功能始终以可持续性作为基础，并尽可能接近场地开发前的水文特征，因为ARD的功能性特征与可持续的雨水管理理念是相一致的。

在定义ARD的功能性特征之前，首先需要说明一下本书中所使用的雨水管理与雨水处理之间的区别。按照我们的理解，雨水管理是指人类通过某些方式来控制雨水，从而使得雨水可以有组织地排放并渗透，而雨水处理则是水质处理的一部分。因此在本书中，所有形式的ARD项目的功能，都是以控制雨水水量和水质为目的的。

那么在这个背景下，我们将ARD的功能定义为“用保护和改善人类以及自然生态系统的方式来管理雨水”。这意味着我们需要以一系列不同的特征、目标和措施来管理雨水，它们的特征包括以下几点：

- 对环境负责，模仿自然水文特征
- 主要针对小型径流和初期雨水污染物的控制
- 主要针对特定的场地尺度进行设计，而不是针对地区或区域尺度进行设计

重点是：

- 雨水管理策略是适用ARD的。换句话说，ARD的功能是为了更好地促进雨水管理，是为了让人们可以赞美雨水带来的财富。

简单来说，ARD的可持续雨水管理设计理念是：在设计开始的阶段便以雨水为重点来进行场地设计。或者换句话说，ARD是从场地设计伊始，就把雨水管理作为出发点来进行设计。（图3.1）

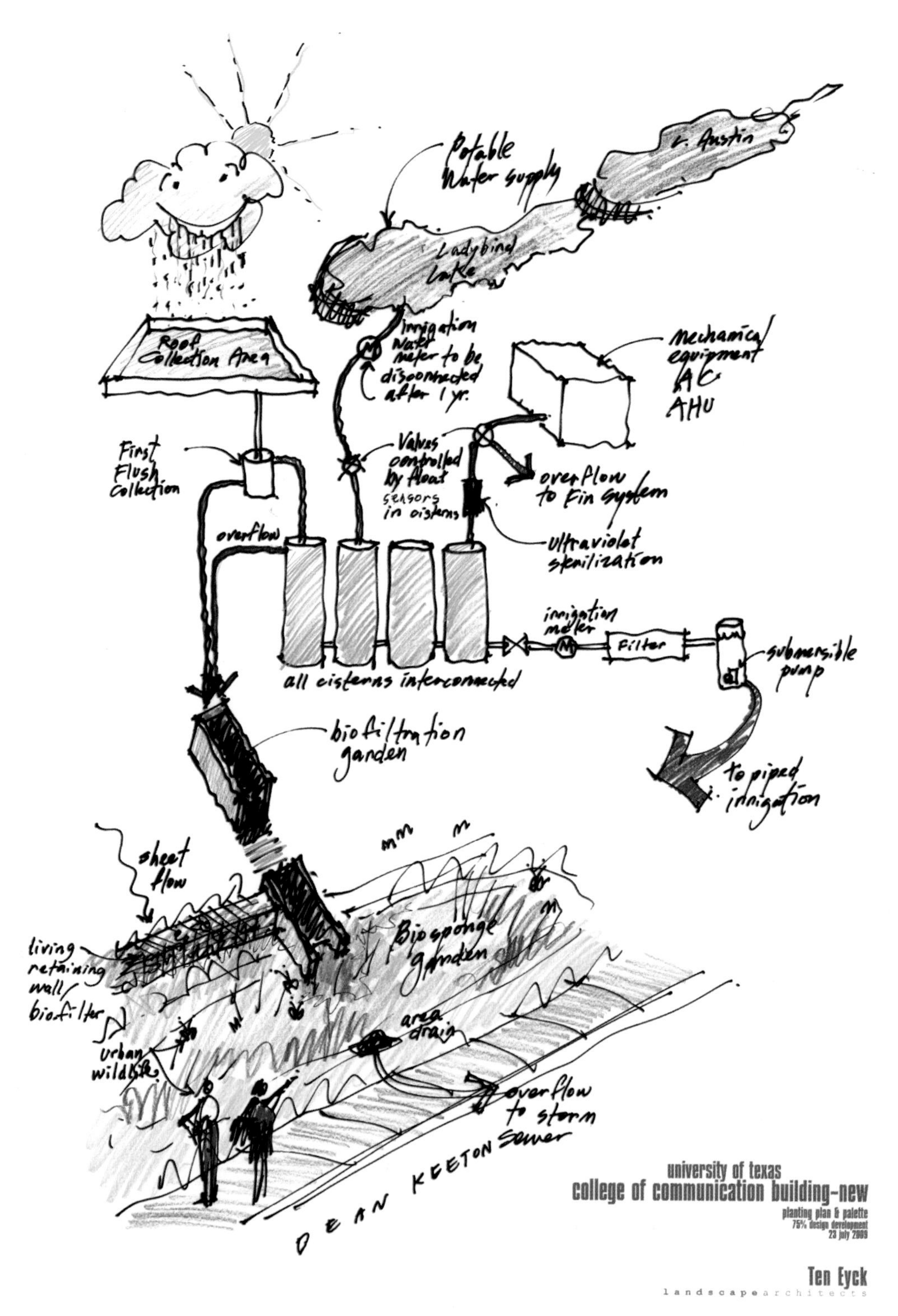

图3.1 图为得克萨斯大学贝罗中心新媒体雨水管理方案，一个典型的特别适用于ARD的系统（设计：Ten Eyck Landscape Architects，Inc.；图：Christy Ten Eyck）

“我们对雨水径流研究的越多，就越发意识到，在如何减少城市发展对我国水质的影响方面，场地规划和设计发挥着至关重要的作用。”

——托马斯·伊（Thomas E），加州区域水质控制委员会城市径流项目经理，引用自《从源头开始》（Start at thc Source）（Richman, 1999）

“当我回想起我小时候……暴雨并不是问题……这个问题刚刚开始呈现，没有人特别关注它。现在我认为这是场地设计的起点……你绝对可以说，它从一个无关紧要的问题变成了最为重要的问题。”

——沃伦·伯德（Warren Byrd），尼尔森·伯德·沃茨（Nelson Byrd Woltz），2006年与作者会面时说

作为场地设计师，我们必须要意识到通过巧妙的场地设计可以在多大程度上来帮助我们实现可持续雨水管理。——甚至设计师应该在考虑构建管理系统之前，就要开始考虑如何设计可渗透盆地或者过流式过滤种植池。事实上，ARD的一个基本前提就是需要从场地设计的开始就要考虑可持续的雨水管理设计。在任何项目开始时，设计师都需要确认以下哪项措施可以成为“场地设计的保证”，从而减少建设雨水设施的需求：

- 保护自然排水，减缓和控制降雨径流，收集污染物，增加地下水补给。
  ——在邻近不透水区域的场地，保护和强化自然排水系统中那些天然的公园景观特征。
  ——充分利用开发前的场地条件，维持或者恢复原有的天然排水方式，使雨水能够分散排放。
- 保护现有植被，植被是雨水过滤、吸收和蒸发的重要资源。
  ——保护或恢复位于建筑物、广场、入口、人行道和娱乐场所附近的植被区，用以保有水分，并提高场地的美观性。
  ——严格限定施工作业面的范围，以保护现有的植被，包括下层植被和地被植物。
- 通过把场地分级将雨水引导到各个小型分散的绿地之中，使雨水短期滞留以减少雨水排出。
  ——将路面雨水、广场雨水和屋面雨水引入下凹区域，让雨水在这些地方滞留和下渗。
  ——将径流引入不同的绿地，通过场地分级的方式，延长径流漫流汇聚时间。
- 尽量减少不透水表面，以限制径流漫流。
  ——在可行的情况下，用建造多层建筑来代替单层建筑，以减少硬质屋顶面积。
  ——减少街道的长度或宽度。
  ——减少建筑退红线尺度，缩短车道。
  ——减少人行道宽度。
  ——缩小停车位及减少停车通道宽度。
  ——邻里间使用公共停车场。
- 最大限度地利用透水表面。
  ——在交通不密集的地区，例如溢流停车场、人行道、紧急通道等区域使用透水铺

装，车行道路面使用透水材料。

——减少草坪面积，并增加更多植被茂密的区域，以减少过量径流。

——强调低维护的景观设计，使用本地植物，尽量减少水、化肥和杀虫剂的使用，降低割草频率。

——使用屋顶绿化和屋顶花园来取代不透水的屋顶。

——设计绿色屋顶至少可以控制1/2英寸（约13毫米）的降雨量，减少径流频率和径流量，过滤污染物。

- 尽量不用管道传输雨水，将雨水径流分散到景观场地之中，以尽量减少雨水对场地外的影响并降低场地建设成本。

——条件允许的情况下，可以拆除街道、小巷、停车场和装货区的路缘石和排水沟，使径流能够直接流入植被覆盖的区域。

——雨落管断接，将雨水直接注入植被区域或收集系统。

——让雨水径流流经植被覆盖区域，以便植物过滤水中污染，增加地下水补给。

——尽量使径流分散，不使用管道与地表水汇流，尽量减少使用灰色基础设施的建设成本和系统运营维护成本。

- 使用优质土壤，以增加土壤对雨水过滤和吸收的作用。

——严格限定施工作业面，以免影响土壤对雨水的吸收、滞留和下渗作用。

——在土壤退化的区域进行松土和施肥，以恢复土壤的孔隙度。

——注意保护容易受到侵蚀和产生泥沙流失影响的地区。

——选择根系深的植物，增加土壤的吸收能力。

- 减少开发足迹，增加可以吸收雨水的景观面积。

——使用灵活的组团和分区规划来最小化开发足迹。

——保留未开发土地，用作人性化的开放公共空间，尽量减少不透水区域面积。

——用建造阶梯状的公共空间的方式改造坡地地形（例如等高线状梯田），以收集雨水及增加径流入渗。

- 污染物安全储存规划。

——设计应具有预防性，将常见的非点源污染源（如化肥、化学品、燃料等）收集储存在带有屋顶或可容纳和处理受污染径流的区域。

- 将室外娱乐空间设计成带有雨水管理功能的场地；改造现有的雨水管理设施，使它们具有教育性特征和休闲娱乐性特征的功能。

——在“河漫滩”处设计娱乐区域，使它们可以应对偶尔发生的内涝。

——在“干燥的蓄水池”中设置运动场、跑道和其他设施。

——改造现有的蓄水池，使他们具有教育性特征和休闲娱乐性特征功能（例如：小径或木板路、鸟屋、标识）。

正如伯德所建议的，这些不同的选择其实都表明，将雨水管理作为场地设计的出发点，可以在很大程度上实现可持续的雨水管理。如果我们从这个基础开始——从雨水管理开始考虑场地设计——我们将为实现更加有效的雨水管理策略奠定坚实基础。

确定功能性的特征、目标和措施

通过查阅许多雨水管理手册和资料，我们确定了ARD的五个功能性特征，这些特征涉及可持续雨水管理的核心要义，同时将人类和自然系统的需要考虑在其中：

减少雨水中的污染物负荷

雨水回收利用（包括各种形式，人工的和自然的，从灌溉、冲厕到地下水补给）

减少雨水径流对下游的破坏

恢复或创建栖息地

安全传输、控制和储存雨水

在文献和实践中，以下雨水管理特征得到了行业内的广泛认可：

- 传输=将雨水安全地从一个地方运送到另一个地方。
- 滞留=收集和暂时储存雨水，并控制雨水向场地外排放。
- 存储=现场收集和保存雨水。
- 渗透=收集雨水补给地下水。
- 过滤=减少雨水带来的污染。

随着行业的发展和进步，我们可以通过很多措施来实现各种可持续的雨水管理系统，用以满足这些功能性的特征和目标。其中适用于ARD的技术大多数都属于绿色基础设施的范畴，我们将其定义为雨水处理，包括雨水与自然（植物或土壤）的接触，但是也有一部分非常有效的ARD功能性措施被划分为灰色基础实施（比如使用没有植物或土壤的硬质铺装系统来管理雨水）。就本书而言，只介绍了可持续性且适用于ARD的灰色基础设施，省略了比如从涡旋分离器到沉入式过滤器等一系列的复杂设备。

因此，特别适合ARD的灰色和绿色实用技术如下：

灰色基础设施

- 雨水路径：管道、渠道、水渠、引水槽、堰、沟渠
- 水流控制：入口（系统前）水平布水器和溢流（系统内）分流器
- 水容器：雨水桶、水箱

图3.2 这条在历史第四区公园广场输送雨水的沟渠是一个适用于ARD的灰色基础设施（设计：HDR；照片：Eliza Pennypacker）

绿色基础设施

- 过流式种植池
- 干塘
- 湿塘
- 人工湿地
- 渗透盆地和渗透沟
- 雨水花园
- （条带状）生物洼地（植草沟、植物宽沟等）

在可持续雨水管理中，我们发现了一个由特征、目标和措施组合而成的复杂网络，因为多个目标可以达到一个特征，而一些特定的技术措施可以实现多个目标，从而实现多个特征。我们可以通过表3.1来解释它们之间的复杂关系。

图3.3　在鞋匠绿地项目中，一个利用植物和土壤组成的绿色基础设施来代替雨水排水管的例子（设 计：Andropogon Associates Ltd.；Meliora Design LLC.；照片：Stuart Echols）

简单地说，在本书第二部分内容中介绍的ARD人性化要求和本章所说的功能性要求的特征、目标和措施的层级顺序是不同的。因此，在本书的这一部分中，我们按照可以有效指导ARD设计的原则进行了重新组合。我们首先关注措施——设计师可以采取的实际行动——然后如何在设计中使用多种措施来实现一系列的可持续的雨水管理的特征和目标。换句话说，我们提供了一个可供选择的ARD措施的菜单，菜单上将每种措施都解释得非常清楚。设计师可以从中选择各种措施的组合，用来建造自己的可持续的雨水管理系统。

我们按照雨水流线上的顺序将措施进行整理：首先是如何将雨水输送到雨水管理系统，然后是如何确保雨水有组织地进入到预设的程序中去。这两个步骤在现实中通常都是依靠灰色基础设施来完成的。在最后，我们讨论绿色基础设施的组成部分是如何来管理雨水的。（图3.3）

ARD功能性特征、目标和措施的复杂网络关系 表3.1

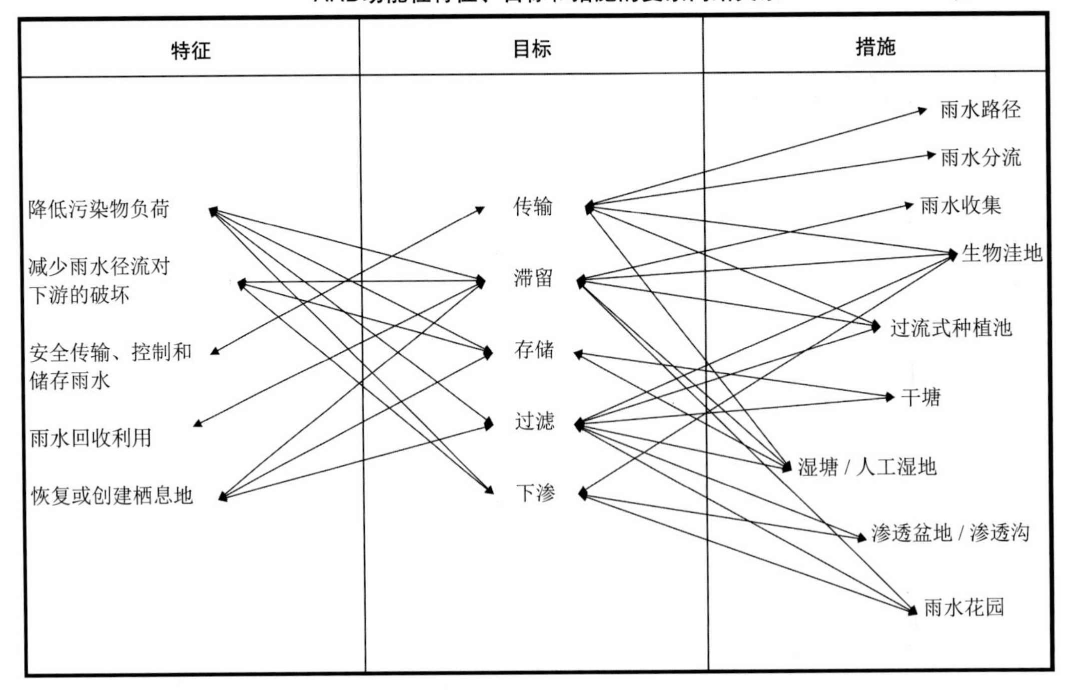

对于每一种我们列举出的措施：

- 这些措施可以解决的多特征和目标功能组合
- 说明及描述
- 通过该措施可以实现的雨水管理或雨水处理
- 措施可以用来赞美雨水的一些方式
- 关于这个措施的一些设计考虑

3.1

可持续雨水管理中属于灰色基础设施的措施

在本书中，我们只关注那些我们认为与ARD最为适宜的灰色基础设施技术。正如本书第三部分内容的概述中所说，我们忽略了许多常用的灰色基础设施技术和措施，但在本节中，我们将介绍三种在ARD中使用最为频繁的重要措施。事实上，前两种是雨水路径和雨水分流器，它们几乎在每个ARD中都扮演极为重要的角色。第三种是雨水收集容器，它是可以根据项目的具体情况来选择采用的。

雨水路径

首先，我们来看看如何将雨水传输到处理系统中，这个路径我们称之为ARD中的雨水路径。雨水路径是所有雨水管理系统中最简单，也是最传统的一项将雨水传输到其他地方的措施。这种传输过程可以通过地下排水管完成，也可以通过地面上设置的渠道、排水沟、水槽、堰、沼泽地、沟渠或小溪来完成。对于ARD来说，俄勒冈州波特兰市的退休环境专家同时也是ARD积极倡导者和先锋人物之一的汤姆·利普坦（Tom Liptan）在自己的著作中强调："不要只想到管道！"要尽量将雨水径流保持在地面的景观之中。

雨水路径往往是一种灰色基础设施，通常不用于雨水处理，但是它可以将雨水从地表传输到雨水管理系统中去，这为人们提供了一个难得的赞美雨水的机会。（表3.2）

雨水路径：从它降落的地方传输到雨水管理系统中　　　　表3.2

特征	目标
安全传输，控制，储存雨水	传输 滞留 过滤 下渗

雨水路径实现的雨水管理功能

雨水路径是ARD功能性措施中为数不多的选择性处理水质的措施之一（图3.4）。换句话说，雨水路径可以只是简单的传输雨水，或者也可以通过以下几种方式来管理或者处理雨水：

- 通过使雨水翻滚来为雨水提供氧气（在粗糙的表面移动，迫使雨水翻滚）。
- 通过复杂的传输控制系统来滞留雨水。
- 通过在生物洼地中种植植物和更换土壤来过滤雨水。
- 在生物洼地中下渗雨水。

图3.4 将雨水安全传输的方法之一：霍华德礼堂，路易斯和克拉克学院（Howard Hall, Lewis and Clark College），一条简单的雨水路径将雨水从屋顶带到生物滞留系统（设计：Walker Macy；照片：Stuart Echols）

通过雨水路径来赞美雨水的一些方法

地面上的雨水路径是最古老（你可以想象一下，它就如同食尸鬼雕像那么老）的雨水传输方法之一，它通过将水流设计成吸引视觉焦点的方式向人们提供赞美雨水的绝佳机会。雨水路径会成为一个可视化的工具，让人们了解雨水从天空到地面，从雨水管理系统的一部分到另一部分的整个过程。可见的雨水径流路径可以出现在任何可持续的雨水管理系统中。到目前为止，在我们所见过的每一个ARD项目中，雨水路径都会被打造成为一条精心设计的路线。所以对于ARD中雨水路径来说，一定要设计成为可见的而不是隐蔽的。也就是说要展示，而不是要隐藏。

如果我们的视线能够跟随雨水从屋顶流动到地面，那么会有特别多的机会来赞美雨水，这一点通过图3.5到图3.18很容易得到证明。这些例子虽然不能涵盖全部的情况，但肯定是可以为大家提供一些参考的：

- **雨水垂直下落的可视化设计：**

图3.5　例如在水乡（Springside School）学校，我们可以通过落水管的透明部分看到雨水向下流动的过程（设计：Stacy Levy；照片：Stuart Echols）

图3.6（左）　在宾夕法尼亚州立大学植物园展馆，一条水链以一种极其优雅的姿态将雨水从屋顶输送到地面储水池中（设计：Overland Partners；照片：Stuart Echols）

图3.7（右）　在第十霍依特项目中，一种模仿古代输水道的曝气排水阶梯将水引向下游（设计：Koch Landscape Architecture；照片：Steven Koch）

图3.8（左） 俄勒冈州会议中心的雨水花园，通过落水口将雨水引入雨水管理系统（设计：Mayer/Reed；照片：C. Bruce Forster）

图3.9（上） 雨水宛若流动的乐符般在被砾石填满的盆地中跳跃而下，最终汇聚在“生长的藤街”的种植系统中（设计：GAYNOR, Inc., Carlson Architects, SvR Design Company；Buster Simpson；照片：Stuart Echols）

- **雨水在空中水平流动的可视化设计：**

图3.10 在瓦休戈镇中心广场，一条细长的导水槽将雨水从落水管输送到图中间这个生气勃勃的“水花飞溅”雕塑上（设计：GreenWorks, Sienna Architecture Company, Inc., Ivan McLean；照片：Stuart Echols）

- **雨水在人们可触摸的高度上，水平传输的可视化设计：**

图3.11　在斯沃斯莫尔的一个类似长椅的结构中，在给人们提供休息场所的同时传输雨水（设计：ML Baird & Co., Einhorn Yaffee Prescott；照片：Stuart Echols）

- **雨水在直线型卵石沟中流动的可视化设计：**

图3.12　在西南娱乐中心，雨水从建筑落水管中流入用石材衬边的卵石沟，然后进入横穿人行道的盖板雨水沟中（设计：RDG Planning and Design；照片：Eliza Pennypacker）

- **雨水在视觉上断开的水渠中流动：**

图3.13　在自动化交易平台（Automated Trading Desk），雨水从建筑中流到被青石覆盖的沟渠中。由于这条通道位于行人活动最活跃的区域，所以该设计采用盖板沟的形式，以保持人行道的畅通。虽然雨水通道看起来是断开的，但是由于这条轴线很明显，人们仍然可以看出雨水路径的连续性（设计：Nelson Byrd Woltz Landscape Architects, Tinmouth Chang Architects；照片：Stuart Echols）

- **雨水在一个蜿蜒的硬质地面水槽中流动的可视化设计：**

图3.14 在泰伦湾的源头（The Headwaters at Tryon Creek），雨水通过混凝土水槽从街对面的公寓大楼输送到一组按序列分层的生物过滤池中（设计：波特兰环境服务局；照片：Stuart Echols）

- **雨水在多级硬质“溪流”中流动的可视化设计：**

图3.15 在弗吉尼亚大学南部草坪的公共雨水环路中，雨水沿着多级叠水池优雅地向下流淌（设计：Office of Cheryl Barton；照片：Eliza Pennypacker）

- **雨水在自然河床内中流动的可视化设计：**

图3.16 在泰伦湾的源头，雨水在公寓建筑之间的场地上，沿着一条日照充足的小型支流流动（设计：绿色工程；照片：Stuart Echols）

- **雨水在人行格栅下流动的可视化设计：**

图3.17　水厂花园的入口广场，吸引游客在格栅上行走，脚下雨水蜿蜒流过（设计：Lorna Jordan；照片：Eliza Pennypacker）

- **一边是硬质驳岸，一边是软质驳岸的亲水性雨水可视化设计：**

图3.18　皇后植物园的雨水路径，一侧是广场边缘的锯齿状的硬质驳岸，另一侧是种植滨水植物的生态驳岸（设计：Atelier Dreiseitl with Conservation Forum, BKSK Architects；照片：Stuart Echols）

雨水路径设计中的一些思考：

效果：

- 雨水路径是讲述雨水与场地关系的有力工具。
- 雨水路径可以创造声音和视觉效果。
- 如果雨水足够干净，雨水路径可以设计成亲水场地。
- 雨水路径可以成为整个设计的轴心。

可视化的雨水路径可以设计成为穿过建筑外墙，连接室内和室外空间的媒介。

控制：

- 雨水路径中水流方向变化的地方必须经过认真的思考，模拟计算和测试。
- 传输系统具有合适的尺寸是至关重要的：应使用曼宁方程等标准管道和渠道设计方法，对排水场地的渠道、管道、排水沟或水槽进行适当的尺寸设计。
- 我们建议，为了安全考虑，应稍微加大渠道的设计尺寸。您还可以设计适应不同流量的水流通道（例如，在主通道内设一个较小的通道，以便用于传输多种雨水径流流量，如图3.19所示）。

图3.19 在弗吉尼亚大学南部草坪的公共雨水回路中，在较大的混凝土系统中，一条纤细的雨水通道不仅确保了在低水流量时雨水的流动，而且使输送系统即使在干燥时也能被辨识出来（设计：Office of Cheryl Barton；照片：Eliza Pennypacker）

- 通过控制坡度、长度和尺寸，来控制水流的最大速度；不要让水流动得太快，以至于失去控制。
- 避免将水沿坡度较陡的斜坡向下流动，因为这样会加快水流速度。相反，如果是阶梯状的场地，可以让雨水先沿着一个较小的坡度自上而下流动，然后根据需要让水垂直下落，用较小的垂直落差来控制流量更为容易。
- 为了控制水流安全有效地流动，设计流速以每秒3ft（约0.9m/s）为宜，此时坡度约为1%。
- 对方案进行模拟是至关重要的：设计师必须了解水将如何在设计的通道内流动，因为对水流运动的预测是非常困难的，通常建议方案应在全尺寸模型上进行测试。

维护：

- 为了防止雨水路径堵塞，我们需要设计一个备用系统。例如设计时使邻近的场地倾斜，当出现设计容量以外的洪水进入场地时，可以将雨水从内涝易发点转移出去，或者使用系统内的溢流分流器进行控制。

- 确定清除雨水路径中的藻类、苔藓和地衣，以及淤泥和垃圾的方式。
- 设计时应考虑长期流水产生的潜在影响，例如水渍和去除老化锈迹。
- 设计时应考虑雨水路径系统在低温天气下如何工作。值得一提的是，冰在冬季是一种强大的视觉资源，特别是在没有管道遮挡的雨水系统中，巧妙地利用冰可以打造一个美轮美奂的冰雪世界。
- 开放式的系统将有利于我们观察、监控和维护。
- 如果系统有水滴垂直下落的设计，需要考虑到环境的潮湿度（尤其要小心窗户、入口和墙壁）。
- 设计时应考虑阵风或大风的情况。

雨水分流器

雨水分流器：顾名思义，它可以将雨水径流分流成两个或多个独立的部分。雨水径流分流解决了两个非常重要的需求。首先，净流量过大的话会摧毁雨水花园，这些过大径流会被直接转移到我们的绿色基础设施系统周围，而不是从它们中间流过；其次，它可以将系统中需要收集和处理的径流进行分流（我们的重点是污染较为严重的初期冲刷雨水）（表3.3）。

雨水分流器有两种基本类型：

- 入口（前置系统）分流器，只允许少量径流进入处理系统
- 溢流（系统内）分流器，它从系统中去除多余的水量

两者必须在可持续雨水管理系统中共同工作。

雨水分流器：将径流分成不同的部分进行不同的处理　　**表3.3**

特征	目标
将雨水安全地从一个地方转移到另一个地方	传输

可持续的雨水管理中，首要目标就是收集、控制和处理初期冲刷雨水：温带气候地区中每年60%~90%的降雨事件（取决于地理位置），在不透水表面上产生的初期0.5~1.5英寸（约1.3~3.8厘米）的径流是非常脏的。（正如本书全书都在强调的）

一定要认识到，可持续雨水管理策略主要目的是使用植物和土壤对雨水水质进行净化处理。可持续雨水管理既不是将雨水放在“管子”或“罐子”里，也不是把雨水当成废物一样对待。

将处理初期冲刷雨水与生物处理过程两者相结合，是绿色基础设施的本质所在。为了使初期雨水的生物处理更加有效，我们在设计时应该考虑让雨水分散，广泛地分布在场地空间中。这样当降雨时，雨水径流不会大量集中。因此如何将雨水有效地分开处理就变得非常重要了，就像经常说的“慢下来、分散开、吸收掉”一样。在这里，雨水分流器就起到了至关重要的作用（图3.20）。

图3.20 这个道旁生物缓冲区同时使用了入口和溢流两种分流器。它接收初期雨水，然后转移了大部分的初期雨水，而剩下干净的雨水（diagram：Stuart Echols and Chris Maurer）

入口（前置系统）雨水分流

分离过程的第一步是控制雨水进入处理系统的流速和流量。有两种方法可以使入流保持在低流速进入处理系统。第一种是最简单的方法，通过控制汇水面积的大小达到目的。汇水分区面积在0.1英亩（约405平方米）及以下时，径流不会因流速过快导致雨水花园的破坏。这是因为即便降雨强度达到1英寸/小时（约25.4毫米/小时），地表径流的流速也仅仅相当于两个普通花园用软管灌溉的流速。当然，这不是说设计雨水花园的汇水区不能超过0.1英亩（约405平方米），相反，应当将雨水径流在进入雨水花园的入口前分散开来，这样每个入口的汇水面积都不超过0.1英亩（约405平方米）。这种限制汇水面积和分散入口点的设计组合将确保进入雨水系统的雨水流速足够小，进而保证入口处不被破坏。如图3.21所示。

我们可以在入口点设计一些硬质材料，来阻挡和减缓雨水流速，从而防止入口点被雨水侵蚀破坏。

河流岩石既有良好的防侵蚀的功能，同时也拥有配适雨水的外观，如图3.22所示。通过河流岩石的缓冲，将雨水分散开来，我们就可以保证雨水以温和的方式进入雨水处理系统。

控制雨水进入处理系统流速的第二种方法就是使入口尺寸缩小，让雨水径流流速能够减缓。

这种设计也很简单，将路缘石设计成开口道牙，这样径流会从开口处缓缓流入雨水处理系统中。这种开口道牙式的入口设计主要发挥两个作用：确保大量的径流不会冲走绿色基础设施系统的覆盖物、植物或土壤；只允许初期雨水进入水质处理部分，同时让后续的

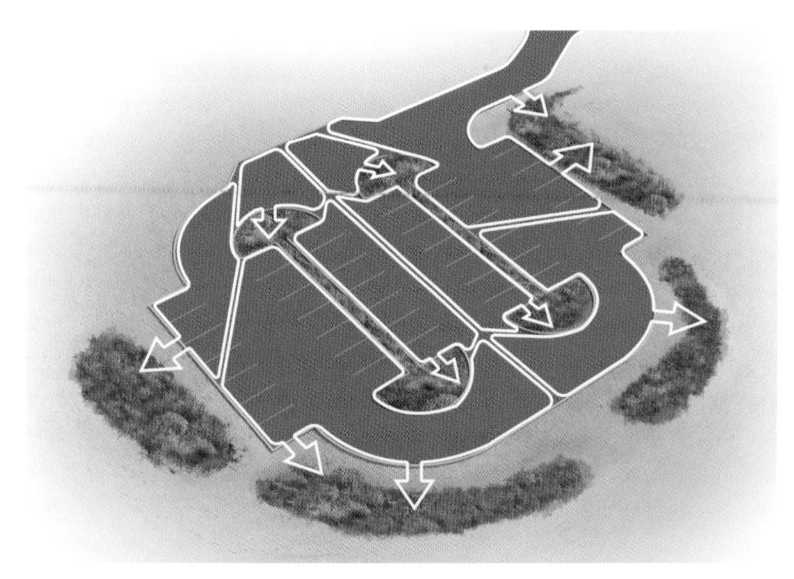

图3.21 设计将停车场划分为8个小的排水区域，每个区域都有一个单独的入口，雨水分别进入8个雨水管理设施中（图：Stuart Echols and Chris Maurer）

图3.22 在雨水入口处设计一些硬质材料（在本例中为河流岩石），可以防止它被侵蚀破坏（设计：LaQuatra Bonci Associates；照片：Stuart Echols）

大量干净的雨水沿着雨水系统流走，并不进入处理系统。这里需要强调一下，分流的入口应该设置在水流的上游，这样才能保证后期较大的干净水流能够沿着系统向下游流动（图3.23）。

在本书中，我们并没有给出一个标准的分流入口尺寸的计算方法。但是我们希望入口的尺寸尽量小到能限制流速，又尽量大到可以收集需要处理的初期冲刷雨水，这样既可以净化雨水，又不会破坏处理系统。同样，可以参照花园灌溉水管的流速，因为通过以往的经验总结，普遍用于灌溉的软管中水流流速肯定不会损坏一般的雨水花园。通常灌溉软管中水流的流量在10～20加仑/分钟（约38~76升/分钟），因此我们可以判断出，雨水入流量大概在15加仑/分钟（57升/分钟）比较适中。

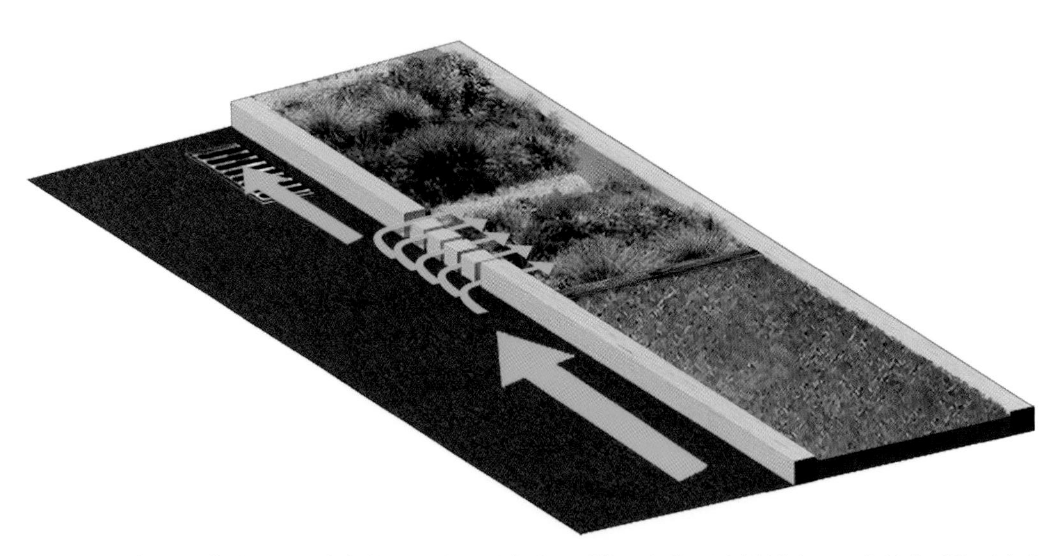

图3.23 雨水通过道牙上一组狭窄的入口进入雨水处理系统：初期雨水缓缓流入，大量的后期干净的雨水可以快速地直接越过入口处，不进入雨水处理系统（图表：Stuart Echols and Chris Maurer）

另一种类型的雨水分流器是确保不干净的初期雨水被控制在雨水处理系统内部的同时（而不是直接流向下游），超量的径流可以排出系统。这就是溢流（或系统内）分流器。

溢流（系统内）分流器

溢流（系统内）分流器的作用是限制处理系统内的雨水水量。设计溢流分流器需要知道需要处理的初期雨水的水质和水量。这个水量可以由一个简单的公式算出：

汇水面积×设计降雨量

例如：如果我们需要处理1000平方英尺（约93平方米，一个典型住宅屋顶的大小），1英寸（约25.4毫米）的初期雨水，我们的计算结果是：

1000平方英尺×0.083英尺=83立方英尺径流量（约2.3立方米）

因此，在这种情况下，我们可以使用大约半个停车场的区域来处理83立方英尺（约2.3立方米）的初期雨水。这里需要注意的是，实际上这种尺度的雨水花园可以适用于任何景观区域，这种设计也使景观起到雨水处理系统的作用。

溢流分流器顾名思义，就是如果净流量超过处理系统的容量时，超出的部分会溢流出雨水处理系统。这种分流可以通过以下几种方式来实现。第一，例如使用雨水花园时，我们可以根据初期雨水的水量来设计雨水花园的容量，当雨水花园充满之后，雨水会直接流过入水口，不进入处理系统（图3.24）。

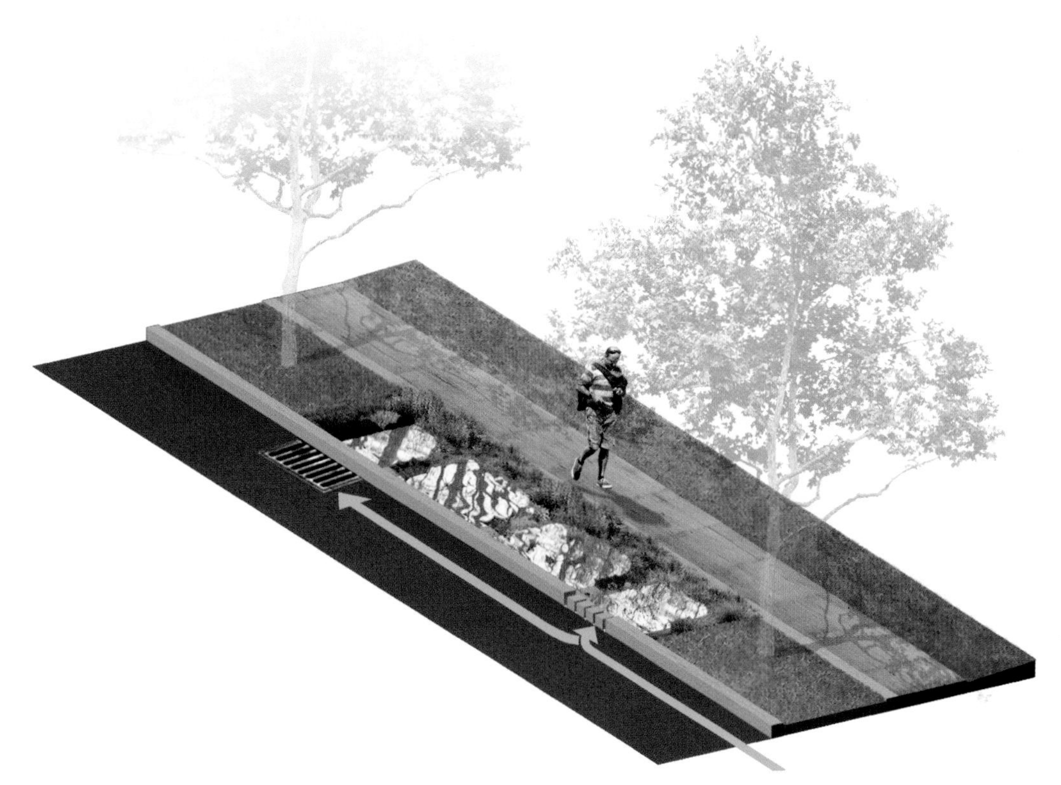

图3.24　一种系统内分流设计，当雨水处理系统被初期雨水充满之后，后期大量的径流将不进入处理系统（图表：Stuart Echols and Chris Maurer）

另外一种溢流分流器的设计，是在入口处的下游也设置一个或多个开口道牙，这样多余的径流部分会流出处理系统（图3.25）。需要注意不要把出口的道牙开口放在系统的最末端，因为这样会将一部分初期雨水带出处理系统。

还有一种设计是在处理系统内设置溢流口，确保处理系统可以容纳初期雨水的净流量，并使雨水中的悬浮物沉淀下来后，再使后续的雨水排出处理系统（图3.26）。溢流口可以帮助我们在设计的时候更加灵活，因为它可以根据设置的位置和环境灵活进行调整。当场地受到限制，特别是在我们无法使多余的径流绕过入口分流器时，溢流口可以发挥更加重要的作用。

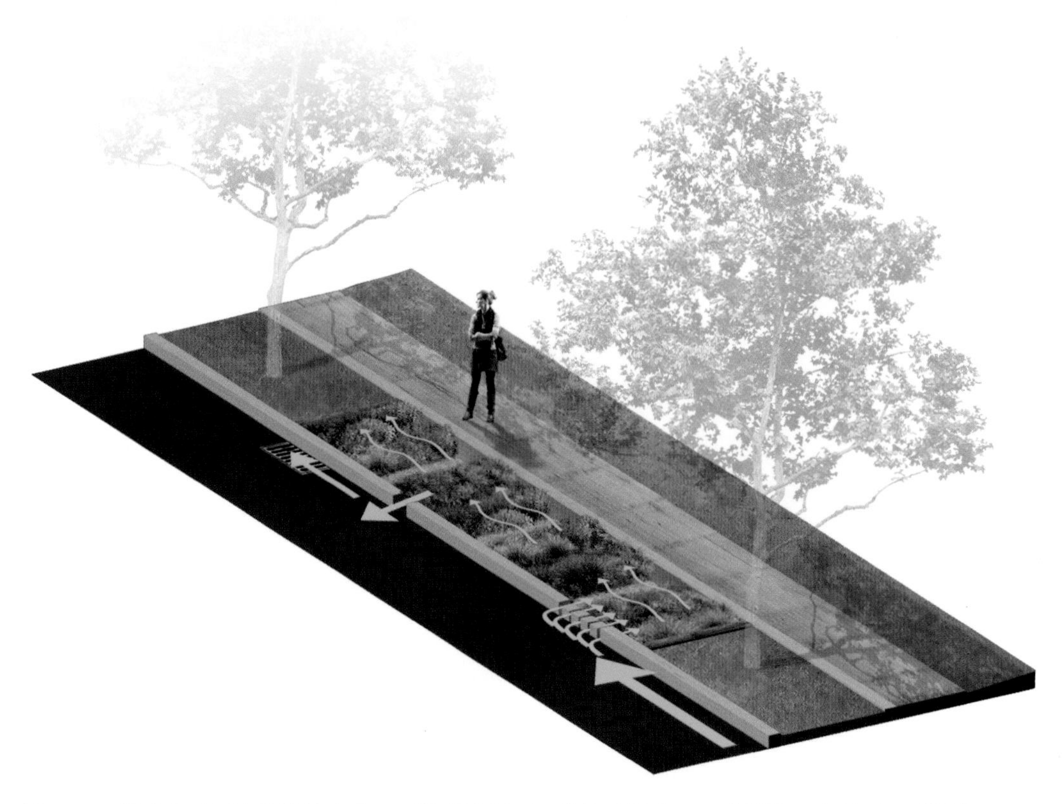

图 3.25 溢流分流可以将设施入水口下游的道牙开口设计成溢流口，来排除多余的雨水（图表：Stuart Echols and Chris Maurer）

图 3.26 当雨水处理设施充满以后，溢流口可以将多余的雨水排出，处理设施中保留初期雨水并将悬浮物沉淀，多余的后期雨水则流入溢流口。溢流口的格栅可以防止垃圾进入雨水管道系统（设计：LaQuatra Bonci, Associates；照片：Stuart Echols）

雨水分流器的雨水管理功能

这两种雨水分流方式——入口式和溢流式——都是为了控制雨水径流的流速和雨水进入处理系统的净流量。保证初期雨水能够进入雨水处理系统的同时，让后期雨水不进入系统或溢流出系统，以保证处理系统不会被过大的径流所损坏。

通过雨水分流器来赞美雨水的一些方式

设计入口式的雨水分流器可以清楚地展示出雨水是如何流入处理系统的，以及后期的雨水如何不进入系统。例如，在俄勒冈州波特兰，我们可以清晰地看到雨水是如何通过一系列的道牙上的开口进入系统中的，以及系统是如何通过设在其中的留有小口的堰，将一部分雨水滞留的同时，排除多余的雨水。这部分多余雨水将通过道牙上另一个开口流出处理系统。（图3.27）。

图3.27　波特兰的东南安可尼街（SE Ankeny Street）上一个入口分流设计。雨水径流通过一个较大的道牙开口进入砾石前池，初期雨水通过堰上的小开口缓缓流入生物滞留设施。大部分的后期雨水则通过左边的道牙开口流出系统。需要注意的是，这个设计最终没有成功，因为设计的堰高度过低，导致大量的初期雨水也直接越过了它，并没有留在前池中（设计和照片：波特兰环境服务局）

溢流分流可以让雨水路径更加明显可见，人们能够看到雨水是如何从一个处理系统流到另一个处理系统中的，从而更好地了解雨水处理的过程。在艾普勒会堂的人行庭院里（Epler Hall），系统的溢流分流器创造了一个水渠外的雨水路径，向人们展现了雨水是如何流经一系列连续的生物滞留池的（图3.28）。

雨水分流器设计中的一些思考

溢流分流器（比如高出地坪的溢流口）的高度设置应该保证雨水处理设施可以容纳初期雨水径流，并且让多余径流溢流出去。不要让溢流口与处理设施底端齐平，要使溢流口的高度高出雨水处理设施的底部，这样才能让初期雨水滞留在设施内，然后使多余的雨水溢流出系统。

图3.28 在这个设计中，当发生大规模降雨事件时，雨水会从下沉绿地中溢流，流到下一个位于下游的生物洼地中。这个雨水系统可以截留初期雨水，也可以让过量的雨水溢流。而且通过这个设计我们可以清晰地看到过量雨水通过花岗岩沟渠流到了下一个生物洼地中（设计：Atlas Landscape Architecture, KPFF Consulting Engineers, Mithun；照片：Stuart Echols）

为了确保初期雨水进入系统后不会未经处理就又被直接排出去，溢流口应该设置在雨水进入系统的入口处，而不是设在系统的另一端（指大多数情况下）。这将确保初期雨水进入处理系统后，把污染物截留在系统的最低点，而后期雨水则从溢流口溢出系统。

雨水收集设施

当雨水径流到达处理系统的末端时，那里会是什么样子的？会有怎样的处理方式？正如之前所说，在ARD可持续雨水管理中，绝大多数的情形是系统采用了植物和土壤净化水质的绿色基础设施，但是在这里我们将为大家介绍一种灰色基础设施：雨水收集设施。雨水收集设施是一个具有设定容量的水池。可以设置在地上或地下，地上的我们称之为雨水桶，地下的则叫蓄水池。

雨水收集：收集和存储不透水地表产生的雨水径流，回收再利用　　表 3.4

特征	目标
减少雨水中污染物负荷 减少雨水对下游的破坏 安全传输，控制，收集雨水	传输 过滤

图3.29　在约翰逊瓢虫野花中心（Ladybird Johnson Wildflower Center），这里的雨水收集设施被设计成了观景塔的形式，不仅可以收集雨水，人们还可以看到它究竟能够储存多少雨水（设计：J. Robert Anderson, Overland Partners；照片：Pam Pennick）

雨水收集设施的雨水管理功能

雨水收集设施可以帮我们实现很多可持续雨水管理的目标。第一，将雨水径流回收再利用（主要用于绿化灌溉和冲厕）。第二，通过雨水滞留，可以降低过量雨水冲击下游造成的负面影响出现的频率，其中包括合流制溢流和非点源污染等问题。根据系统设计方案，雨水收集设施同时也可以使用紫外线对雨水进行消毒杀菌，或者仅仅是简单地将悬浮物沉淀在设施底部来净化雨水水质。

使用雨水收集设施来赞美雨水的一些方式

如果采用地下蓄水池，设计方案可以非常清晰地向人们传递可持续雨水管理系统的重要性，起到教育作用。例如瑞格勒社区花园（Rigler Community Garden）（图3.30）。

如果是地上的雨水收集设施，则更加容易被人们看到，并起到教育作用。可以通过有趣的方式将连续的水池连接起来，既可以收集到更多雨水，也可以吸引人们关注。如果系统可以在一定的时间内告诉人们它收集了多少雨水，那么它更加具有教育意义。这同时也传达出重要的公共关系特征信息，雨水既有趣又有传递信息的功能。

图3.30 在瑞格勒社区花园，一个具有教育意义的雨水收集亭。雨水在亭子顶部收集起来后，通过一条垂直的链子流入地下蓄水池，雨水回用作为绿化浇灌用水（设计和照片：Liz Hedrick）

比如，在美国的各个地区，各式各样的雨水收集设施以它们特有的传统形式，展示着当地文化并教育大家雨水资源的价值。不管用什么样的策略，优秀的设计师有机会创造性地向业主和社区展示保护环境责任的重要性。图3.31为大家展示了一个特别生动有趣的例子。

图3.31　艺术家巴斯特·辛普森创作的“召唤水箱”，被他半开玩笑地指出，创作灵感来自于米开朗琪罗的名画《伊甸园》中上帝赋予亚当生命时伸出的手指。只是在这里，屋顶径流才是生命之源。水箱顶部突出来的明显“浮尺”，可以让人们清楚地看到水箱的水位（设计：Buster Simpson；照片：Stuart Echols）

雨水收集容器设计的一些思考

- 通过对雨水进行收集再利用，我们可以减少城市市政用水量。
- 雨水收集容器可用于小型的、条件受限的场地（雨水桶）。
- 可以在雨水收集器的区域设立标识，来向更多人宣传“雨水即资源”的理念。
- 设计师需要把每个雨水收集器所要收集哪些径流和收集量进行合理设计，来保障可以最大限度地收集和使用所收集的雨水：

  ——首先确定每月的使用需求和平均月降雨量。

  ——根据收集面积和月降雨量数据确定月径流收集目标。

  ——系统的存储量大小通常为1～2个月的市政用水使用需求，并可以随时用市政供水补水。

  ——需要设计一个过滤系统：通常情况下，要么让雨水先进行过滤再进入存储容器，要么允许沉积物沉积在存储容器的底部。

  ——设计时需要考虑将溢流阀放置在足够高的位置，使泥沙沉积，并确保重复使用的水要尽可能的干净。
- 此外，如果当我们的目标仅仅是收集和过滤初期雨水时：

  ——设计容器的大小使它刚好足够容纳初期雨水（径流区域×初期雨水径流深度）。并且该容器可以将水排放到一个更大的存储设施中，用以释放存储容量。

  ——增加溢流分流装置，以分流更大的径流流量。

  ——选择过滤系统：要么让雨水先进行过滤再进入存储容器，要么允许沉积物沉积在存储容器的底部。

3.2

可持续雨水管理中属于绿色基础设施的措施

如本书前面内容所述，所有的绿色基础设施系统都可以使用自然的过程来管理雨水，而不是简单地将水和污染物排放到场地之外。根据环境保护局（EPA）的描述，“绿色基础设施利用植被和土壤来管理雨水”。[1]ARD的设计者有很多种选择，可以通过设计绿色基础设施系统中的两个基本变量来实现许多目标，包括地表以下发生的事情和在地表发生的事情。

在地表以下都发生了什么？

绿色基础设施可以根据具体情况，通过对地表以下部分的设计来对雨水进行过滤、存储、滞留或渗透，这些管理目标也可以有效地组合起来。（图3.32 ~ 图3.35）

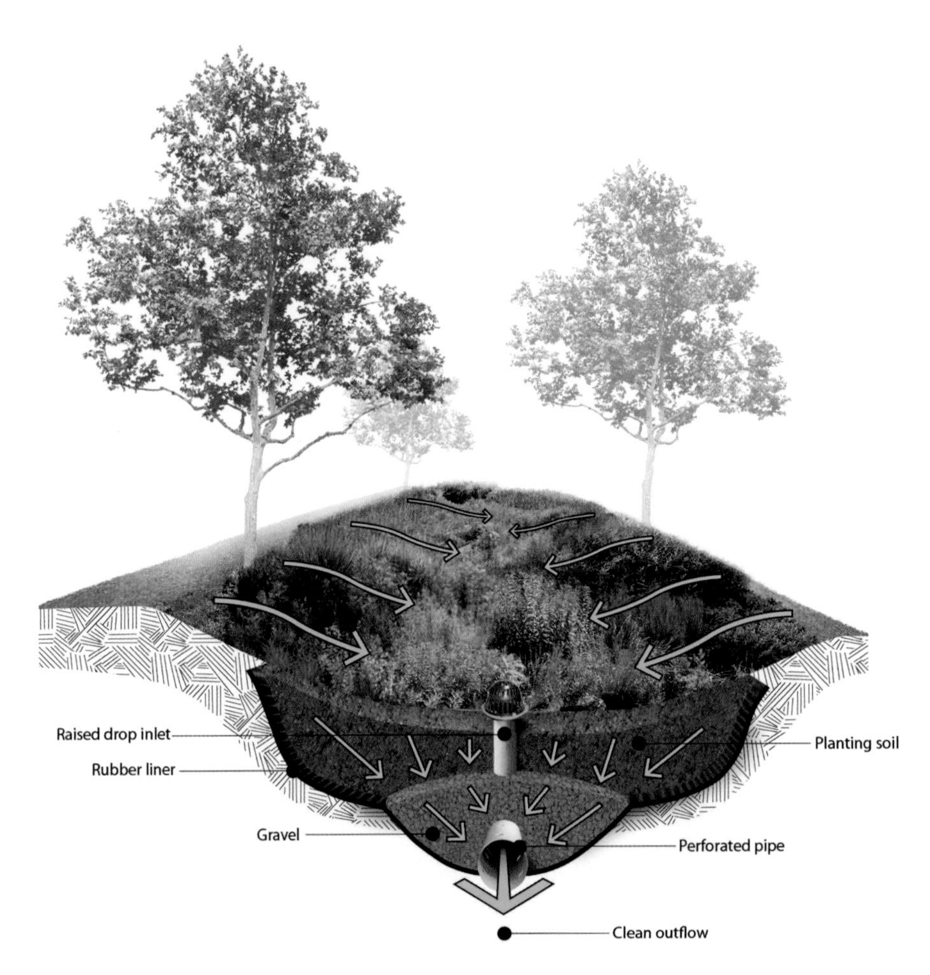

图3.32 这个系统可以对雨水进行滞留并过滤，然后将所有溢流雨水运输到下游。需要注意的是几个设计点：防渗（阻止渗透），穿孔排水管（允许初期雨水进入，然后传输，滞留雨水），高出地坪的溢流口（在初期雨水进行沉淀和滋养植物的同时排走多余的溢流）（图：Stuart Echols and Chris Maurer）

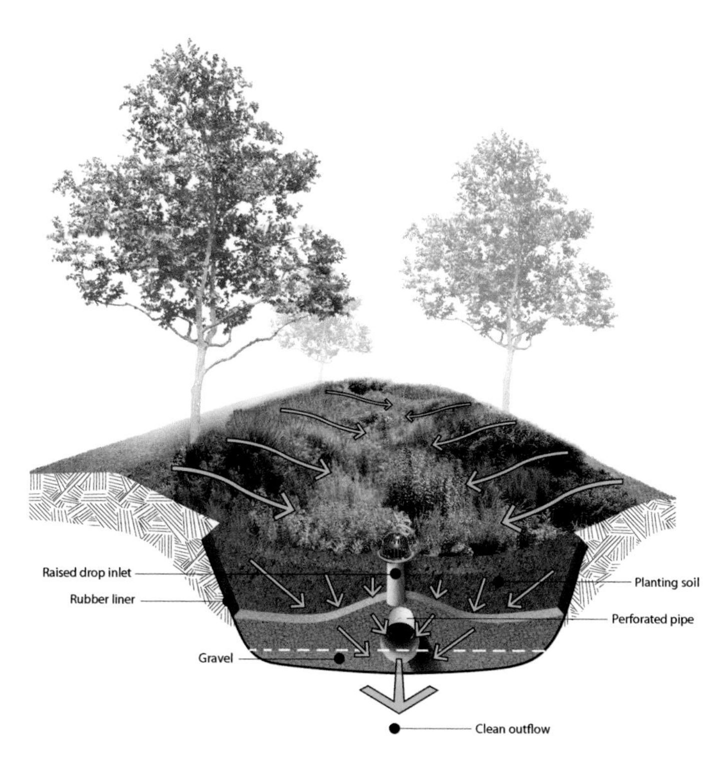

图3.33　这个系统可以过滤所有的雨水，滞留其中一部分，然后将剩余的一部分（虚线以下）留在土壤砾石介质中（图：Stuart Echols and Chris Maurer）

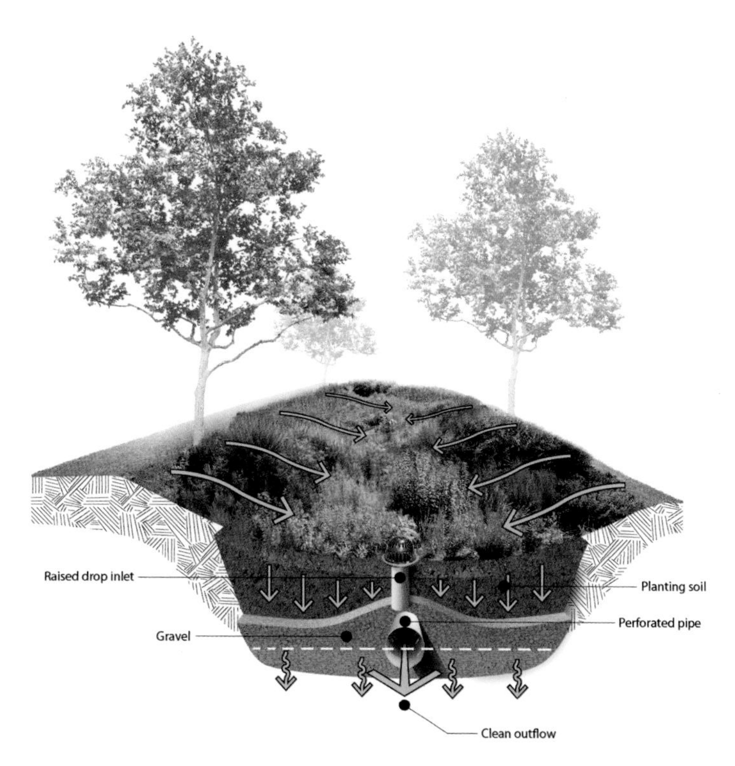

图3.34　这个系统可以过滤所有的雨水，滞留一部分，将其余的雨水渗入地下来补充地下水（图：Stuart Echols and Chris Maurer）

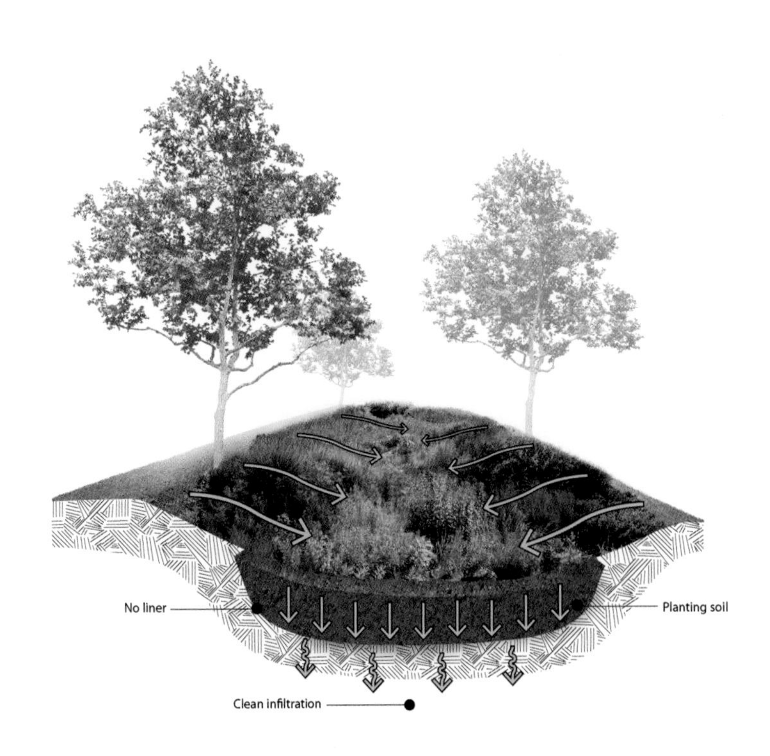

图3.35 这个系统可以将雨水进行过滤和渗透（图：Stuart Echols and Chris Maurer）

系统表面会发生什么？

绿色基础设施系统的表面基本描述有两种方式：湿式和干式。加上植物会形成四个基本变量的结果：

- 湿的表面：水池
- 湿的表面：湿地（植物和水）
- 干燥表面：有植物
- 干燥表面：无植物

我们通过图3.36～图3.38来说明这些变量：

图3.36 湿表面的绿色基础设施可以是水池或湿地，两者都在宾夕法尼亚州立大学的蓄水池的设计中得以体现（设计：Sweetland Engineering；照片：Stuart Echols）

图3.37　绿色基础设施的干燥表面通常是被种植的植被所覆盖，就像俄勒冈州波特兰格伦科小学停车场的生物洼地（设计：波特兰环境服务局；照片：Stuart Echols）

图3.38　绿色基础设施也可以有另一种干燥的表面，就像在自动化交易平台的停车场的透水铺装系统。虽然这个表面并不是“绿色”的，但通过土壤和砾石过滤的雨水和地表径流的蒸发使这个雨水管理策略也符合绿色基础设施的策略（设计：Nelson Byrd Woltz Landscape Architects；照片：Stuart Echols）

绿色基础设施系统的基本变量　　**表3.5**

						干燥		潮湿
	过滤	滞留	储存	渗透	干燥	有植被	潮湿	有植被
过流式种植池	●	●				●		
干燥表面滞留池	●	●	○	○		●		
潮湿表面滞留池	●	●	○	○			●	
湿地系统	●	○	●	○				●
渗透系统	●	○	○	●	●	●		
雨水花园	●	○	●	○		●		
生物洼地	●	○	●	○		●		

●所有时间　○特定时间

一旦我们理解了所有这些可能出现的情况，无论是在地表还是在地下，我们就能理解每一种绿色基础设施的雨水管理系统，都结合了一套特定的系统变量，我们把所有可能出现的情况都列在这个矩阵表格之中（表3.5）：

在接下来的文章中，我们将为大家分别介绍这些技术，它们其实都很常见，都是可持续的雨水管理的设计策略。有人可能会说，其中一些技术是其他技术的变形形式。（例如，雨水花园和生态洼地），但是为了让大家能够更好地区分，我们将分别对他们进行介绍。

这样做我们可以分别介绍每种措施，以便更好地了解它在ARD中的应用潜力。

过流式种植池

过流式种植池，通过名字我们可以判断出是一种结构化的（盒式）种植池：它可以通过使径流流过植物和土壤，将雨水进行过滤并滞留。最终，水会向下游排出。

过流式种植池在雨水管理中的功能

最重要的是，过流式种植池是通过让雨水流过植物和土壤来对它进行过滤和净化。所以它还是一个小型的滞留系统，防止雨水过快地流到下游。过流式种植池通过吸收、吸附和填充土壤介质中的空隙来滞留了一部分雨水，但是由于过流式种植池通常是有防渗层的，所以雨水不会渗入地下（表3.6）。

过流式种植池：让收集的径流在种植池结构内部完成过滤，过滤污染物　　表3.6

特征	目标
降低污染物负荷 减少雨水径流对下游的破坏 安全传输、控制和储存雨水 恢复或创建栖息地	传输 滞留 过滤 渗透

图3.39　这种防渗式过流种植池可以将雨水进行过滤和滞留，然后通过溢流口和穿孔排水管向下游输送溢流雨水（图：Stuart Echols and Chris Maurer）

过流式种植池赞美雨水的一些方式

过流式种植池提供了一个很好的机会，清晰地向人们传达雨水是一种资源这一重要信息。我们可以通过巧妙的方式来让雨水路径变得非常清晰（例如，这些水是来自屋顶的落水管），并使人们能直接看到这些水可以用来灌溉植物（图3.40）。

雨水排放设计也可以用来帮助人们清晰地了解过滤之后雨水的去向。

如果我们可以将它们系列化的连续呈现，过流式种植池可以创建一个非常有趣的雨水步道，无论是一路向下还是贯穿整个场地（图3.41）。

图3.40　在东江（RiverEast）的设计中，屋顶径流从建筑外墙上的落水管（右侧）流入高出地面的卵石消能池中。主要部分的溢流穿过混凝土墙内方形出口上的不锈钢管，落入渗透池（中间）；该渗透区域的溢流通过格栅盖板沟（左侧前面）排出。一个二级渗透池在消能池外（照片最右边）收集额外的溢流（设计：Greenworks, Group MacKenzie；照片：Stuart Echols）

图3.41　在这个阶梯水池项目中，雨水有节奏地从上游不断流入阶梯式分布的植物中，最终在底部流入城市排水系统（设计：Carlson Architects, GAYNOR, Inc., Carlson Architects, SvR Design Company, Buster Simpson；照片：Stuart Echols）

过流式种植池在设计中的一些思考

- 过流式种植池几乎在任何环境下（在地面或者地面以上）都是非常有用的。因为它们可以防止雨水渗透，所以过流式种植池特别适合建设在不允许雨水渗透的地方，例如：建筑物周边，或在土质有问题的地点（如果雨水渗入被污染的地下土壤，将损害地下水补给的质量）。
- 非常适用于建设在坡度较为陡峭的斜坡上，特别是在渗透可能导致滑坡事件发生的地方。人们通过设计跌水台地来降低雨水流速，同时创造了具有实际功能又具有高度可视性的雨水瀑布景观。
- 容易被设计成座位，供游客休息。
- 过流式种植池可以在满足项目景观需求的同时增加项目价值。
- 它们可以处理从屋顶到街道那些不透水的表面收集的雨水。
- 种植池种植的植物必须选择能适应干、湿两种环境的品种。
- 应确保绝对的防水。如果不能做到，那么设计就必须考虑如果允许水渗透的话，其结果不会损害周围环境。例如，在屋顶上设置可能不是一个明智的选择，因为随着时间的推移，可能会发生渗漏。相比之下，设置于停车场一侧，风险会小很多。

干塘

传统的干塘是一种杂草丛生的洼地，它可以短时间滞留径流，然后以控制的水流速率将雨水排放到场地之外的管道或其他储水设施之中（图3.42）。但是这种方法可能会出现一个问题，就是当来自多个干塘的水同时排放时，下游的地表水体有可能遭受冲击。

我们可以通过一些基本方法来解决这个问题。第一是扩大干塘下凹的面积，通过增大下凹体积和使用较小的出水管来减缓排水量。第二种方式，可以通过增加溢流口以下的下凹深度来进一步增加下凹的容量，允许储存更多的雨水。这种方法减少了溢流量和溢流频率，因为并不是每一场雨都会对下游带来危害。第三个有用的改良措施是在干塘里种植扎根很深的本地植物而不是种植草皮，这样既可以创造优美的栖息地，同时也能增加雨水滞留量（图3.7）。

干塘：收集、储存和排放雨水径流的浅水洼地 **表3.7**

特征	目标
降低污染物负荷 减少雨水径流对下游的破坏 安全转输、控制和储存雨水 恢复或创建栖息地	传输 储存 过滤

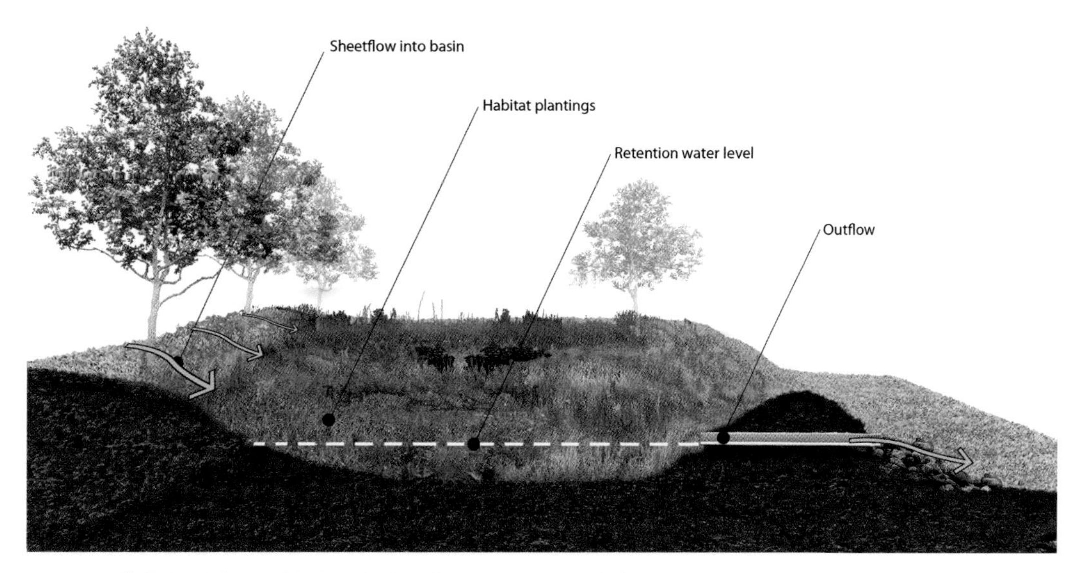

图3.42　传统的干塘可以被改良成种植茂盛的洼地，允许存一些积水，可以控制流量和频率。这种方法既美化了环境，又提供了栖息地，并且可以比草坪洼地存储更多的雨水（图：Stuart Echols and Chris Maurer）

干塘的雨水管理功能

干塘可以在一段时间内收集和滞留雨水径流，因此可以有效减缓水流排放速度，防止下游被侵蚀或者合流制溢流发生。此外，污染物可以在盆地内沉淀，也可以被植物和土壤过滤。一个扩大的干塘需要种植丰富的植物，可以具有比铺草坪的下凹绿地更显著的植物过滤作用，并且还可以创建栖息地。

现有的干塘也可以进行改造，容纳积水并增加渗透。目前常见的做法是下挖洼地的底部，容纳更多的积水，然后再种植深根植物。这个改造可用于滞留初期雨水，并提供渗透功能，并创建栖息地。

通过干塘赞美雨水的一些方式

干塘可以通过种植色彩丰富的植物或者沿岸植物来告诉人们雨水是一种资源。通过明显的雨水流动痕迹来告诉人们植物是用雨水滋养的。鸟、蝙蝠和蜜蜂等众多生物也可以在这个环境中舒适地存活，这一切都在告诉人们环境保护的重要性（图3.43）。

可以增加木栈道或汀步，以便创造教育人们关注雨水的机会。（图3.44）

干塘设计时的一些思考

- 这种洼地占地面积大。
- 根据设计目标和场地条件，可以设计成防渗的，也可以设计成不防渗的。

图3.43 在格伦科学校，两层的干塘通过大型河流岩石（前景）展示了从入口到挡水堰的雨水路径。两个干塘都种植了芦苇和灯心草，使雨水的灌溉功能更加清晰。该设计还包括鸟屋（照片中看不到）（设计：波特兰环境服务局；照片：Stuart Echols ）

图3.44 在马纳萨斯公园小学里，一个可供行人行走的木板“舞台”架设在种植滞留盆地之上，露天剧场的座位围绕在舞台周边，蓄水洼地形成了绝佳的舞台背景。人们可以在场地中举办各种活动，包括讨论降雨的环境意义（设计：Siteworks LLC；照片：Stuart Echols）

- 植被覆盖的干塘可以有助于满足项目的景观需求。
- 场地干燥时可作为休闲运动场地。
- 可以处理所有从屋面到路面不透水表面的径流。
- 干塘应该采用能够耐受周期性湿润和较长时间干旱的植物。潮湿会妨碍草坪的修剪，因为割草机在草湿的时候很容易卡住。
- 考虑创建一个多单元系统，其中前池可以收集初期雨水中的污染物和沉积物，这样便于维护（只有前池需要疏通，清除沉积物）。
- 设置木栈道或汀步供游人进入种植茂盛的盆地之中，这将为人们提供教育或体验的机会。

湿滞留池和人工湿地

湿滞留池或人工湿地是永久性水体，它们在下雨时可以容纳更多的雨水。大多数时候是保持有水的状态，由于天然水源保持供给，不会发生死水情况（例如有持续的或短暂的溪流或泉水）。

湿滞留池和人工湿地的不同点在于结构和种植：湿滞留池更深更小、几乎没有植被；人工湿地却是种植植物的，很浅且很宽阔。但是它们的水文功能是相类似的：从根本上说，它们都是用来存储雨水的。

湿滞留池和人工湿地：湿润的种植着植被的洼地，可以收集、滞留和排放雨水径流　表3.8

特征	目标
降低污染物负荷 减少雨水径流对下游的破坏 安全转输、控制和储存雨水 雨水回收利用 恢复或创建栖息地	传输 存储 过滤

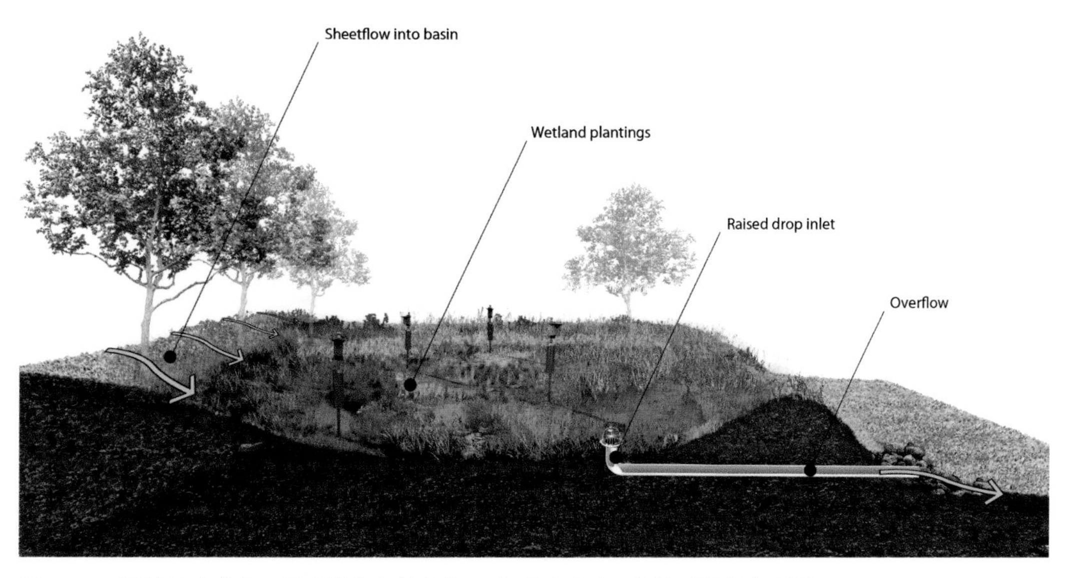

图 3.45　湿滞留池或人工湿地是永久性水体，在下雨时可以容纳更多的水（图：Stuart Echols and Chris Maurer）

湿滞留池和人工湿地的雨水管理功能

湿滞留池和人工湿地滞留雨水径流，可以减少对下游地表水体的破坏，以及减少发生内涝和合流制溢流的问题。有些过滤是通过沉淀自然发生的，但也可以通过滨水植物种植和创造更复杂的流动路径和微池来增加过滤效果。滞留湿地或人工湿地因为具有一定下渗功能，这会引起水位的波动。种植丰富的人工湿地还可以提供栖息地。

通过湿滞留池和人工湿地来赞美雨水的一些方法

湿滞留池可以通过向人们展示它所能容纳的水量，来说明它的缓解内涝的功能。它也可以成为一个风光秀美的水体，供公众使用和享受（图3.46）。

人工湿地可以通过设置木栈道作为观赏通道，吸引游客观察其动植物栖息地。观众可以通过标识系统对河岸栖息地和雨水处理系统做进一步的了解（图3.47）。

瞬息万变的雨水特征可以通过滞留池溢流巧妙地体现出来。它展现的景观可以像自动化交易平台前那个滞留池阶梯式堰那样随着天气变化而变换，在大雨时有大量雨水奔涌而下，在小雨水时变为涓涓细流向外排放，而在无雨时则完全不排放，这让细心的人们注意到“雨水驱动”的不同景象（图3.48）。

图3.46 历史第四区（The Old Fourth Ward）湿滞留池是公园的焦点，吸引人们在水池周边甚至在枯水时进入水池里面散步。在右图前面的景观中，可以看到墙上有两条平行的河石标志；这些标志说明该滞留池可以控制百年一遇和500年一遇的降雨（设计：HDR；照片：Eliza Pennypacker）

图3.47 一条弯曲的木栈道吸引人们探索皮尔斯郡环境服务局的人工湿地；标识（左边）上解释说，这里“不仅仅是一个美丽的花园”（设计：Bruce Dees & Associates, SvR Design Company, The Miller|Hull Partnership；照片：Stuart Echols）

图3.48　自动化交易平台前的湿滞留池的出流，强调了降雨的短暂性（设计：Nelson Byrd Woltz Landscape Architects；照片：Stuart Echols）

湿滞留池和人工湿地设计时的一些思考

- 这些措施需要大型场地。
- 系统需要设置一个保证安全的备用设计，当雨水量超过设计流量时，能使过量的雨水绕过系统。
- 如果湿滞留池或人工湿地不做防渗，必须要远离建筑物；但是如果做了防渗，且设置在建筑物附近时，一定要注意为建筑物创造一个安全的“滨水”景观。
- 这些措施可以为项目景观需求和项目价值做出贡献。
- 一个湿滞留池或人工湿地可以处理所有从屋顶到道路的不透水表面的径流。
- 在潮湿的蓄水池或人工湿地中，有时需要通风或曝气防止形成死水。
- 考虑建立一个多单元的系统，其中前池接受初期雨水和沉积物，并易于维护（只有前池需要疏浚，以清除沉积物）。
- 设置湿滞留池，让人们欣赏其美学和娱乐价值。

渗透池或渗沟

渗透池或渗沟是一种改进型的地表或路基系统，雨水径流可以补给地下水。重要的是，用于补充地下水的雨水必须被净化后下渗，雨水总污染物必须通过土壤吸附、植物和土壤的吸收以及沉降等作用来进行过滤。不能用这些方法过滤掉的污染物必须从过滤系统中分离出去。渗透池或渗沟是根据其形状区分的，与场地设计条件相对应，渗沟又长又窄，渗透池则更为宽阔。

下渗系统也可以滞留和存储雨水。在这种情况下，首先将地表的排水输送到地下的过滤系统中，使水流流速减缓，然后以一个特定的速度进行释放。

有一种渗透池是在地面上设置硬质的表面，即透水铺装。透水铺装最基本的功能是将雨水向下输送到一个过滤系统中。景观硬质路面的材质本身可以是大孔透水的（例如，特别设计的透水沥青、透水混凝土），也可以通过在透水路基之上铺设不透水铺装（通过铺装单元之间的植物和砾石透水结构的透水型铺装），另外还有采用高承载能力的砾石和植物栅格地坪达到透水效果的做法。无论采用哪种透水铺装系统，其简单的目的都是减少地表径流，并将径流直接送入过滤系统。在这个过程中，最重要的沉淀和污染物去除功能是通过发生在透水铺装或地下结构层的过滤作用来实现的。

另外还有一种可能，在渗透池中设置种植表面。这种形式的渗透池，人们通常称之为过滤型雨水花园。在过滤雨水时，花园可设计成地面蓄水洼地或地下蓄水池。无论哪种方式，地表植被都可以创造出许多的设计机会。

渗透池和渗沟：收集、贮存和排放径流的设施 表3.9

特征	目标
降低污染物负荷 减少雨水径流对下游的破坏 雨水回收利用 恢复或创建栖息地	滞留 过滤 渗透

渗透池和渗沟在雨水管理中的功能

渗透池实现了雨水管理中的两个重要功能：1. 收集雨水，减少频繁的合流制溢流污染等对下游的不利影响；2. 补充地下水，这点是非常重要的。这涉及场地水文条件是否可以尽可能恢复到接近开发前的水文条件。但是，正如之前所提到的，如果补充自然水循环系统，雨水必须先通过植物和土壤的过滤，以去除污染物。最后，渗透池通常应该设置溢流口，通过它将滞留的过量雨水排放出去。

通过渗透池来赞美雨水的一些方法

如果在渗透池上种植植物，可以通过标识使人们了解到雨水对于动植物来说是一种珍贵资源（图 3.50）。

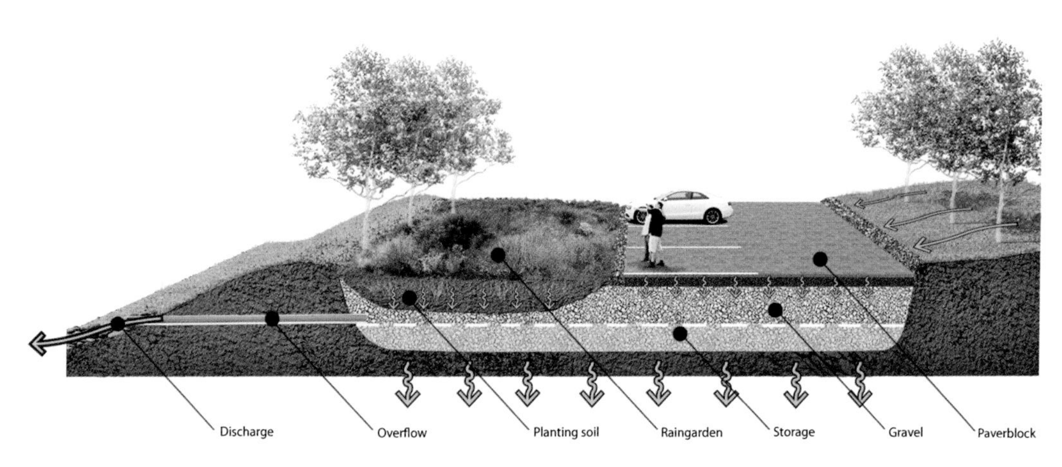

图3.49　渗透池或渗沟表面可以是种植植被或者是硬质表面（图：Stuart Echols and Chris Maurer）

如果渗透池是一个硬质铺装的人行步道或停车场，可以在公共关系特征方面表达“我们关心”的宣言。如果路面材料能明显地吸收雨水，就可以进一步阐明雨水入渗的概念（图 3.51）。

图3.50　在宾夕法尼亚州立大学的植物园里，游客们被吸引从一座木板桥上穿过植被茂盛的渗透池；这座桥展示出了渗透池下渗并补充地下水的作用（设计：MTR Landscape Architects；照片：Stuart Echols）

图3.51　在昆内特环境与遗产中心（Gwinnett Environmental and Heritage Center），一个透水沥青车道和铺在碎石上的透水停车位，表明了该设施对环境的关注，停车场边缘的标识阐明了这个雨水设计项目的要点（设计：The Jaeger Company；照片：Eliza Pennypacker）

渗透池设计中的一些思考

- 由于渗透池在形状、表面处理以及可设置在地下等可能的多样性，渗透池适合在多种场地中设置。它们可以采用宽阔或者窄条般的形状，以及种植或者铺装的形式建造。
- 因为进入渗透池的径流必须是干净的，所以应该避免在高污染区设置。
- 使系统尽量设计得宽些、浅些，可以有效分散雨水并下渗。
- 因为雨水渗透的原因，渗透池要设置在远离建筑物的地方。
- 注意基层和土壤条件，例如，避免在地下水位高、不渗透的黏土层和岩石层以及喀斯特地貌的区域设置，并确保高渗透能力砂土区域的渗透性。
- 在冻融区，渗透池碎石基层必须位于冻土层以下（通常为3～4英尺深，约1～1.3米）。
- 透水铺装可能堵塞，因此维护是必要的，以确保透水材料的空隙通畅。
- 透水铺装可用在人行步道、停车场，或者是一些城市允许修建透水车行路的区域。
- 停车场是城市中产生大量径流的典型区域，因此，透水停车场是可持续雨水管理的重要设施。

雨水花园

雨水花园是一个种植植被的下凹盆地的统称。根据其设计和所在环境，它几乎可以满足所有可持续雨水管理的特征和目标。雨水花园的设计和建造可以是简单的挖一个洼地，然后种植植物，它也可以通过复杂的工程体系建造。这取决于场地条件和设计意图。

雨水花园：种植丰富、收集径流的洼地 表 3.10

特征	目标
降低污染物负荷 减少雨水径流对下游的破坏 安全传输、控制和储存雨水 雨水回收利用 恢复或创建栖息地	储存 过滤 下渗

雨水花园在雨水管理中功能

雨水花园通常可以滞留和净化雨水。如果雨水花园中有系统内溢流分流器（溢流口或穿孔排水管），可以滞留和净化部分或大部分的初期雨水，然后排出后续的干净的径流。下渗型雨水花园，可以过滤雨水，使雨水汇集到雨水花园中，或收集在蓄水池中回收再利用。另外，植物和土壤可以提供小范围的生态环境（见图3.52）。

图3.52 雨水花园最简单的一种形式，就是一“盘”茂盛的植物拼盘，接收周边草地、铺装的雨水径流，并进行下渗（图片：Stuart Echols）

通过雨水花园来赞美雨水的一些方式

雨水花园经常被设计得五彩缤纷，其中的植物在略微下凹的绿地中生长，使人们可以了解雨水花园的雨水管理功能（图 3.53）。

图3.53 在巴克曼山庄公寓（Buckman Heights Apartments）中央入口处的雨水花园，看上去就像郁郁葱葱的黄杨树林，使下沉绿地完全被隐藏了起来（设计：Murase Associates；照片：Stuart Echols）

使连接雨水花园的雨水路径高度可见，是让人们了解雨水花园对雨水管理原理的方法之一，例如，使用可见的水沟或水槽传输雨水进入雨水花园。

另一种赞美雨水的方式是将径流输送到雨水花园中的一个主要入口，雨水花园种植应茂盛，植物的色彩和纹理丰富，这样可以清晰地表达雨水对动植物资源多样性的影响。为了强调栖息地功能，应选择吸引蜜蜂、蝴蝶和鸟类的植物。为了强调水的功能，应选择水生或亲水植物（图 3.54）。

用雨水花园来赞美雨水的好处之一是，可以表达"人们可以在自己家里做雨水花园"的信息；然而，重要的是要使人们意识到这个美丽的花园是用来处理雨水的。

图3.54 自由土地公园（Liberty Lands Park）展示了许多赞美雨水的方式。径流通过卵石沟进入公园内的花岗岩蓄水池。它清楚地表明：道路雨水为园林植物提供了养料，而园林植物为小动物和微生物提供了栖息地（设计：Pennsylvania Horticultural Society and CH2MHill；photograph；照片：Stuart Echols）。

雨水花园设计中的一些思考

- 雨水花园几乎可以放在任何场地环境中，从最小的到最大的，从私人的到公共的。如果当地的土壤合适，雨水花园甚至可以在少量甚至是没有土壤改良的情况下进行建设。
- 为了功能最大化，雨水花园应该建在雨水容易收集的地方：落水管附近或接收雨水径流的地方（例如，在斜坡底部接收雨水径流）。
- 如果建设雨水花园，需要考虑它的位置。例如，在建筑物附近，或在不稳定和受污染的土壤中，雨水花园应该做防渗。
- 雨水花园选择植物时至少分为两个区域。雨水花园底部（湿区）应种植耐湿、饱和土壤的植被类型；在边缘（最高水位以上区域）种植适合中度乃至干旱条件并能应对土壤处于短期饱和状态的植被。

- 要确保植物种植的密度，种植的植物要粗壮结实，人们不希望看到自己的雨水花园里植物稀疏毫无生气。而且稀疏的植物会给杂草提供太多的生长空间，需要更多的日常维护，增加不必要的开支。
- 考虑组团种植的方式，限制植物类型的多样性。可以系统地种植在生态网格之内，这样可以更容易区分种植植物和杂草，更容易维护打理。
- 考虑建造一个吸引授粉者的花园。

生物洼地

生物洼地是种有植被的地表浅沟，可将大部分雨水输送到雨水管道、水体、干塘或湿塘，部分雨水进入渗透系统。

生物洼地：缓坡植被沟渠，收集、转输、减缓和过滤径流　　表3.11

特征	目标
减少雨水中的污染物负荷 减少径流对下游的损害 安全转输、控制和储存雨水 雨水收集再利用	传输 过滤 渗透

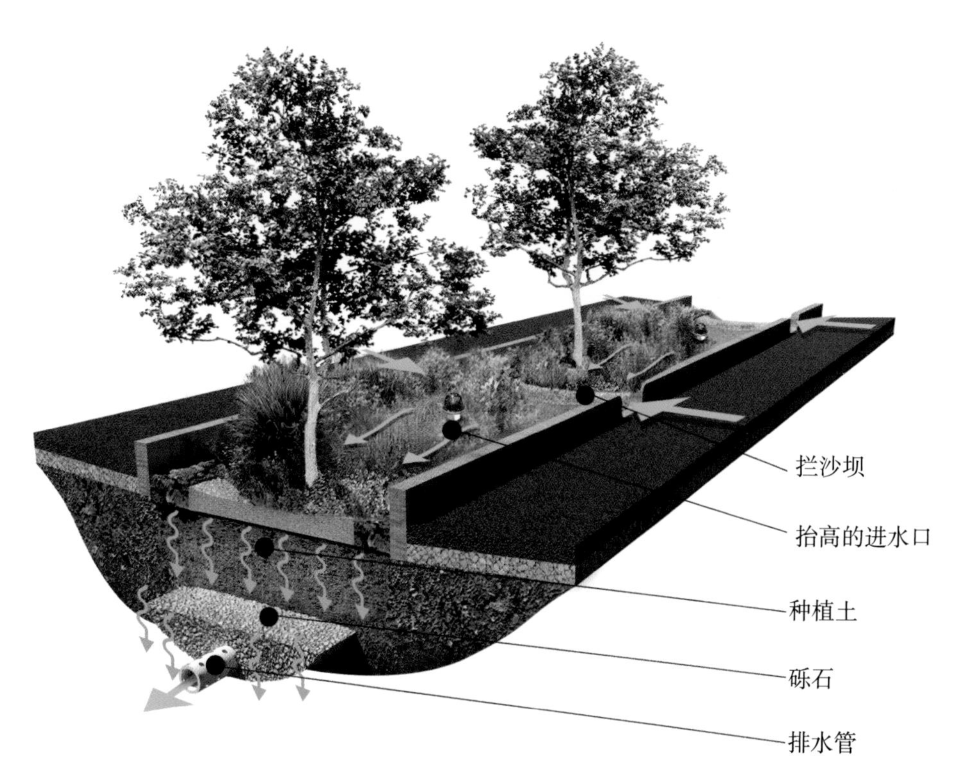

图3.55　生物洼地和雨水花园具有相同的理念和功能，只是额外增加了雨水传输的功能（图：Stuart Echols and Chris Maurer）

生物洼地的雨水管理功能

生物洼地简单来讲是一种缓慢移动雨水的传输系统，植物、土壤和开口道牙（挡水堰）能够起到污染物过滤的作用。

生物洼地通过入渗地下的方式来补充地下水并且减少排入下游管网的雨水量。总的来说，生物洼地的主要功能是收集、滞留、过滤或渗透初期雨水。生物洼地和雨水花园的主要区别在于，生物洼地是一个线性系统，它通过平缓的倾斜坡度，将地表的雨水传输到另一个目的地。

通过生物洼地赞美雨水的一些方式

在雨水管理系统中，生物洼地与其他系统的区别在于它能够提高雨水路径的清晰度。一条长长的地表可见的生物洼地能够让人们清晰地看到水从哪里来，又将流向哪里去（图3.56）。

在整个场地设计中，应该沿着高度可见、人迹较多的路线来设计生物洼地，这样可以更加明显地展示雨水对景观的滋养，并且能够营造栖息地的氛围，从而使生物洼地的景观作用最大化。当然环境管理部门应当在生物洼地附近做出标识，以防止人员跌倒等意外发生（图3.57）。

生物洼地还可以明显地展示雨水对景观的滋养和营造栖息地的作用（图3.58）。

图3.56 在皮尔斯县环境服务局（Pierce County Environmental Services），一条270英尺（约82.3米）长的生物洼地铺满了河卵石，点缀着浮木。社区成员在附近的道路上散步或者骑车时，可以很惬意地欣赏雨水慢慢从身旁流过的感觉，雨水径流的起点后面的建筑（后面），终点是公共运动场地（设计：Bruce Dees and Associates, SvR Design Company；照片：Stuart Echols）

生物洼地设计中的一些思考

- 生物洼地作为一种线性管理系统，可以沿街、园路和其他行人较多的路线布置，从而有效地实现可视化管理。
- 提高生物洼地的功能是使雨水能够从生物洼地的各个位置进入雨水管理系统，而不仅仅是从一段进入。想要做到这一点，要么通过促进表流，要么通过创建特定的入水点（例如：停车场的开口道牙）。
- 生物洼地可以设计成洼地景观区，结合溢流雨水口，最大限度地收集初期雨水。
- 生物洼地的种植量可以从稀疏到茂盛不等；植被生长越茂盛，生态环境越丰富，生物过滤和蒸发蒸腾作用也就越大。

图3.57　在西雅图的（Broadview Green Grid）（西北107街），一条住宅街道旁的由分层水池组成的生物洼地，行人可以很容易地了解它的功能（设计：Seattle Public Utilities；照片：Stuart Echols）

图3.58　雨水从照片的左边流过“棕榈树细胞”雕塑下雨水盖板暗沟，然后流入前景中种植茂盛的生物洼地（设计：RDG Planning and Design；照片：Eliza Pennypacker）

- 生物洼地有助于提升项目景观需求和项目价值。
- 生物洼地可以处理从屋顶到路面的所有不透水区域所收集的雨水。
- 当有污染或土壤有黏土层无法渗透时，生物洼地需要做防渗处理。
- 不做防渗的生物洼地不宜布置在构筑物附近或构筑物的上游。
- 为了控制水的流速，生物洼地应设置检查挡水堰，使径流在一个区域短暂地汇集，并在进入下一个区域之前进行过滤。
- 生物洼地的坡度应保持在较低的水平（理想情况下应低于5%）；通过坡度变化可以很容易地控制和减缓流速。
- 积水深度不应超过6英寸（约15厘米），并且应有时间限制，具体数值可根据当地的法规和标准来设计。

注释：

1. 美国环境保护局，《绿色基础设施》，2014年6月7日，http：//water.epa.gov/infrastructure/greeninfrastructure/index.cfm。

3.3

巧妙雨水设计的功能原理

可持续的雨水管理是一个很复杂的过程，设计师需要创造性的思维以及准确的定量分析。我们在这里提供了一套原理，帮助您巧妙地设计雨水场地。

原理1：一定是慢下来、分散开、吸收掉

创造性设计是利用每一个机会来减缓场地中的径流，将其分散到许多滞水区，并促进渗透和地下水补给。这些技术累积起来提供了一种使场地水文循环恢复到开发前状态的方式。设计师的目标是让每一块地表都发挥作用，模拟自然植被生长情况下的降雨径流。

项目案例：高点社区，120英亩（约48.56公顷），新城市规划家，改造住宅华盛顿西西雅图社区

在高点社区，每个街区的雨水管理系统都是针对具体地点单独设计的，并且完全遵从于让雨水“慢下来、分散开、吸收掉”这条原则。在每个街区，各种径流管理策略都与开发场地的自然环境相呼应。拦截雨水使径流流速变慢、流量变小；各项雨水管理设施分布在整个街区，发挥它们过滤和渗透的作用。

如果从屋顶的落水管开始观察，我们会发现有两种不同的方式来将雨水引入地表。在一些地方，雨水通过地表沟渠传输到雨水花园；在另一些地方，使用地下的穿孔排水管输送雨水到喷水口来给花园浇水。在建筑物和人行道之间的径流被引导到人行道上的沟渠中。人行道和车道是透水的；不透水地表的径流流向道路右侧长约4英里（折合6.4千米）的生物洼地。

总而言之，每个街区的雨水管理策略各不相同，但是目的都是减缓和分散雨水，并确保最大限度地渗透。我们可以通过下面这张由土木工程和景观建筑公司绘制的图表阐明这个概念（图3.59）。

原理2：组合不同的管理系统

在任何一个给定的项目中，设计师都应该考虑多项雨水管理技术的组合，通过深思熟虑的组合（和备用方案）来尽可能多地实现使用目标的价值。从而达到减轻大部分，甚至是全部外排雨水水量和水质的问题。

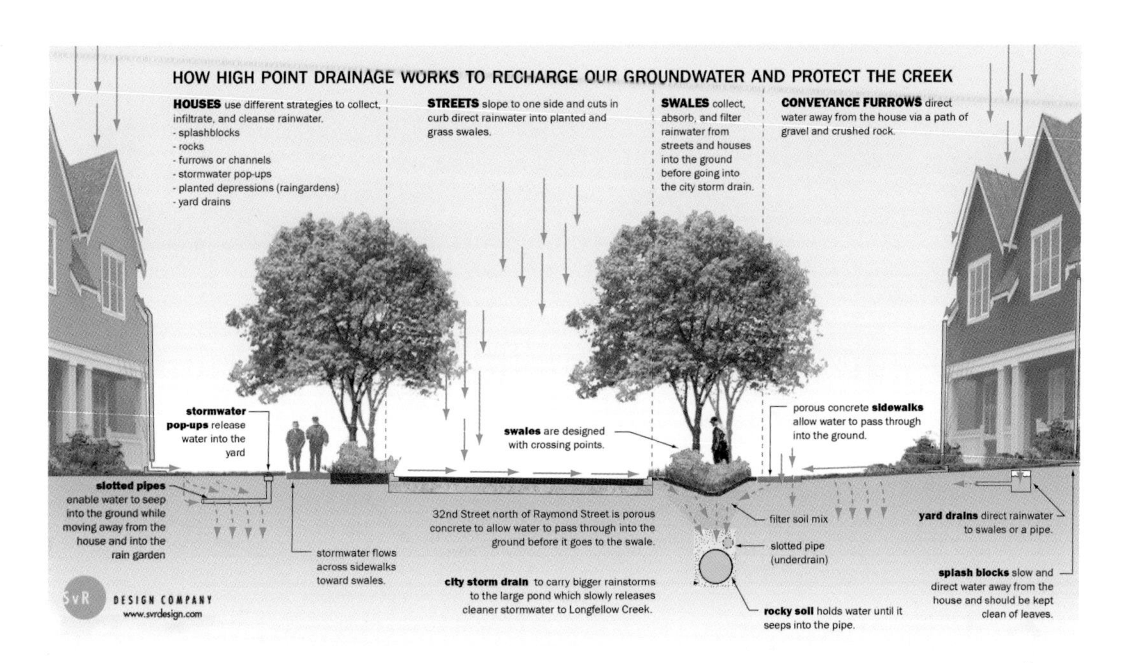

图3.59　该图显示了高点社区多种雨水管理策略：减缓、扩散和渗透雨水（设计：Mithun；照片：SvR Design Company）

项目案例：麻省理工学院斯塔塔中心（Stata Center）户外截留池，剑桥，马萨诸塞州；和皮尔斯县环境服务局，钱伯斯湾，华盛顿州

这个原理我们举两个例子，因为案例一的斯塔塔中心是精心设计的，尽管它仍然是我们所见过最复杂最迷人的系统之一，但是这种灰色基础设施的方法可能并不适用于所有项目。皮尔斯郡环境服务局展现的则是一套典型的也更传统的绿色基础设施组合管理技术。我们将这两个案例结合在一起，用来阐述原理2的适用范围。

在斯塔塔中心户外截留池，项目通过一个全面的雨水管理解决方案，巧妙地解决了非常严重的合流制溢流问题。雨水通过管道从三座建筑物中收集汇总，其中一些被旋涡分离器清洗干净后直接进入地下蓄水池；其余的雨水则连同周围铺装表面的径流，进入景观蓄水洼地，也被称为户外截留池。进入截留池的雨水通过植物和碎石的过滤，并通过太阳能动力水泵进行循环来继续净化，并灌溉截留池内种植的植物。

截留池内剩余的径流与其他径流一同进入地下室，能够供应5天冲厕用水和灌溉用水。雨水泵和水位控制装置能够将暴雨中过量的雨水运输到瓦萨街的雨水排水管网系统之中。根据该项目的首席工程师史蒂夫·本茨（Steve Benz）的说法，这套雨水管理系统将流量峰值降低了90%（图3.60）。

在皮尔斯县服务局，污水和雨水管理办公室与公共教育和娱乐设施相结合。网站的设计在娱乐公众的同时，不经意间讲述了对环境负责的雨水管理故事。在这里，沿着步行、骑行、慢跑的路线巧妙布置的一系列不同的雨水管理系统，让人们可以在前往球场的路上看到

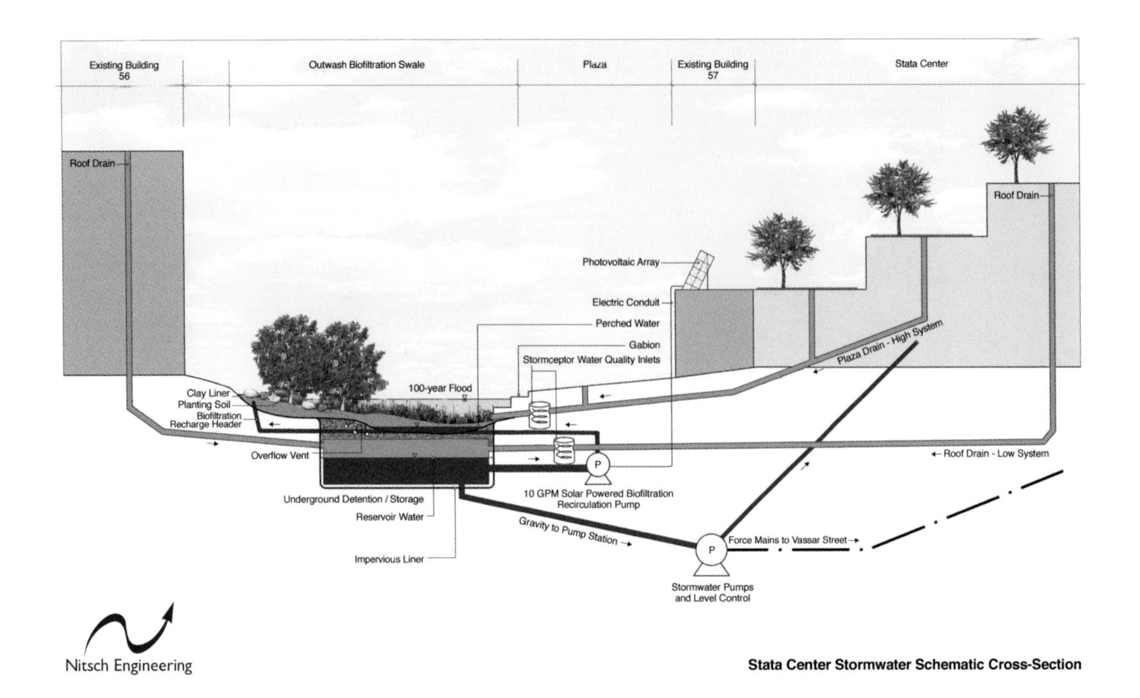

图3.60 该图展示了麻省理工学院斯塔塔中心（设计：OLIN and Judith Nitsch Engineering, Inc；照片：Judith Nitsch Engineering, Inc.）

雨水的流淌。园区西北角的屋顶雨水从落水口流入混凝土结构的螺旋状的收集池，并通过这个收集池进入邻近的湿地，湿地可以过滤、滞留雨水，同时提供栖息地。然后从湿地的径流流入270英尺（约82米）长的生物洼地，生物洼地的一侧是停车场，另外一侧是主要休闲步道。停车场的雨水可通过开口道牙流入生物洼地。通过生物洼地下渗部分雨水，并将剩余的雨水过滤后输送给三个分流器。在这里，通过阀门将一些径流引导到植草洼地或砾石洼地（通过监测这两个地方的水质，来确定哪个可以更有效地减少污染物），场地旁立着的标识牌上写道：第三个阀门尚未使用，正在“等待未来的技术”的到来。所有剩余的径流流向运动场附近的渗透洼地中（图3.61）。

这两种雨水管理系统，都充分运用了不同技术组合来实现一系列的ARD目标。

原理3：建立分散的、有冗余量的雨水系统

设计人员应该始终牢记，在一个地点周围分布的组合式和具有冗余量的设施可以提高雨水管理系统的安全性特征和可靠性，并降低系统故障出现的概率。分散设置多个小型设施比建造一个集中的大型设施更加有效，因为如果其中任何一个小型设施发生故障或者需要维修的话，在该设施被修复、重建或更新时，其他设施仍可以照常运行。这一策略使构建全场地的雨水管理系统成为可能。

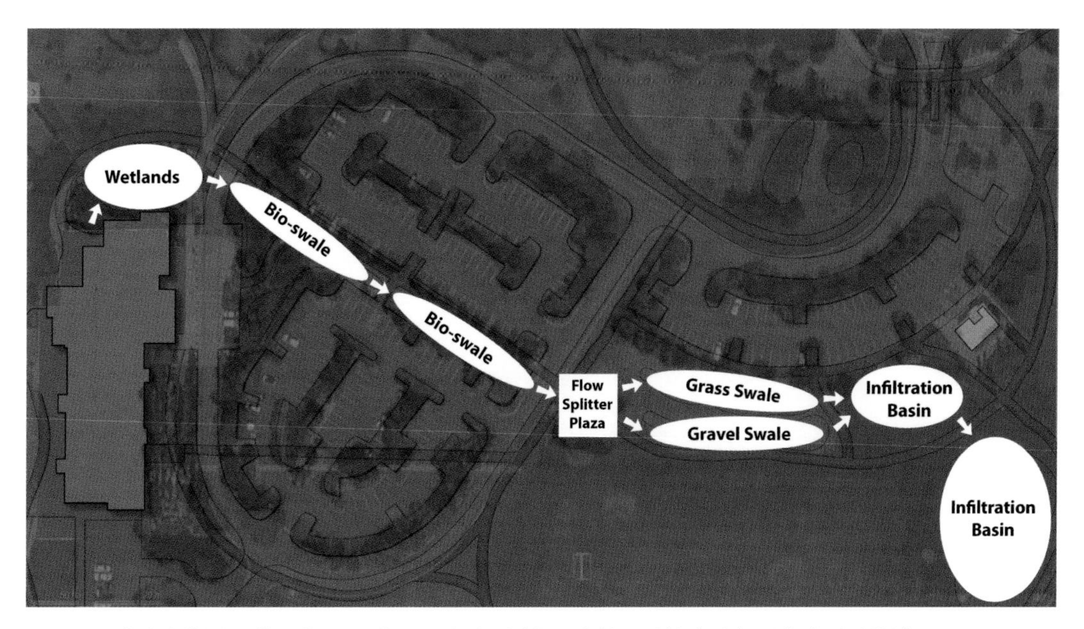

图3.61　在皮尔斯县环境服务局，采用一系列不同的雨水管理系统来进行雨水渗透（设计：Bruce Dees & Associates, SvR Design Company；照片：Stuart Echols and Lacey Goldberg）

项目案例：波特兰市立大学斯蒂芬·埃普勒会堂庭院，波特兰，俄勒冈州

斯蒂芬·埃普勒会堂的雨水管理系统是一个多分布式系统的例子。1.2万平方英尺（约1115平方米）屋顶的径流通过落水管流入四个消能池，用于暂时储存雨水。每个消能池底部的小喷口将雨水溢流到沟渠中，然后雨水被输送到生物滞留池中，生物滞留池是下沉的种植洼地，可以起到过滤径流的作用。每个生物滞留池底部的穿孔排水管将大部分剩余的雨水送入地下蓄水池，在那里用紫外线杀灭细菌。每次有一万加仑（约37.85立方米）的水储存在蓄水池里，供一楼的厕所冲水和绿化灌溉，而大型降雨事件产生的超额的雨水将进入合流制雨水管网系统中。除了场地范围内的雨水处理，设计中还使用了一些有用的冗余设计。首先，如果消能池的出水口堵塞，广场下方的管道可以将雨水输送到生物滞留池；其次，如果生物滞留池在一场大雨中发生溢流，排水沟会把雨水从一个生物滞留池溢流到另一个，直到把溢流的水输送到最后一个生物滞留池内，然后把水排入雨水管网；最后，如果蓄水池充满水或发生故障，溢流的雨水将直接进入下游雨水管网（图3.62）。

原理4：尽可能使用景观来工作，而不是管道

设计师应该尽可能地减少对管道系统的依赖，增加地面绿色基础设施在雨水系统中的比例，提升蒸发、过滤和渗透的作用，以此来创建更易于监测和维护的系统。并且提供更多将雨水管理和景观设计巧妙结合的机会。

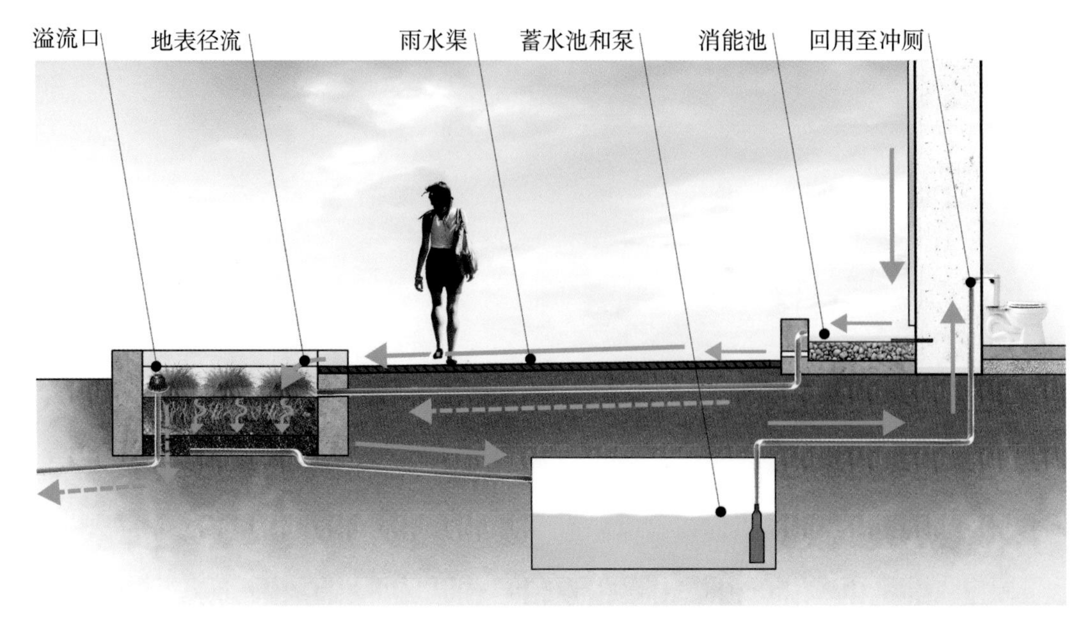

图3.62 在斯蒂芬·埃普勒会堂，系统采用分层备用策略（虚线箭头所示）来防止故障发生（设计：Atlas Landscape Architecture, KPFF Consulting Engineers, Mithun；照片：Stuart Echols and Chris Maurer）

项目案例：七角新四季市场，俄勒冈州波特兰

俄勒冈州波特兰市计划对从第12大道到第50大道的区域进行升级改造，该地区现有的雨水管网系统规模过小，导致频繁发生内涝和合流制管网溢流等令人讨厌的问题。因此波特兰环境服务局的专家向该市的交通部门提出建议，应该利用街区改造这个绝佳的机会，在一个总是产生大量污染径流的主要干道，尝试使用绿色基础设施的技术。与此同时，现有的第19至第20大道之间的小型超市正在转型为天然食品商店，而原来已经设计好的超市场地方案中，是利用传统的灰色基础设施来管理雨水的。

环境服务局（BES）的团队说服超市经理改变他们的方案，由BES重新进行设计。在整个过程中，我们的想法是让所有的径流排入到景观中，用一些非常简单的设施使景观发挥作用。例如，沿着迪格街，他们通过在现有的人行道上切割一系列矩形孔洞来改造街道的南侧；由此产生的开口填满土壤和植物，并设置了开口道牙，将街道径流引向这些新种植的植物那里。改造90%的场地景观用来管理雨水。而通过这种低科技绿色基础设施的雨水管理办法将有效去除车行路和人行路上的大量径流，并将雨水引入到景观中用于绿化用水（图3.63）。

通过单独或者组合的方式发挥绿色基础设施在雨水管理系统中的作用，将雨水径流分离和分散。无论是管理初期雨水还是模拟开发前的水文特征，这都是最有效的分散处理雨水的方法。可持续雨水管理的一个基本原则是——充分利用整个场地！

当设计师面对一个没有太多开放空间的城市场地时，“充分利用整个场地”这个原则可能会出现问题。但我们建议，“充分利用整个场地”的核心意义是，让我们规范要求中的景

图3.63　在波特兰的迪格斯街，人行道被改造成长方形的景观，路边的切口将雨水从排水沟引向景观（设计：Portland Bureau of Environmental Services；照片：Stuart Echols）

观绿地可以作为一个雨水管理系统来工作。此外，我们还需要注意的是，如果景观能够发挥雨水管理作用，它就不会被划分到“无价值的工程”而被剔除掉。相反，景观会成为项目中可持续雨水管理的必要手段，这才是ARD的关键。既然我们需要在场地周围分布着各种绿色基础设施来进行雨水管理，那为什么不让它们充分赞美雨水呢？

我们想引用波特兰环境服务局退休环境专家汤姆·利普坦的一个重要观点来作为我们这一节的总结。

原理5：利用小规模的、低风险的、可逆向改造的措施来开始你的ARD之旅

根据汤姆·利普坦的观点，无论是对设计师还是对不熟悉ARD的客户，与其等待一个完美的设计机会和一个完美的客户，不如先采用一些“小规模的、低风险的、可逆向改造

的”的工程来开始你的ARD之旅。您不需要一步登天地完成一套复杂的系统设计，而是先从一些小规模的和造价低廉的工程开始——使用一些简单又便宜的措施来降低失败风险（对您和客户来说都是如此），并且要使其可逆，以便在失败的时候可以轻松拆除。

项目案例：东北西斯基尤绿色街

波特兰环境服务局的汤姆·利普坦和凯文·佩里有一个想法：为一条绿树成荫的住宅街道扩建道旁缓冲区，以此来向业主展示绿色基础设施的价值。生长茂盛的生物滞留池不仅可以净化和渗透雨水，还可以发挥愉悦过往行人心情和美化街区的作用。但是周围居民却对此表示反对，因为这样的修建方案可能会让他们面临失去停车位的问题。所以环境服务局在现有道路侧面修建了一个简易的、廉价的道旁洼地（两个平行的洼地，每个长50英尺，约合15米；宽7英尺，约合2米，总共花费2万美元）。如果这个方案不成功的话，可以很容易拆除并恢复原状。但是事实证明，改造后优秀的排水效果让居民们彻底接受了这个雨水管理方案。（事实上，其他社区现在都在排队等着进行道旁缓冲区的扩建工程）不可否认的是，这个具有探索性的方案取得了重大成功，因为无论是设计师还是业主都对此方案感到非常满意。值得注意的是，这个不起眼的小项目已经在全国范围内进行推广和复制，因为它真的可以在任何地方实施。这种“小规模的、低风险的、可逆向改造的”设计案例获得的巨大成功，无论对于设计师还是客户来说，都是向ARD前进的重要一步（图3.64）。

图3.64 这个案例中，设计师保留了旧街道的路缘石（深色混凝土部分），以便在道旁缓冲区扩展项目试验（浅色混凝土部分）失败时，可以随时恢复到改造前的状态。在东北西斯基尤街，这种“小规模的、低风险的、可逆向改造的”措施使设计师和客户都能够勇敢尝试ARD的设计理念（设计：波特兰环境服务局；照片：Stuart Echols）

结论

我们希望这部分内容可以帮助您理解到这一点：对于设计人员来说，我们可以通过多种方法来创建可持续的雨水管理系统。我们还希望您能够牢记我们在这一章内容中强调的三个基本观点：

- 在场地设计伊始，我们就要把雨水管理作为出发点来进行考虑。
- “充分利用整个场地”是可持续雨水管理的一个关键原则，并且是ARD的设计基础。
- 绿色基础设施可以广泛应用在雨水管理系统中，这样我们可以充分发挥场地景观在雨水管理中的作用，让雨水成为景观的一部分，让人们赞美雨水。

第四部分 巧妙雨水设计案例研究

案例研究概述

想象一下这样的场景：你是一位在当地享有良好声誉的设计师。一天，当地一所社区大学的校园建设主管打电话给你，咨询一个重大问题的解决方案：学校及其停车场比周边商业区的地势高，对方企业主威胁要起诉学校，因为在大型降雨事件发生时，从学校场地流出的暴雨径流会淹没属于企业主产权的建筑物地下室。更糟的是，因为他们所在的这个城市的下水道系统为合流制排水系统，洪水有时会导致污水回流到这些建筑的室内。这看上去是一个非常容易解决的简单问题：你可以在下凹的绿地中设置滞留池，但是你突然意识到，“这种方式需要占用很多社区学校相邻区域的土地，而且出于安全考虑，这些下凹绿地很可能需要用铁链围护起来”。“按照这个思路，将是一种什么样的场地设计，它将会传达一种什么样的社区学校关系信息呢?”你想了一会儿，答案突然来了：学校遇到的并不是雨水带来的问题，而是雨水赋予的机会。

你意识到，你可以建造一个有教育意义的雨园，而不是一个把雨水当作废物来处理的蓄水池，用来帮助大学生们（一个潜在环境保护者的理想主义群体）认识雨水是一种资源。你可以通过设置路缘石开口来控制初次冲刷径流；你可以设置白色的卵石来标识雨水路径，将雨水引入分层的蓄水池，这样游客就可以很容易地注意到这条专门为雨水设置的通道。你可以在阶梯状布置的滞留池中种植富有生命力的植物，这样任何人都能很容易地意识到雨水滋养了植被。当滞留池中充满了雨水时，每个池子围堰上设置的拦沙坝，可以使多出的雨水溢流到下一个池子中；围堰可以呈螺旋状依次下降到最底层，可以在那里设置一个高出地面的雨水跌落口，这样可以表明雨水是经过层层溢流后分配到下游的。通过设计这样一个优美、有教育意义，同时可以解决雨水问题的巧妙景观的方式，你将帮助学校向社区传达出一个明确的信息——“我们关心”。这就是巧妙雨水设计的含义。

当然，您能够认识到这个难得的设计机会的原因之一，一定是您已经懂得了ARD的意义，它启发您，并使您认识到任何雨水的问题其实都是雨水的机会。

当我们开始研究这个课题时，我们意识到我们可以通过讲述已有的设计案例的方式为设计师们提供重要的帮助，启发和指导他们未来的设计工作。所以我们意识到这本书必须包含案例研究的部分。从2005年开始研究ARD项目以来，我们在出版物中发现了近百个ARD项目，并走访了全美范围内的50多个项目。那么我们在本章中所介绍的20个项目与其他项目究竟有什么不同之处呢?

对雨水的赞美是我们案例研究选择的首要标准：每一个项目都讲述了一个视觉故事，可以让游客意识到雨水对生命、对地域特征和地球本身的重要性。其实这是巧妙雨水设计的一个基本准则：ARD不仅仅是一个优美的绿色基础设施作品；根据定义，ARD通过教育性特征或娱乐体验来提高人们将雨水视作一种资源的公共意识。

地理多样性也是我们考虑的重要因素之一。正如在本书序言部分所提到的，我们的研究限定在美国国内。这是因为美国的法律法规和审美偏好不同于其他国家。但即便如此，我们还是尽量从美国每一种气候地区中选择至少一个案例来进行研究，地理范围涵盖从干旱的西南部到寒冷的东北部地区，再到温和的东南部地区。我们这样做是为了回应我们听到的一些疑问（这些疑问可能正徘徊在读者的脑海之中），我们把这些疑问总结为“是的，但是……”类型，比如“是的，但这在我的区域行不通”。我们尤其发现，在美国西北部的作品中，这种反应往往被框定为：“是的，但那是波特兰！”因此，我们最好在读者们开始本章的阅读之前声明如下：没错，是有大量的ARD案例研究来自俄勒冈州的波特兰和华盛顿州的西雅图地区，但我们是有充分理由的。与此同时，为了应对其他的一系列疑问，我们尽可能提供相应的案例研究：“是的，寒冷气候应该怎么办?”或者，“是的，但是那些干旱后又会发生短时洪水的区域呢?”我们书中的案例毕竟只有20个，并不能包含所有的地理气候区域，但是我们在考虑气候多样性方面是做了非常大的努力的。

不同的项目类型和建设背景是很难用一个统一标准来界定的。我们的案例有一半以上是在教育机构中找到的，而且这些教育机构几乎全部都是高等教育机构。但这并不奇怪：现在的学院和大学都在寻求成为可持续发展领域的领导者，而ARD项目为校园提供的教育机会可以说确实令人兴奋。另外一个比较集中的项目建设背景来自市政投资或PPP模式的公共工程。尽管怀有各种“是的，但是……”疑问的人们可能会有意见，但我们还是认为这一趋势是令人振奋的：越来越多的市政部门和官员愿意将ARD项目作为一种策略来进行尝试。而真正的好消息是作为这些ARD项目业主的高等教育机构和市政当局，往往乐于对这些项目建设完成之后收获的雨水管理效果进行跟踪和监测，这些成效在帮助设计师游说劝说他们未来的客户或市政当局投资ARD项目方面起到了不可思议的作用。私人开发的项目中ARD案例要少很多（这并不奇怪），因为开发商刚刚开始认识到ARD项目的公共关系特征附加值效益。尽管在居住区设计的案例中ARD项目可能非常多，但我们却难找到有关的资料。事实上，令人遗憾的是，这本书中所提供的案例研究没有一个来自私人住宅项目（尽管我们希望这类的ARD项目可能会成为下一本书的主题）。

本部分中我们提供的“前20名”ARD案例，是按照我们认为可以对读者有所帮助的方式进行组织的：我们根据项目设计在其具有的人性化特征上的特别之处进行分类排列：教育、娱乐、安全、公共关系特征和美学丰富性特征。通过这种方式，比如读者对实现安全性特征的好方法感到好奇，他可以直接转到该部分的内容介绍。需要说明的是，虽然我们希望在每个类别中放置相同数量的案例，但是这将意味着读者对我们的决定提出异议（“休闲娱乐特征真的是佛罗里达大学西南娱乐中心实现的最主要的人性化特征吗？难道不是教育性特征吗?”）。事实上，在每个案例研究开始时，我们都会通过一些简单的图标，显示该设计中实现的功能性和人性化特征的全部内容。正如读者将会发现的，所有的案例研究在某种程度上讲都实现了所有的ARD人性化特征。

本部分案例研究的内容部分，每一个案例都按照特定顺序的信息进行介绍：

- 一张说明案例具有的人性化特征的整体照片
- 一组图标，显示该设计实现的所有人性化和功能性特征的“缩略图信息”
- 基本“基础数据页”：日期、大小、位置、业主、设计师
- 项目基本原理和意图的背景信息
- 该项目中涉及的所有功能性特征的简要文字说明
- 该项目中涉及的所有人性化特征的简要文字说明
- 关于项目的一系列有趣事实
- 信息来源的参考书目

请注意每个项目的缩略图都太过简短：每个项目都有一个更大的故事要讲述。我们只是希望这些简短的故事能提供关于巧妙雨水设计的参考信息和设计灵感，我们希望这本书可以成为您开始自己的工作时的初始资源，通过它，您可以获得更多您正要寻找的信息。

案例研究1

亚利桑那州，梅萨市，亚利桑那州立大学理工学院

减少雨水污染负荷

教育性特征

减少径流对下游的破坏

休闲娱乐性特征

安全传输、控制和储存雨水

安全性特征

雨水收集利用

公共关系特征

恢复或创建栖息地

美学丰富性特征

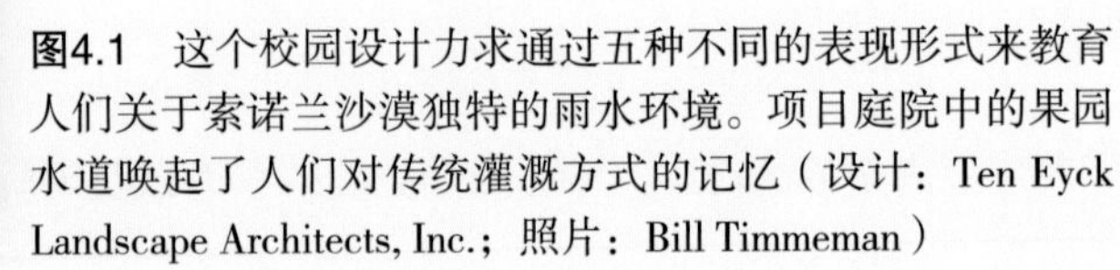
图4.1 这个校园设计力求通过五种不同的表现形式来教育人们关于索诺兰沙漠独特的雨水环境。项目庭院中的果园水道唤起了人们对传统灌溉方式的记忆（设计：Ten Eyck Landscape Architects, Inc.；照片：Bill Timmeman）

日期：2008年

面积：21英亩（约8.5公顷）

地点：亚利桑那州梅萨市东威廉姆斯菲尔德路7001号

业主：亚利桑那州立大学

设计：Ten Eyck Landscape Architects, Inc.，Lake | Flato Architects

背景

1996年，亚利桑那州立大学（ASU）在坐落在梅萨的已停用威廉姆斯空军基地建造了一座理工学院，学院距离凤凰城大约30英里（约48.3公里）。原场地条件非常不理想：几英亩的沥青铺装场地非常容易产生洪涝灾害，设计团队在他们的美国国家景观建筑师协会（ASLA）获奖报告中将其描述为“压抑、过度铺装的环境”。但亚利桑那州立大学对这个校园有着自己的愿景：建校时1000名学生，截止到2006年学生人数已经超过6500人。学校计划2010年时可向10000名分属于40个不同专业的毕业生授予学位。为了实现他们的目标，ASU不仅需要更多的学术空间，他们还迫切需要创造一个有吸引力、并具有前瞻性的校园形象。尽管校园场地的设计预算高达500万美元，但校方要求这个设计必须涵盖他们雄心勃勃的计划的所有方面：包括现状拆除、公用设施、灌溉系统、硬质景观和绿化种植。

最终这个充满创意的设计成果是一个由五栋建筑、四个庭院和一个步行商业街区组成的校园，它以自己的方式赞美着这独特的沙漠环境，以及这里的水。正如设计团队在ASLA获奖报告中所述，“我们重塑了索诺兰沙漠这一独特地区的校园，该地区一年的降雨量只有7英寸（177.8毫米）。”任何熟悉西南沙漠的人都知道那里降雨并不频繁，但每当降雨到来的时候，却一定会带来一场洪水。如同四处蔓延般的旱谷遍布在这里的自然景观之中，这里的河床通常是干燥的，但当地人知道每逢降雨发生后一定要避开它们，因为降雨极有可能会导致洪涝灾害。因此，最终的设计方案是沿着设计好的旱谷一侧建造一条校园步行路脊，以此来解决雨水问题。旱谷收集和过滤来自建筑屋顶的雨水；横跨旱谷“支流”的人行天桥为进入四个不同性质的学术庭院提供了入口，每个庭院都有本区域独特的景观和水系。这个设计令整个校园充满活力和凝聚力，它将学生和教师彼此联系起来，并融入他们所处的沙漠背景之中。

功能性特征

这个项目的雨水管理概念是捕获、净化和渗透。当这个地方还是一个军事基地的时候，14英亩（约5.67公顷）的沥青路面和人行道造成了严重的内涝。设计方案把以前的柏油路脊改造成一个可透水又可汇集雨水的旱谷。旱谷平行于一个透水风化花岗岩铺装的步行街，管理着场地内全部的雨水。来自四个庭院的屋面以及硬质景观的径流汇集至旱谷，它们分别是果园河道灌溉庭院、沙漠渗漏庭院、棉白杨海绵庭院和蒂娜哈地貌庭院。然后这些雨水通过管道输送到四个人工灌渠中（平时是干燥的、种植着植被的人工河道），这些人工灌渠能促进渗透，在大型降雨事件中，还能为设计好的旱谷供水。雨水径流在旱谷中被一连串可以促进渗透功能的盆地减缓。在强降雨事件中，位于校园西北角的蓄水池还可以容纳并渗透剩余的径流。

这种雨水管理策略可以捕获进入场地的全部雨水径流，即便是在百年一遇级别的降雨事件中，雨水也会被灌渠、旱谷和集水洼地所捕获和消纳。

这种雨水管理策略可以捕获进入场地的全部雨水径流，即便是在百年一遇级别的降雨事件中，雨水也会被灌渠、旱谷和集水洼地所捕获和消纳。

这个简单的系统展示了一些巧妙的安全措施。首先，屋顶径流通过管道输送到每个庭院附近的蓄水池，只有蓄水池溢流时才有雨水被输送到灌渠内。从本质上说，这个系统就是一个在不需要进一步向外部输送径流情况下可以管理大量雨水径流的溢流分流器。具体来说就是当滞留池充满时，多余的径流将溢流至与滞留池相连接的灌渠内。接下来，雨水径流的流速会被旱谷中四个蓄水池减缓，同时加快了渗透作用。如果降雨量超过了旱谷的容量，雨水最终会被收集到场地西北角的蓄水池中。

雨水既滋养了本设计中的本地植物，又通过场地范围内的渗透系统补充了宝贵的地下水。

所有的植物（果园水道庭院里的开心果树除外）都是本地生的耐旱植物。旱谷种植了被挽救回来并重新栽种的沙漠树木、本地灌木和仙人掌。这样的结果是该项目巧妙地营造了一个为本地动物提供的栖息地，同时也为人们提供了一个与本地区域景观特征相一致的场地景观。

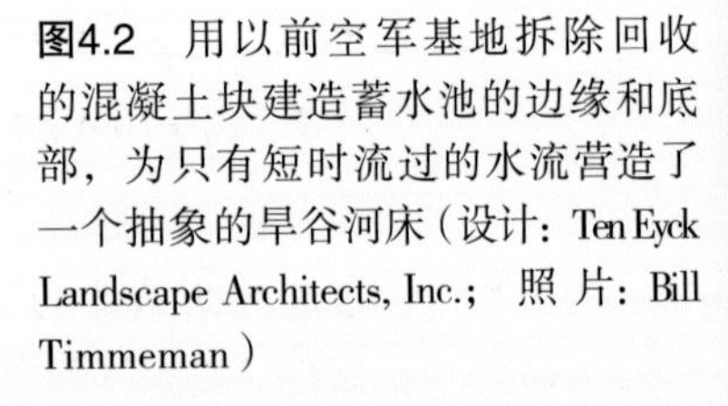

图4.2 用以前空军基地拆除回收的混凝土块建造蓄水池的边缘和底部，为只有短时流过的水流营造了一个抽象的旱谷河床（设计：Ten Eyck Landscape Architects, Inc.；照片：Bill Timmeman）

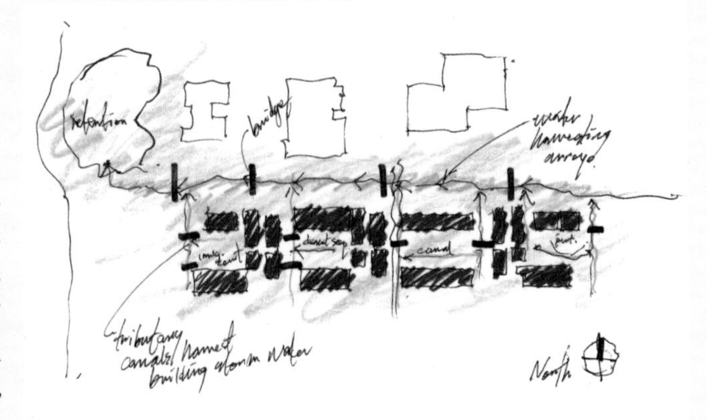

图4.3 克里斯蒂·滕·埃克的设计手稿介绍了暴雨水系统的设计：每个庭院的水都可以汇入一条作为旱谷支流的灌渠内。从旱谷干线溢流出雨水，被收集到校园西北角的蓄水池里（设计：Ten Eyck Landscape Architects, Inc.；图：Christie Ten Eyck）

人性化特征

这个以沙漠景观用水作为主题的项目设计似乎有些奇怪。正如设计团队在ASLA报奖材料中所解释的那样，“有些人可能会说，‘当这里雨水如此稀少时，为什么雨水这么重要呢?’而我们的回应是，正是因为这只有短暂的降雨通过沙漠-旱谷进行收集而形成的水源，是维持沙漠和城市居民生命的重要因素，人们才可以把这里称为他们的家园，水的主题才显得更为重要”。事实上，水的主题远远超出了旱谷连接的这四个呈现不同沙漠水环境的庭院。整个场地的要素综合起来而形成的景观环境，在这独特的沙漠环境中，为人们提供了一些虽然各不相同但又目标一致的雨水管理经验。

每个建筑庭院呈现出不同的沙漠水环境，其中大部分与周围的建筑功能有关：

- 莫里森农业综合企业学院（Morrison School of Agribusiness）的建设围绕着果园河道庭院（Orchard Canal Court），这里有一排由传统的灌渠灌溉的开心果树，它们让人们联想到本地的农业传统。
- 科学技术学院毗邻郁郁葱葱的沙漠滨水湿地庭院，这里有一面用滴灌系统灌溉的有生命的墙和滨水的植物，这让人联想起坐落在沙漠峡谷中的那些潮湿的绿色自然环境。
- 棉白杨海绵庭院被设计成一个浅的滞留池，里面种植了与庭院同名的树木和其他滨水本地植被，设计展示了这些沙漠植物的吸水特性。
- 蒂娜哈地貌庭院紧邻教育、人文和艺术学院，庭院设计是蒂娜哈地貌的一个小抽象表达。蒂娜哈地貌具有在岩石峡谷中形成的天然洼地特征，它在暴风雨过后可以短暂地容纳部分雨水。这里设计的蒂娜哈中的水，将被排放到一条水道之中，这条水道环绕在一片通常用于演出的草坪边缘。

总之，沙漠的各种水环境都被呈现在了这个校园之中，在这样的学术氛围之下，为人们提供了更加深入和全面的教育机会。

项目中展示的各种各样的巧妙雨水设计都是非常重要的，为人们提供了去看，去经过，坐在附近，触摸和享受的机会。设计的主题是在不同环境下的沙漠中的水，从沿着输送水的旱谷漫步，到在沙漠河岸湿地庭院中寻找阴凉潮湿的休息空间，这给人们带来了许多不同的体验。

人行天桥供行人在旱谷和灌渠中穿越，令这些生物洼地不再是安全禁区（尽管在干燥的时候它们的缓坡和浅洼地并不构成危险，而且大部分时间都是干燥的）。果园水道庭院中的灌渠非常狭窄且布满卵石；十字路口的钢格栅使它们更加安全。

这里的公共关系特征信息清晰而智慧。首先它非常显而易见，“我们关心；我们对环境负责，我们希望你能了解有关雨水的知识。”这不仅是通过各种各样的沙漠水环境主题以及对水极为关注的每一处户外空间来表达的，而且还通过采用将一个易发洪水的、不透水的军事基地改造为沙漠中以行人为导向的水资源管理设计来表达这个信息。这一前瞻性的校园改造同时表达了：“我们有智慧、足智多谋而且聪明。”除了重新改造既有的建筑，甚至还将旧的不透水路面敲碎，在石笼墙、长椅和其他景观元素中进行重复利用。

这个设计实在是太复杂了，以至于无法快速有效地解释构成它的所有元素特征，但简而言之，通过将一小股水源打造成为各个庭院的焦点，这巧妙地显示出沙漠中水资源的稀缺性和珍贵价值。当然，输水的线路始终是非常重要的，它可以让人们回忆起传统的运河和自然水道；沙漠植被、岩石、锈蚀的钢桥和铁栅栏的纹理和颜色，都具有地区特色；各种形式水主题的表现最终都统一到“水为资源”的理念当中，这样的效果既在构图上具有刺激性，又在主题上具有一致性。

说明

- 坦恩·艾依科（Ten Eyck）最初的设计意图包括收集空调冷凝水并将其导入雨水管理系统的水景当中，这种方法经常被该公司用于解决西南地区景观中的两种类型的“径流”。
- 最初的设想是将蓄水池中收集的雨水和凝结水通过水泵回用到水景之中；正如坦恩·艾依科（Ten Eyck）描述的，“在美国降雨稀少的地区，很难说服客户使用这些的主动（水泵）系统。”

资料来源

The American Institute of Architects, “ASU Polytechnic Academic District,” AIA Top Ten 2010, accessed December 3, 2013, http://www.aiatopten.org/node/34.

ASLA, “Honor Award: Arizona State University Polytechnic Campus—New Academic Complex,” 2012 ASLA Professional Design Awards: General Design, accessed December 2, 2013, http://www.asla. org/2012awards/199.html.

Ten Eyck, Christie, 2014, personal communication with the authors.

Ten Eyck Landscape Architects, “Academic Complex at ASU Polytechnic Campus,” n.d., accessed December 15, 2013, http://www.teneyckla.com/projects/academic/arizona-state-university-polytechnic-campus-academic-complex/.

U.S. LEED Green Building Council, “Arizona State University Polytechnic Buildings: Made for the Mesa,” 2009, accessed December 15, 2013, www.lakeflato.com/documents/asu-leed.pdf.

案例研究2

堪萨斯（弗林特山生态区Flint Hills Ecoregion）曼哈顿，堪萨斯州立大学国际学生中心雨水花园

减少雨水污染负荷

恢复或创建栖息地

安全性特征

减少径流对下游的破坏

教育性特征

公共关系特征

安全传输、控制和储存雨水

休闲娱乐性特征

美学丰富性特征

雨水收集利用

图4.4　这个花园不仅以它本身向人们普及有关雨水的各方面知识，而且把学生参与花园的设计、施工以及监测作为课程内容，还通过建设一个包含着雨水花园丰富信息的网站来对人们进行教育（设计：Department of Landscape Architecture/Regional & Community Planning, Kansas State University；介绍团队：Lee Skabelund, Jeremy Merrill, Aarthi Padmanabhan）

日期：2007年3月到6月

面积：约2500平方英尺（232平方米）

地点：堪萨斯州，曼哈顿，克拉夫林路和校园中路

业主：堪萨斯州立大学

设计：Department of Landscape Architecture/Regional & Community Planning, Kansas State University

背景

堪萨斯州的弗林特山是一个典型的拥有起伏草原地貌的生态区域，而且它正在受到威胁。至少在该州的城市化地区，径流通常是通过管道直接排到地表水区域的，这会导致侵蚀、泥沙和污染物的沉积。与此同时，地下水资源在几乎没有循环补给的情况下被抽取用作饮用水和灌溉用水。所以，当堪萨斯州立大学面对这个全州范围普遍存在的问题时，他们决定要在这个小尺度的校园内用创新的方式来解决它。一个由教师、学生和当地专业人士组成的雄心勃勃的团队，共同努力打造了这个示范项目，向堪萨斯人（从物业主到市政当局领导）展示他们是如何以更加环保的方式来解决雨水管理问题的。

具体要解决的场地问题是：未经处理的雨水从建筑物、铺装地面和草坪直接通过管道排放到校园小溪之中，导致了小溪的生态退化。堪萨斯州国际学生中心（ISC）是雨水的贡献者之一，它的渗透区域被淤泥填满，导致屋顶径流雨水在建筑物前聚集，然后侵蚀了通往校园小溪的斜坡和非正式的通道。副教授李·斯卡白伦德（Lee Skabelund）和其他的景观建筑以及区域和社区规划学院的同事把这个项目视作一个将雨水管理目标融入一个有形产品的学习实践机会，这也是因为堪萨斯州曾经承诺过要建造一个更加可持续的校园，其中也包括可持续雨水管理。他们借助Water LINK项目（该项目可为堪萨斯州学院和大学师生与当地社区合作开展解决水资源问题的公益类课题提供小额赠款）的帮助，在ISC建设了一个示范性的雨水花园。这座花园由教师、工作人员和学生（在捐助者和志愿者的大量帮助下）设计、实施和管理。正如大量文件中所描述，该项目“战略性地解决了城市建筑中集成自然雨水管理系统的一个重大障碍，即通过整合艺术、建筑、生态、水文和人这几大因素，解决了公众对这些系统的功能和设计缺乏认知和欣赏的难题。”

功能性特征

ISC雨水花园的基本雨水管理理念是收集、净化和渗透。重要的是，这个雨水花园的设计是为了解决弗林特山生态区的两个最紧迫的雨水管理问题：地表水退化和地下水补给不足。项目设计的系统非常简单：ISC“台湾之翼”的屋顶径流从三个排水口流入三个位于再生石灰岩溅水板上的艺术碗中，雨水从碗中溢流到雨水花园两个水池中的第一个水池中。大块的石灰岩板和板间的缝隙构成了一个拦沙坝和堰的结构系统，控制着雨水从第一个水池到第二个水池的流动。在强降雨期间，径流也会从台湾翼的后部沿着一条宽阔的砾石路流入位置较低的雨水花园水池。另外两栋建筑的屋面雨水，也会通过从当地的石场回收来的切割石灰岩和经过清洗的砾石铺就的透水路径，流入北侧的花园。在较低的水池的西侧，一台水平布水器会将溢流分散到草坪上，以最大限度地减少对大约位于校园西侧70英尺（约21.3米）处的小溪的影响。

雨水花园的两个水池和水平布水器两次减缓径流流速，使泥沙和其他污染物沉积在花园内。与此同时，雨水在这个设计中还将经过生物过滤。

为了减轻校园小溪的退化，雨水花园和两个透水铺装通道的设计都最大限度地增强了渗透能力。该设计减少了径流量以及进入校园小溪的污染物和泥沙负荷。观察表明，在大多数2英寸或更小的降雨事件中，雨水可以在12小时内被吸收并渗透完毕（当然这也取决于当时雨水花园土壤的饱和度）。

雨水花园的水池尺寸，是为了适应场地尺寸而不是为了应对某个特定降雨强度的暴雨而确定的。由于雨水花园西侧的水平布水器的设计，大型降雨事件发生时雨水溢流会温和地散布到邻近草坪较低洼的部分。

通过从2008～2013年进行的肉眼观测结果表明，雨水花园收集并渗透了几乎所有来自其收集区域（台湾之翼屋顶、其他两个屋顶部分以及一些周边景观）的2英尺（约609.6毫米）降雨事件的雨水径流。观测结果还表明，在项目建成一年半内，收集到水池部分的雨水在不到24小时内便全部下渗，几个小时内两个水池中很少能看到积水。未来，还可能针对水池的渗透能力进行更加彻底的渗透性试验。

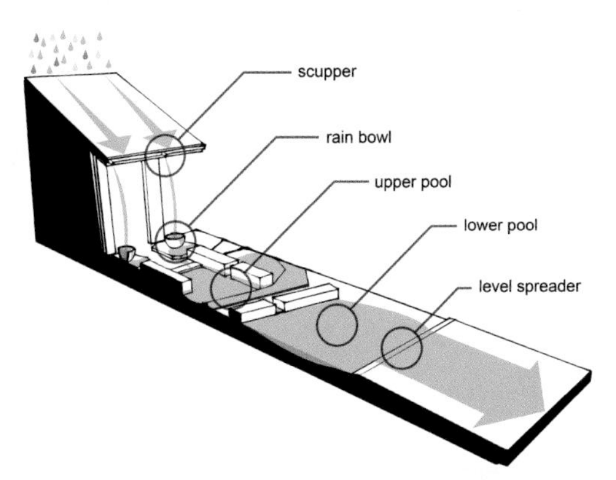

图4.5（左） 这张图说明了从屋顶到排水孔到水碗再到双池滞留渗透系统的原理。大规模降雨事件的溢流雨水将通过水平布水器流入草坪之中（设计：Department of Landscape Architecture/Regional & Community Planning, Kansas State University；图：Jeremy Merrill）

图4.6（右） 三个排水口向第一个渗透水池中喷水（设计：Department of Landscape Architecture/Regional & Community Planning, Kansas State University；照片：Lee Skabelund）

花园种植了许多本土多年生花卉和草本植物，包括那些适合干旱草原、湿草原、湿地和滨水条件的植物。绿灯心草，一种真正用作实验的湿地植物，在很大程度上已经从水池中消失了。莎草和野生蓝鸢尾（原产于堪萨斯州东部）在背阴的水池中上部大量生长着。从春末到秋天，授粉者非常多。

人性化特征

这个雨水花园的设计简单却又富有启发性。这是一个位于大学校园内的朴素而又美丽的花园，它启发着那些看到它的人，那些创造它的人，以及那些通过“k州雨水花园设计-建造项目”（K-State Rain-Garden Design-Build Project）网站了解到它众多好处的人。

在这个特别的巧妙雨水设计项目中，教育性特征是多层面的：

- 首先是花园本身，它清楚地表明屋顶径流是弗林特山生态区（它明显滋养了当地的雨水花园景观）的资源：屋顶径流从三个排水口流到三个碗中，然后溢流到位于花园中三个石灰岩板之间的第一个水池。垂直的石灰岩拦沙坝收集第一个水池的雨水，然后允许雨水通过大型线性石灰岩板之间的缝隙溢流进入第二个水地中。
- 在这两个水池中，水都明显地扩散，聚集，并入渗。如果无法从表面上理解这个过程，项目附近还设有一个标志用来介绍基本的概念：雨水收集再回用到本地的花园。总而言之，雨水路径和花园功能非常清晰，但是在这个特殊的项目中，有更多的教育意义在起作用。
- 这个过程和花园产品一样重要：雨水专家、当地专业人士、教职员工和学生参与到研讨会中，在那里他们可以互相学习；对于学生来说，这是无可比拟的服务学习、设计建造ARD项目的体验，这将给他们带来最需要的ARD蕴含的实际知识；参与的教师和学生至少来自五个不同的课程领域（其中包括雕塑，这也是三个特制的用以接收雨水的碗的由来）。
- 同样重要的是后续工作，包括涉及教师、员工、学生和专业人员在施工后的监测，以及一系列报告，还有为业主编写的雨水花园指南——所有这些资料都可以在项目网站上找到（http://ty.capd.ksu.edu/lskab /raingarden.html)。

雨水花园位于ISC的主入口，所以很难不经过它。但由于它蜷缩在中心地带，从路上很难看到它。想要到达ISC，需要通过一座跨过校园小溪的桥，然后沿着轴线继续进入ISC庭院。在院子里，雨水花园展现出它五彩缤纷的光泽。台湾之翼一侧的窗户为ISC办公室的工作人员提供了从春末到秋末都能观赏的郁郁葱葱的多年生花卉景色。总之，如果你在ISC，很难错过这个ARD的繁盛美景。

由于大面积的浅层入渗区域，ARD的水深保持在最低水平，人行道与系统之间由植物进行分隔。

虽然花园本身比较隐蔽，但它的设计清楚地表明，“我们关心，我们具有环境意识，我们希望你了解雨水。”值得注意的是，不管是当地市政工作人员还是业主们，在离开这座花园时，都会对雨水花园有一些新的理解和赞赏；这一点再加上雨水花园网站上的大量内容，综合传递出堪萨斯州立大学的信息：“我们在教学和展示可持续解决方案方面是具有前瞻性的引领者。”

这个设计中的雨水路径，从屋顶到碗到石灰岩隔板，是相当精妙的；根据植物生长和除草方式的不同，路径有时很难被发现。但是多年生植物繁茂的颜色和纹理，以及从中受益的授粉者，讲述了这个花园的故事：屋顶上的雨水不管对植物还是动物都有好处。

说明

- 大学可以成为创新ARD的理想环境。大多数学校都希望被视为可持续发展方面的领导者，因此许多管理人员都乐于接受，无论是在项目评估、设计和实施之前，还是在建设监控之后，教师和学生们都能开展大量研究或课堂活动。
- 这个ARD项目取得的是多方面的“胜利”，特别是对土地授予的大学，在教学，服务，示范，并建设一个具有前瞻性宜人校园设施方面的尝试。
- 这个项目证明，多年生植物的根系可以渗透和放松非常紧密的重黏土，并允许雨水渗透，这让原本持怀疑态度的大学工作人员非常吃惊。

资料来源

ASLA Student Awards. 2009. “Honor Award: International Student Center Rain Garden.” http://www.asla. org/2009studentawards/264.html. Accessed December 7, 2013.

Skabelund, Lee. 2007. “Kansas State University Stormwater Project—Manhattan, Kansas.” Informational poster. http://faculty.capd.ksu.edu/lskab/raingarden.html. Accessed December 7, 2013.

Skabelund, Lee. 2012. “Rain Garden Design & Maintenance.” http://faculty.capd.ksu.edu/lskab/raingarden .html. Accessed December 7, 2013.

Skabelund, Lee. 2013. “KSU Stormwater Management Design–Build Project.” WaterLINK Minigrant Phase II Report. http://faculty.capd.ksu.edu/lskab/raingarden.html. Accessed December 7, 2013.

Skabelund, Lee. n.d. "Rain-Garden Design and Implementation for Kansas Property Owners, with a Discussion of Lessons Learned from Kansas State University's International Student Center Rain-Garden Design–Build Demonstration Project in Manhattan, Kansas." http://faculty.capd.ksu.edu/lskab/raingarden.html. Accessed December 7, 2013.

案例研究3

俄勒冈州波特兰市塔博尔山中学雨水花园

减少雨水污染负荷

恢复或创建栖息地

安全性特征

减少径流对下游的破坏

教育性特征

公共关系特征

安全传输、控制和储存雨水

休闲娱乐性特征

美学丰富性特征

雨水收集利用

图4.7　位于学校入口处的塔博尔山雨水花园，清晰地讲述着雨水的故事：屋顶径流通过建筑三个外立面上敷设的落水管流下，经过钢格栅下表面带有铺装的排水沟（请注意“波浪纹”图案的格栅，象征着水流），然后又一次进入下沉式雨水花园。在左边，停车场和游戏区的雨水径流，在经过前池的沉淀以后，进入花园。（设计和照片来源：Kevin Robert Perry of the Portland Bureau of Environmental Services）

日期：2006年

面积：4000平方英尺（约371.6平方米）庭院内的2000平方英尺（约185.8平方米）雨水花园

地点：俄勒冈州波特兰市58大道东侧5800号

业主：波特兰公立学校

设计：波特兰环境服务局；Kevin Perry, ASLA, designer

背景

塔博尔山中学是20世纪60年代的一座传统单层建筑，建筑采用多翼的造型，中间是一个朝南的三面包围的庭院。以前，庭院用作停车场，地面是用沥青铺设的，因此，这个区域形成了非常严重的热岛效应。以至于老师们经常抱怨，在气温较高的天气时，与庭院相邻的教室几乎无法使用。与此同时，学校附近的住宅也因此出现过严重的合流制溢流（CSO）问题，经常在大型降雨事件之后发生污水回流的问题。

2004年初，波特兰环境服务局（BES）开始计划在邻近塔博尔山中学的南安科尼街（south Ankeny Street）采用绿色基础设施解决方案来缓解CSO问题。由于不满足流量负荷的排水管道的状况还算良好，BES向波特兰公立学校提出了一个建议：在整个场地范围内建设一个绿色基础设施系统，用低成本高效率的方式来解决CSO的问题，与此同时，还能美化环境并具有教育作用。BES设计师Kevin Perry分析了整个学校物业以及邻近街道的情况，评估改造校园建筑、停车场和大范围沥青游乐区域的潜力。在整体改造方案中首先实施的项目是将停车场改造成雨园，目的是避免雨水径流进入城市排水系统。该项目的额外好处还包括减少热岛效应，提供教育的机会，美化校园场地，提供了入口广场、座位、自行车通道，以及提高停车场使用效率。

第二层级的绿色基础设施元素包括停车场的线性雨水花园、建筑周边较小的雨水花园和渗井等设施，以及沿着第57大道东南方向收集雨水的路边缓冲区。尽管整体改造内容包括了所有的这些元素，但是在本案例研究中，我们把重点放在庭院的雨水花园。因为它作为一个获奖的ARD项目，可以为未来其他的很多项目提供一个优秀的借鉴模型。正如2007年美国景观建筑设计师协会奖的项目描述中所述，“1）它的设计和实施成本低廉；2）有利于环境，并为社区宜居性做出贡献；3）它可以为其他可持续雨水改造项目提供参考。”

功能性特征

塔博尔山中学雨水花园雨水管理的基本理念是收集、传输、净化和渗透。雨水花园收集了大约一英亩不透水表面的雨水径流，包括来自屋顶、停车场和游乐区域的雨水。屋顶径流通过现有与排水管道断接的雨落管收集落下；之后这些雨水流经与落水管口下端同标高、位于雨水花园周边且穿过人行区域的排水沟，最后进入下凹的中央花园区域；来自邻近区域沥青表面的表层径流被排水沟收集，也被传输到雨水花园当中。

从停车场和游乐区收集的雨水通过排水沟进入雨水花园的前池，在这里碳氢化合物和其他沉淀物将在这里沉积。整个花园，包括前池，都种植了大量用于雨水径流生物过滤的植物。

该项目的主要目的是通过渗透作用来减少规模小于等于25年一遇的降雨事件所造成的cso问题。在波特兰，这意味着要收集25年一遇降雨事件的前15分钟降雨量的雨水。雨水花

园入渗速度为2~4英寸（50.8 ~ 101.6毫米）每小时；监测显示，在项目投入使用的第一年中，没有径流从这个雨水花园系统排放到城市排水系统中。

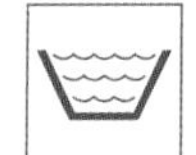

输水道的宽度为2英尺（约0.6米），线路上最低点的下凹横截面深度为2英寸（约50.8毫米）。排水沟的尺寸是为了满足排水容量需求而精心设计的：18英寸（约45.72厘米）宽，在格栅下的部分的输水道6英寸（约15.24厘米）深。此外，排水沟两侧的混凝土表面是倾斜的，以确保排水效果良好。这样的设计，即使当水沟满流的状态下，雨水也会流向下沉的花园。一旦进入下沉式花园，径流流速就会因前池的初始滞留沉淀而减缓。此外，下沉式花园还留有4英寸（约10.16厘米）高的调蓄空间，用以增加其容量。作为一种额外的备用措施，系统内的溢流分流器（溢流口）会将超量的雨水直接输送到排水系统中（但目前还没有用到这个备用系统）。

雨水花园作为一个渗透措施，它将为地下水提供补给。这个功能能否得以实现取决于现状条件和设计策略的结合：

- 首先，学校没有地下室，这意味着渗透设施可以非常靠近建筑边缘。
- 其次，该设计将雨水花园设置在离建筑外墙10英尺（约3米）的地方，沿着建筑设置了一条5英尺（约1.5米）宽的走道，然后在整个渗透区域周围设置了一个5英尺（约1.5米）宽的周边种植区。

图4.8（左） 砾石路在该系统中起着三重作用：它直接从排水沟接收雨水，本身是一个初始渗透区域；当干燥时，它作为维修工人的活动通道。它设置在雨水路径轴线的延伸线上，使雨水路径更加戏剧化（设计和照片：Kevin Perry）

图4.9（右） 系统设置在学校的入口处，这使得它能够向更多的人提供关于雨水的教育信息。请注意它那简单的桩链围栏用以阻止人们进入（设计和照片：Kevin Perry）

雨水花园中繁茂的植物为当地动物提供了微型栖息地。

人性化特征

相对于这样一个小规模和低成本的改造项目，塔博尔山中学雨水花园却在所有的人性化要求指标中都获得了高分。

这个雨园与它周围的环境非常和谐，它在学校交通繁忙的入口区域为人们提供了一个清晰而又丰富的教育机会。首先，从屋顶到雨水花园的雨水路径清晰可见：断接的雨落管将水导入由波纹状铸铁格栅（让人联想起水流）覆盖的水道之中；然后，在同标高的雨水花园种植区边缘，在格栅端头可以明显地看到雨水在水沟中流动，进入下沉的花园。在南北走向的两个排水沟中，种植着单一品种的植物，用来进一步强调雨水路径的线型，一条笔直的东西走向路径铺满小砾石，它连接着西边和东边的排水沟。除了场地周边的路径，入口广场还为现场教学相关的探索活动提供了很好的场地。此外，遇到人们不了解场地功能时，一个在主入口处设置的颜色鲜明的标识牌可为其提供简短的文字和图示，介绍雨水花园对雨水的管理方式。

雨水花园位置的选择非常具有策略性，位于门口附近的场址保证了往返于学校的人们每天都能够经过它，同时也为人们提供了一个愉快的观景时刻。入口广场的座位也提供了逗留和享受雨水花园景色的机会。

5英尺（约1.5米）宽的地面种植和围绕着下沉雨水花园空间的桩链围栏，从视觉上阻碍了人们进入雨水花园的可能。传输雨水的水沟和水渠都盖着刻有波纹曲线的铸铁格栅，用构图模拟了流水，这种设计提高了人们对径流的认识，同时也保证了接触雨水径流的安全性特征。

这个项目触及了很多公共关系特征的热点。显然学校通过这个设计，采用高可视性和教育作用来表示“我们关心、我们有环保责任，我们希望你能了解雨水”。项目的低成本和未来基础设施的低维护费用也表明“我们在成本方面也是负责任的，我们希望社区的财务状况运行良好”。在解决CSO问题方面表达了“我们关心社区成员的身体健康状况”。最后，该项目将一个“沥青烤炉”改造成一个美丽的、功能齐全的景观，这说明，“我们智慧、足智多谋、聪明且善于利用机会。”

可见的雨水传输路径的设计使这个项目成为一个令人印象深刻的ARD：不采用清楚，笔直的雨水路径（落水口到格栅水道到开场水道到植物种植区或砾石路径），有可能它不被人们当作雨水管理设施，但整个路线清晰而利落，功能明确无误。颜色和纹理也非常重要：多样和茂盛的植物为周围的硬质表面区域提供了一个充满活力的对照。最后，这个设计还提供了听觉享受：大型降雨事件中，创造了可以听到雨水从四个不同方向的输水管道，流入雨水花园中。这个过程带来了一种特殊的声音体验。

说明

- 这个改造项目是绿色基础设施展现经济优势的一个例子：波特兰BES声称，整个场地的绿色基础设施总成本78万美元，这与改造灰色基础设施以解决当地的CSO问题相比，节省了50多万美元。
- 塔博尔山雨水花园的设计初衷，在于为其他项目提供一个易于复制的例子。
- 本项目设计时考虑到了维护。首先，种植设计是如此雄心勃勃（中心的植物高度有15～30英寸，38.1～76.2厘米），不定期生长的杂草几乎不会被注意到。下沉花园中2英尺（约0.6米）宽的砾石路径不仅在视觉上连接两个雨水进入点，同时它也是维护人员的进出路径，这避免了维护工作干扰种植或土壤结构。为了让学校也可以承担起雨水花园的维护责任，BES和波特兰公立学校签署了一个有效期到2017年的共同维护协议（部分原因是BES将该项目用于设计、施工、维护和管理的案例来进行研究）。
- 该项目的成功部分归功于学校系统、城市和当地社区之间有效的团体合作伙伴关系。
- 塔博尔山（Mount Tabor）的雨水花园已经成为其他学校团体的教育资源，让参观者把项目的教育意义和激励精神带回家。
- 对于ARD项目来说，学校是一个理想的建设环境：还有什么比启发下一代人们珍视雨水价值更好的方法呢?

信息来源

ASLA Professional Awards. 2007. "General Design Honor Award: Mount Tabor Middle School Rain Garden." http://www.asla.org/awards/2007/07winners/517_nna.html. Accessed November 11, 2013.

Liptan, Tom. 2013. Personal correspondence with authors.

Perry, Kevin Robert. 2013. Personal correspondence with authors.

Portland Bureau of Environmental Services. n.d. "BES Design Report: Stormwater Retrofit at Mt. Tabor Middle School." http://www.portlandoregon.gov/bes/article/217429. Accessed November 11, 2013.

案例研究4

宾夕法尼亚州，斯沃斯莫尔，斯沃斯莫尔科学中心

减少雨水污染负荷

教育性特征

减少径流对下游的破坏

休闲娱乐性特征

安全传输、控制和储存雨水

安全性特征

雨水收集利用

公共关系特征

美学丰富性特征

图4.10 一条边缘可供人坐下歇息的地上水槽把雨水从“水台阶”（图中右上侧通道内模糊不清楚的部分）引到一个填满卵石的水池中。雨水路径环绕着这个校园的公共空间，卵石池中的一个小标识向人们介绍项目的雨水管理方式。这里的一切，共同创建了一个具有教育作用的雨水系统（设计：MLBaird & Co.，Einhorn Yaffee Prescott；照片：Stuart Echols）

日期：2004年

面积：约10英亩（约4公顷）

地点：斯沃斯莫尔学院，斯沃斯莫尔，宾夕法尼亚州

业主：斯沃斯莫尔学院

设计：ML Baird & Co.; Einhorn Yaffee Prescott

背景

斯沃斯莫尔学院（Swarthmore College）是一所小型的人文艺术学院，位于费城的主干道上。在历史上，该学院以其进步思想而久负盛名。占地400英亩（约160公顷）的校园坐落在斯沃斯莫尔村北部的一座小山上；校园的西面是200英亩（约80公顷）覆盖着树林的陡峭山坡，被称为克鲁姆树林（Crum Woods），一直延伸到克鲁姆小溪（Crum Creek）。克鲁姆树林是斯沃斯莫尔的斯科特植物园（Scott Arboretum）的一部分，是许多大学自然科学课程的天然实验室。

20世纪90年代末，斯沃斯莫尔学院采取行动，大幅度更新和扩建其科学设施。学院认为这是吸引优秀的科学教师和学生的一项重要战略举措。作为“斯沃斯莫尔的意义”活动的一部分，科学设施扩建需要满足一系列雄心勃勃的目标：包括能够促进大学的各个科学项目积极开展合作的设施，能为整个大学社区提供聚会的场所，需要表达出学院历来致力于思想进步的精神，以及通过提高流域质量和重建连接主校园和克鲁姆树林的举措，来解决克鲁姆小溪和树林遇到的问题。

最终的效果是科学中心将校园北侧的建筑和景观空间结合在一起，促进了人们在此停留聚集、学习和感知雨水。科学中心是全校致力于雨水管理、可持续发展实践以及为促进环境管理教学创造机会的一个重要组成部分。

功能性特征

斯沃斯莫尔科学中心的基本雨水管理理念是收集、传输、净化，以及渗透后循环利用至灌溉系统或者截留后排放。雨水被收集到两个巨大的蝶形屋顶结构中，然后传输到蓄水池进行收集和渗透。一些雨水入渗到地下补充地下水；一些雨水被储存到地下的蓄水池中用于灌溉；还有一些雨水被传输到其他的雨水滞留洼地后，在得到控制的情况下排放到克鲁姆小溪之中。透水铺装外加2英尺（约0.6米）深的渗透床（一部分布置在室内庭院的花园中，另一些布置在学院中心合院边缘的草地处）确保了景观部分收集到的雨水可以用于补充地下水。整个设计力求零径流排放的效果，以防止克鲁姆树林和克鲁姆小溪被雨水侵蚀导致其退化。

进入到这个系统的雨水来自屋顶和周围的景观区域。斯沃斯莫尔一直在可持续景观维护方面执行着很高的标准，所以污染情况并不严重。而渗透床的区域确实起到了过滤沉积物的作用。

该处理系统的主要目的是为了防止径流侵蚀克鲁姆树林覆盖植被的山坡以及防止克鲁姆小溪的退化。根据本项目LEED的最终版报告，在项目开发一年半后，历时24小时降雨的场地峰值流量没有超过开发前的水平（事实证明径流被大大降低了）。目前只有2.66英亩（约1.08公顷）场地产生的径流将流入先前建造的雨水洼地中，在那里，径流通过一个水平散布

器进行控制性排放，这套排水系统减少了对克鲁姆树林的点源性侵蚀；其余3.1英亩（约1.25公顷）产生的雨水径流被收集起来，用于地下水补给或再利用。

由于这一可持续的雨水策略是出于自愿而非在法规强制性作用下采用的，它并没有按照法规中设计暴雨强度的方法进行设计计算。尽管项目中设置了多个渗透床用以吸收大量的雨水，但在强降雨发生时，备用系统还是会将有可能产生的溢流雨水输送至中央广场的蓄水池；如果还有溢流发生，那么管道会将雨水传输到先前设置的滞留洼地中。该系统努力确保雨水径流用于补给上层地下水床，而不是直接去影响克鲁姆小溪。

一些径流被收集到一个设置在临近合院草坪下的22000加仑（约83.3立方米）的水箱中；这些雨水被循环利用于灌溉系统。额外的场地雨水径流将入渗至校园合院中两个景观床和一个地下渗透床中。

图4.11（左） 在上层平台，一个简单的雨水传输系统通过倾斜的屋面将屋顶径流输送到石墙的凹槽处；雨水从石板墙上落下后，经过一个高出地面的水槽后落入填满鹅卵石的水池中。水池中的水将进入一个地下蓄水池，最后用于灌溉（设计：ML Baird & Co., Einhorn Yaffee Prescott；照片：Stuart Echols）

图4.12（右） 埃尔德里奇公地的玻璃墙确保人们即使在室内也能看到雨水系统（上层和下层平台）（设计：ML Baird & Co., Einhorn Yaffee Prescott；照片：Stuart Echols）

人性化特征

为了保持斯沃斯莫尔对进步思想的承诺，学院鼓励设计团队以可持续发展理念为灵感，将中心打造成为以信守责任为原则和价值观的工程典范。因此，这是一个将庭院设计成无论从室内还是室外的不同空间都可以看到雨水管理的ARD项目，它非常适宜地激发人们的兴趣，并提供教育机会。

雨水管理系统的两个部分在水循环方面向人们提供了特别生动的教育课程。一个是“水墙”，靠近主校区的合院。在这里，雨水从一个巨大的蝶形屋顶流下，顺着一堵狭窄的黑色石板墙面落下；然后水在2英尺（约0.6米）高的石墙内嵌的钢制水槽内水平流淌。水槽墙从建筑上伸展出去，进入一个可供人们聚集的平台；一个由大块河石建造的方形水池设置在水槽和平台之间，雨水在这里神秘地消失了。

“雨水阶梯”形成了另一个可见的系统。在这里，表面径流被传输到一组雨水阶梯的顶部。这些阶梯平行于一条宽阔的步行楼梯，它用来连接上层的哈利伍德花园和向下13.5英尺标高处的格雷德花园。在雨水阶梯的底部，雨水同样是在一个2英尺高并可供人们坐下休息的混凝土石墙内的钢制水槽中水平流淌。这一次，这个三层跌水的水槽墙沿着花园边缘的平台延伸到整个空间的尽头。同样也是在这里，雨水滴落在填满卵石的水池中消失了。

在上部空间，“水墙”的标识中解释道，“雨水落在埃尔德里奇公地的屋顶上，顺着右边的墙流下，进入地下蓄水池。然后，雨水通过水泵加压进入到灌溉系统，滋养邻近花园中的植物。”“雨水阶梯”的标识解释道，“科学中心的屋面和哈利伍德花园收集的雨水，经过这个水道，进入马丁大厅后面的蓄水池。储存的雨水将被缓慢地排放到克鲁姆小溪的流域当中。”这两个雨水路径都非常好地展示了本设计的主题：雨水应该进入地下！无论是在有水或是无水的状态下，两个系统都能够清晰地传达出以上的信息。

科学中心的设计团队非常成功地确保了雨水系统与不同的人群相遇，无论他们在室内还是室外。埃尔德里奇公地两侧的玻璃幕墙的设置，使人们既可以俯瞰北面的雨水梯级，又可以眺望南面的水墙。此外需要指出的是，这两个系统都位于户外人群聚集区域的边缘位置。最后，值得提到的是，冬天雨水会在项目表面结冰，形成迷人的景象。

为了与渗透主题保持一致，本设计地坪标高的表面没有可见的积水，也没有排水沟。人与雨水最多的互动方式就是用手指在高出地面的水槽中划过。

中心信息是，“我们关心，我们对环境负责，我们希望你了解雨水”（通过其可见性和教育项目的方式实现）。此外，“我们很聪明，我们知道如果处理能使系统更有趣，你一定会注意到的。”这句话在大学校园里尤其适用。

本ARD项目中，上、下两个雨水路径讲述的故事是：它们采用了笔直、线性的造型，在整体景观环境中非常清晰且突出。流槽墙到卵石水池的重复手法说明，在这两个地点系统的作用是相同的。

说明

- 项目景观设计师认为，客户对“跨专业领域的真正合作”的坚持是本项目成功的基础。
- 本ARD项目回答了这个问题：“是的，但是在寒冷的气候下怎么办呢?”答案是：因为这个ARD中的雨水流动不依赖于管道，所以它们创造了一个结冰的不寻常景象。

信息来源

Baird, Mara. 2013. Personal correspondence with authors.

Einhorn Yaffee Prescott, Architecture & Engineering. n.d.. “Building as an Integrated Teaching Tool: The New Science Center at Swarthmore College.” http://www.pkal.org/documents/EYP-Swarthmore1.pdf.Accessed June 11, 2013.

“Green Design: The Scott Arboretum of Swarthmore College.” n.d. Brochure. http://www.scottarboretum.org/publications/GreenDesign-2.pdf. Accessed December 2, 2013.

“Rethinking Form and Function: Swarthmore College Unified Science Center by Einhorn Yaffee Prescott and Helfand Architecture.” *ArchNewsNow*, July 19, 2005. http://www.archnewsnow.com/features/Feature171.htm. Accessed October 17, 2013.

Swarthmore College Science Center, Swarthmore College. 2005. “LEED Project 122 Final LEED v2 Review.” http://www.swarthmore.edu/NatSci/sciproject/ScienceCenterLEED.pdf. Accessed December 2, 2013.

“Ten Years of the Science Center: A Celebration.” 2012. http://www.mfairleydesign.com/Science_Center_folding.pdf. Accessed June 23, 2013.

案例研究5

华盛顿州，西雅图，“生长的藤街”（召唤水箱和水池台地）

减少雨水污染负荷

教育性特征

减少径流对下游的破坏

休闲娱乐性特征

安全传输、控制和储存雨水

公共关系特征

雨水收集利用

安全性特征

图4.13 这个巨大的“手”（请注意与照片中的行人尺度对照）的手腕是一个粗壮的水箱，它开玩笑似地向所有的路人暗示对雨的渴望（设计：GAYNOR, Inc.，Carlson Architects, SvR设计公司，Buster Simpson；照片：Stuart Echols）

日期： 2003年

面积： 召唤水箱占地700平方英尺（约65平方米），水池台阶占地1200平方英尺（约111.5平方米）

地点： 藤街位于第1大道和埃利奥特大道之间，西雅图，华盛顿

业主： 西雅图市；由“成长的藤街委员会”和“贝尔敦P-patch的朋友”（Growing Vine Street Committee & Friends of Belltown P-patch）负责管理

设计： GAYNOR, Inc.; Carlson Architects; SvR Design Company; Buster Simpson

背景

20世纪90年代末，西雅图贝尔敦街区成为艺术家们的天堂。贝尔敦P-patch社区花园的成员们对改善藤街的人行交通和居住环境的质量，以及改善排放到埃利奥特湾的城市水质很感兴趣。通过一系列艺术性的干预活动，藤街的8个街区被打造成城市分水岭，既能减少当地CSO的问题，又能改善排入埃利奥特湾（Elliott Bay）和普吉特湾（Puget Sound）的雨水径流的水质。正如“生长的藤街”项目的景观设计师佩吉·盖诺（Peggy Gaynor）所说明的，该项目包含四个基本意图：

- 创建一个行人友好、生态可持续的绿色街道典范。
- 将P-patch社区花园的品质移植到街面上。
- 处理城市径流和水质问题。
- 模糊建筑与自然环境、汽车与人、水与土壤之间的界限。

“生长的藤街”在实施过程中面临着许多挑战，尤其是城市出于健康和安全考虑进行的抵制（根据盖纳的描述，当时城市监管者更能够接受在郊区建设开放洼地和雨水庭院，相反，他们担心在密集的城市环境下建设绿色基础设施的风险）。因此，为获得市政机构核发的建设许可和运营维护协议花费了很长时间，并且城市不允许对街道径流进行管理，而这恰恰是项目提案者最希望获得的支持。

而今，藤街的两个街区被两个独立的艺术系统赋予了极大的活力，同时它们还管理着邻近建筑的屋面雨水径流。位于81藤的召唤水箱和贝尔敦P-patch附近的蓄水池台阶形成了一个涵盖两个街区范围的雨水管理体系，沿着藤街的山坡向埃利奥特湾顺势而下。

功能性特征

召唤水箱的基本雨水管理理念是收集、传输、净化和回用于灌溉；蓄水池阶梯的目的是收集、传输、净化，以及下渗或者滞留和排放。

召唤水箱是一个15英尺（约4.57米）高、6英尺（约1.83米）直径的镀锌铝圆桶。它可以从邻近的81藤建筑屋顶收集雨水径流；屋顶径流首先在屋顶种植池进行过滤，然后通过雨落管下落到水箱处。在水箱上部，分流器将一些径流送入容器中，而其余径流则流入三个圆形种植池中的第一个。这三个种植池设置在本地植物床之上，水流接连不断地顺势从山上流下；混凝土排水口从每个种植池中延伸出来，使雨水溢流至下一个种植池之中。值得注意的是，其余的屋顶径流通过一个不同寻常的烛台状雨落管装置进入城市排水系统。这个有趣而有创意的基础设施中使用了两个独立的卢米埃尔式插曲般的在顶部种植植物的手臂造型，用以迫使径流改道并进行氧化还原反应。

蓄水池梯级是由四个混凝土生物过滤池组成的分层结构，就像山坡上的召唤水箱系统一样，是用来收集藤街沿街建筑的屋顶雨水径流的。每层水池都有一个钢筋混凝土的溢流口，雨水通过溢流口排放到下一层水池中。能够从最低的那个水池溢流出来的雨水，最终会消失在一个连接城市排水系统的雕花玉石的水池中。

进入召唤水箱系统的径流首先在81藤建筑屋顶上的种植池中进行净化；然后径流在通过分层种植池时被进一步生物过滤。在蓄水池阶梯系统中，所有的雨水净化都是通过连续种植池的生物过滤作用完成的。

该项目的主要驱动力是减轻CSO问题对埃利奥特湾和普吉特湾的污染。据盖诺说，进入召唤水箱系统中的所有径流都滞留在水箱或种植池之中，没有流出系统之外；在蓄水池阶梯系统中，大量的雨水被滞留在种植池中，部分排入城市排水系统。

径流是通过一个封闭的雨落管系统进入到召唤水箱之中的；水箱顶端有一个分流器，把一些水送进水箱，一些送进生物滞留池中。在整个ARD系统中，所有剩余的传输和储存都是遵循着“把流速减慢，把水流分散，吸收水流”的精神，把雨水分散到种植池和蓄水池中。“安全的备用方案”是指从两个系统溢出的雨水可以排放到城市排水系统之中。

图4.14（左） 贝尔敦P-patch社区花园的人行道对面，阶梯式渗透池沿着斜坡设置，底部产生的所有溢流都被引入城市排水系统（设计：GAYNOR, Inc.，Carlson Architects, SvR Design Company, Buster Simpson；照片：Stuart Echols）

图4.15（右） 81藤的其他屋顶径流直接流向这些烛台式雨落管系统中，它们有趣的造型可以蒸发一些雨水，其余部分的雨水将被氧化还原（设计：巴斯特辛普森；照片：Stuart Echols）

召唤水箱可以容纳300加仑的屋顶径流，用来灌溉81藤建筑前面的植物。这些系统中其余的径流，除了一少部分从蓄水池阶梯排放到城市下水道之外，其余的径流都用于灌溉雨水管理系统中的种植池。这是雨水管理系统与绿色基础设施有机共生的特色之一。

人性化特征

在艺术家的社区里，这个古怪、有趣的ARD恰如其分地融入了他们这个场所。首先，81藤是通过两个吸引眼球的雨落管来收集屋顶雨水径流的，一根顺着建筑外立面设置，另一根设置在人行道和马路中间的临街处，他们都是艺术家巴斯特辛普森的作品。最接近西部大道的雨落管在前面已经描述过了：两组顶部种有植物的烛台臂造型的雨落管系统，使雨水向下流动时更让系统惹人注意并且显得非常有趣；人们可以想象，落下的雨水被收集后，会被送到每一只台臂上用于滋养上面的植物。另一个雨落管系统是召唤水箱，这个半开玩笑的作品也可以看作是向文艺复兴时期著名艺术大师的致敬，它源自米开朗琪罗在西斯廷教堂（Sistine Chapel）绘制的名画中的一个典故，即亚当伸出手指从上帝那里获得了生命之水，只是这次伸出“手指”接受圣水的是这个水箱而已。建筑外墙上的雨落管收集了这生命之水，然后在半空中与建筑分离，雨落管斜向延伸后与水箱的“食指”相连接，“食指”其实也是一个半圆形的雨落管，被制作成弯曲的状态，看上去像人类的手指一样。另外三个雨落管从水箱上延伸出来，构成其余的手指，第五个“拇指”作为排水口，将部分径流传输到水箱下面的分层生物蓄水池中。一个红白相间的标尺从水箱顶部伸出来，以显示水箱的容量。

其余的绿色基础设施呈现出更加柔和的景观人性化，雨水顺着山坡上位于人行道和马路中间的两套独立种植池系统流向下游。

这个有趣的系统讲述了很多关于雨水的故事。首先，辛普森的两件作品——烛台雨落管和西斯廷教堂的仿制品——都将雨水视为生命之源，不管是对鲁米埃尔的植物还是召唤水箱的生命。两个设计都有清晰含义以及清晰的雨水路径；两者合在一起使它们要传递的信息更加明确。雨水系统的位置也同样具有教育价值：雨水在沿路的范围内进行管理，召唤水箱系统设置在P-patch社区花园处，这使得人们不会错过它们。水和植物之间的生命联系是显而易见的。

该系统所沿道路设置，确保每个经过的人都会与这个ARD相遇，无论司机、自行车手，还是行人。设计通过另一种方式来吸引人们在系统周围逗留，并与系统进行互动。人行阶梯紧挨着蓄水池阶梯顺山势向下，那里的人行楼梯从山上级联而下，紧邻分层的水池。四组宽阔而低矮的踏板构成弧形台阶，延展着弧线造型，与雨水系统相呼应。这种设计为路人提供了非常具有诱惑力的街边座位，引导他们在临近水池排水口的地方就坐。

在这个系统中，主要的雨水收集发生在较高的封闭容器中，将游客与大水量的雨水分隔开。水箱的设计是在确保安全的前提下来讲述雨水的故事。人行路紧紧与整个线性的绿色的基础设施系统相邻，理论上讲，人们可以跨过低矮的路缘石进入雨水管理系统。如果他们这样做，每个蓄水池的深度都可以确保他们遇到的任何积水都是非常浅的。

这个项目明确地表达了，“我们关心，我们对环境负责，我们想让你了解雨水，”而艺术上的不寻常设计也表明了，“我们很智慧，我们知道如果系统很有趣，你一定会注意到它的。”

召唤水箱和烛台雨落管都是吸引眼球的焦点，让路过行人很容易注意到雨水的信息。另一种视觉趣味是由两个街区的层叠的蓄水池有节奏地重复设置带来的：山坡上部采用的是圆形的主题，下部采用的是弧形楼梯旁边的梯形主题。这种节奏伴随着雨水从山上向下流动。最后，湿润的触觉感受也引起了人们的兴趣：这个设计吸引行人坐在台阶上伸手去触摸从排水口流出的雨水。

说明

- 与艺术家合作可以在ARDs的设计中产生令人难忘的“特征形象”。
- 公私合作可以帮助ARD获得资金。在这个项目中，社区筹集的资金与城市社区部门的资金相配套。

信息来源

Enlow, Claire. 2003. “A Watershed Moment on a Belltown Street.” *Seattle Daily Journal of Commerce*, February 19, 2003. http://www.djc.com/news/ae/11142097.html. Accessed September 17, 2013.

Gaynor, Peggy. 2013. Personal contact with the authors.

Growing Vine Street Revisited 2004. 2004. http://www.growingvinestreet.org/book.html. Accessed November 13, 2013.

Whitman, Maryann. 2003. “Growing Vine Street.” Reprint from *Wild Ones Journal*, Jan/Feb 2003. http://www.wildones.org/download/GrowingVineSt.pdf. Accessed November 13, 2013.

案例研究6

宾夕法尼亚州，大学公园，山脊和山谷在宾夕法尼亚州立植物园

 减少雨水污染负荷

 教育性特征

 公共关系特征

 安全传输、控制和储存雨水

 休闲娱乐性特征

 美学丰富性特征

 雨水收集利用

 安全性特征

图4.16 无论是在干燥还是湿润的状态下，我们都可以在这个小青石平台上饶有兴致地查询当地泉溪河流域的水系统情况（设计：Stacy Levy与MTR Landscape Architects, Overland Partners；照片：Fred Weber ）

日期： 2009年

面积： 924平方英尺（42英尺 × 22英尺），约85.8平方米

地点： 宾夕法尼亚州立植物园全景展馆，公园大道和比格勒路，大学公园，宾夕法尼亚州

业主： 宾夕法尼亚州立大学

设计： Stacy Levy with MTR Landscape Architects; Overland Partners

背景

宾夕法尼亚州立植物园之所以选址在该地，是因为植物园占用的370英亩的场地是宾夕法尼亚州的主要含水层补给区以及水源保护地。在这个遍布溶洞和地下洞穴的喀斯特地貌区，地下水是饮用水的来源。因此，利用此地建造这个有利于补充地下水且无害于含水层的项目具有十分重要的意义。

植物园的开发始于2007年，是从一个占地30英亩的被人捐赠的植物园建设项目开始的；全景展馆及其周边地区也是这最初开发内容的一部分。之所以如此命名，是因为该建筑的区位既朝向大学校园，又朝向起伏的田野和山脊，站在这里可以看到全区的风景。供俯瞰的园区规划模型展馆内还设置了植物园的志愿者活动中心和卫生间，展馆露台为举办许多活动提供了一个景色优美的场地，从答谢捐赠者的晚宴到婚礼等。艺术家、展馆建筑师和植物园景观建筑师通力合作，在俯瞰展馆附近创作了一个小型台地，成为一个可以兼做地理教科书和雨水教科书的作品——“山脊和山谷”。这个台地用平整的青石制成，上面按照比例雕刻着由本地河流和小溪构成的水系地图，主题意在表现泉溪河流域活跃和生动的样貌。这里标有名称的浅沟代表着本地河道，完全遵循这里的地表水体特征，三个可供就坐的大圆石“山脊”代表着该流域中构成分水岭的线形山脉。

目前宾夕法尼亚州立植物园仍处于开发阶段，资金几乎完全来自私人捐款。这个ARD项目的捐赠者，在宾夕法尼亚州和当地环保领域中非常活跃，尤其在参与“净水保护”（Clearwater Conservancy）这个致力于保护该流域水质的非政府组织的活动中更加积极。因此，当艺术家提出借助全景展馆的屋顶观景台来表达“从屋顶到河流”的设计构思时，自然引起了捐赠者的兴趣。此外，据艺术家说，“该业主倾向于在恶劣的天气状况时给人们一个渴望去场地参观的理由。原本他们来这里可能只是想看一下这幅流域地图，但利用现实中的降雨将雨水与溪流联系起来会让流域地图更加震撼。”

功能性特征

山脊和山谷雨水管理的基本理念是收集、传输、净化和渗透。落在展馆上的雨水被收集起来，并通过一个从屋顶伸出的排水口输送出去。在小的降雨事件中，雨水从排水口滴落到卵石上，流向青石地图；在大型降雨事件中，下落的雨水成弧形从排水口直接跌落在雕刻着四分之一英寸深的河流和小溪的地图上，将在小雨事件时只有地图模样的石板变成一个活生生的微型流域模型。整个台地略微有点坡度，这使得雨水可以按照流域形态流动。当雨水离开地图上最后一条支流秃鹰溪（Bald Eagle Creek）时，它将进入邻近的一个隐蔽排水口，雨水从这里被管道输送大约750英尺（约合275米）的距离，进入连接着宾夕法尼亚州水源地的“湿草甸”渗透洼地内。

径流雨水入渗之前，会在进入学校的主要道路公园大道附近那个植被茂密的湿草甸中进行生物过滤。

这是一个非常简单的系统：小雨通过排水沟进行收集传输，而大雨形成的片流流过青石台面。无论哪种方式，径流都被带到排水口，并通过管道输送到下渗盆地内。如果降雨过于猛烈，管道系统满流，那么备用的方案就是雨水简单地直接流入项目相邻的种植床区域，用于灌溉区域内的植物。

该系统的雨水管理意图是让雨水在经过湿草甸渗透后，补充地下水。这片湿草甸的设计，是为了确保在植物园边界区域公园大道一侧收集的雨水，在进入地下补给水源前进行必要的生物过滤。

图4.17（左） 屋顶径流从排水口跌落到溅水消能卵石上，然后流经略有坡度的雕刻着地图的平台，到达一个隐蔽的排水口。雨水通过管道输送到附近的湿草甸渗透洼地内（设计：Stacy Levy with MTR Landscape Architects, Overland Partners; 照片：Fred Weber）

图4.18（右） 可供就坐的石头“山脊”与有趣的小溪相得益彰，使这个以浮雕方式展示当地地理环境的平台成为一个令人愉快的景点。“水系统”平台被植物所环绕，屋顶到景观的信息非常清晰（设计：Stacy Levy with MTR Landscape Architects, Overland Partners; 照片：Fred Weber）

人性化特征

这幅美丽的环境艺术作品在公共场地呈现了一副惊艳的赞美雨水的图画，它吸引了来自近到周围社区、远到整个州范围内的游客。正如艺术家Stacy Levy描述的，“这个项目赋予雨水一个重要角色：激活这张流域地图，使青石台成为一个有趣的地方。”她补充说，“艺术品既是一个场所制造对象，也是一个工程系统；它为游客提供了一个赞美雨水自然循环的场所”。利维还指出，对于植物园来说，赞美降雨是很自然的事情；用她的话来说，“一个植物园的天气和它的植物一样重要。降雨决定了地域植物的生长，所以雨水的存在需要以一种引人注目的方式来表现。该项目使雨水成为景观的一部分，并将雨水与流域联系起来。此外，由于学生来自许多其他的地区，这似乎是向人们介绍宾夕法尼亚州流域特点的一个重要机会。”

无论是湿润还是干燥，这个平台讲述了泉溪河流域有关水的故事，包括地表水和地下水（洼地和喷泉）。在任何天气下，它都可以为游客、当地居民或者在校学生带来一种美妙的教学体验，帮助他们寻找其熟悉的地理位置，并从潜意识告诉他们水在这些地方是如何工作的。在降雨期间，该系统清晰明了地展示着雨水从屋顶到河流的水文循环。

这个ARD的位置让人难以错过，它毗邻主活动平台，并且可以通过展馆公共卫生间之间的“窗”进行观察。与植物园的所有室外空间一样，游客会被吸引过来；而一旦他们到了这里，长长的石灰岩长椅能为他们提供一个很好的休息地点，让他们停下来仔细观察地图。

因为地图的水道雕刻得太浅了——只有四分之一英寸深——而且径流来自屋顶，这是一个在雨中行走或伸手触摸都非常安全的地方。雨水将会消失在隐蔽的排水口，确保这里没有积水。

这个巧妙的设计传达了许多有用的信息：“我们关心，我们对环境负责，我们想让你了解雨水”是由ARD的高可视性的位置和本设计对教育活动的贡献两个方面来表达的。“我们很聪明，知道你会注意到处理系统，如果它是有趣的”是另一个明确的信息，这得益于很容易跟随的雨水路径以及吸引人们进入并玩耍的流域地图设计。

整个山脊和山谷作为植物园中与水相关的焦点，它的流线组合才是真正吸引人的地方。从屋顶跌落的雨水流线到输送雨水的水槽流线，这个设计使得视线紧紧跟随着雨水路径。另一个令人愉快的特点是，这个设计允许游客可以触摸雨水，无论是从排水口落下来的，还是在这个微型的“河流”中流淌着的。

说明

- 这个设计展示了环境艺术用作绿色基础设施的优秀案例。它提出了一个观点，即ARDs可以被优化，或者完全由艺术家来创建。
- 植物生长非常依赖雨水，所以植物园提供了一个理想的学习地点和学习机会，确保游客提高他们对雨水资源价值的认识。

资料来源

The Arboretum at Penn State. 2008. http://www.arboretum.psu.edu/planning/index.html. Last updated September 18, 2008.

The Arboretum at Penn State. 2013. Promotional brochure created for information and donor relations. University Park, PA: Penn State Publications.

Levy, Stacy. 2013. Personal correspondence with the authors.

案例研究7

佛罗里达州，盖恩斯维尔，佛罗里达大学西南娱乐中心

减少雨水污染负荷

恢复或创建栖息地

安全性特征

减少径流对下游的破坏

教育性特征

公共关系特征

安全传输、控制和储存雨水

休闲娱乐性特征

美学丰富性特征

雨水收集利用

图4.19　无论你是步行去娱乐中心，或者仅仅只是路过，这个设计足够有趣到能够吸引每个人去探索从建筑到生物洼地的雨水路径（设计：RDG Planning and Design；照片：Eliza Pennypacker)

日期：2010年

面积：52000平方英尺（约4830平方米）

地点：佛罗里达州，盖恩斯维尔，赫尔路3150号 西南娱乐中心

业主：佛罗里达大学

设计：RDG Planning and Design

背景

2008年，佛罗里达大学（University of Florida）为了缓解过度拥挤问题，提议扩建西南娱乐中心（Southwest Recreation Center），由此新增的建筑附属物和硬质景观使原有场地增加了近25000平方英尺的不透水表面，并且极大地压缩了包括雨水管理系统在内的各种配套设施空间。这一本来就令人不愉快的结局，由于另外两个现实因素而变得更加严重。首先，市政雨水管理条例要求场地的雨水水量及水质必须在场地内按规定进行处理，项目完工后场地的外排雨水量不能超过施工前的外排雨水总量。其次，唯一可用来管理雨水的场地位于建筑前面，紧邻繁忙的赫尔路。然而这些难点最终却催生了一个值得关注的ARD项目，它证明了如果设计师把景观设计的重点放在雨水上，而不是采取“眼不见，心不烦”的方式将其丢弃的话，则完全可以从雨水柠檬中制作出“柠檬汁”来。

雨水带来的挑战变成了展示雨水和水循环的一个机会，所有经过或进出建筑的行人，还有赫尔路上骑自行车的人和开车的司机都可以看到这个项目。来自建筑屋顶的径流通过6个排水沟从建筑正立面流出，进入一个与建筑和赫尔路平行且种植着茂盛植物的生物洼地内。“从屋顶到河流”的雨水信息已经非常清晰了，但它不满足于此，又通过增加色彩和叙事效果的雕塑和夜间照明令其变得更加有活力（“州内建筑的1%为了艺术”这一要求使这个设计成为可能）。另外，大学还选择这片场地为包括科学、园艺、景观建筑和艺术在内的一系列专业的学生提供教学活动。正如大学休闲体育学院主任大卫·鲍尔斯所说，“景观的使用，雨水花园和西南娱乐中心前面的艺术品，展现了设计师以保护自然的方式达到愉悦美学效果的能力”——这正是你希望从一个自豪的ARD业主那里听到的公开评价。

功能

西南娱乐中心雨水管理的基本理念是收集、传输、净化、滞留和排放。屋顶径流通过雨落管流入建筑立面底部延伸出来的六个填满卵石的铸石碗中；当碗产生溢流时，水就会像瀑布一样流入填满卵石的排水沟中，雨水沿沟穿过入口人行道，进入一个长满了当地植物和堆放大块卵石的分层生物洼地中。在水到达生物洼地时，每条排水沟边缘的拦沙坝将控制水流溢入邻近的下游水池中。生物洼地过滤了径流，并将径流滞留在一个七层的滞留池系统中，在径流被缓慢地排放到市政雨水系统之前，部分径流将渗透至地下。

雨水在经过生物洼地过程中进行过滤。

生物洼地中的分层水池系统减缓、扩散和滞留排放雨水径流，其中一些在此过程中渗透或蒸发。并没有监测系统滞留的径流水量。

该系统的排水沟和生物洼地的尺寸，是根据可以容纳和传输100年一遇规模的降水量确定的。值得注意的是，分层水池系统在减缓和截留生物洼地内的径流方面非常有用，这在一定程度上是对场地5英尺落差、现有设施和成年橡树的组合的肯定，这些其实也是设计的一部分内容。

因为生物洼地设置在黏土层之上，所以只有一小部分径流能够补给地下水（设计者估计只有5%的径流能够入渗）。

茂盛的本土植物生长在又宽又长的生物洼地中，这为本地动物提供了栖息地。

图4.20（左） 雨水通过建筑物延伸出的排水沟进入分层生物洼地；在这个巧妙的围堰设计中，每个排水沟通过坝和堰延伸和下降（设计：RDG Planning and Design；照片：Eliza Pennypacker）

图4.21（右） 每条雨水排水沟通过设置的平缓护坡，从视觉上跨越生物洼地，通过石头铺装一直延伸到公共人行道上。这个设计好像非常明显地在公开邀请人们与之互动（设计：RDG Planning and Design；照片：Eliza Pennypacker）

人性化特征

“让雨水闪烁”成为这个巧妙的雨水解决方案的核心含义，因此这个以雨水为焦点的景观使用了一个大胆的表达方式，用以宣示大学的价值观，同时向人们提供进入娱乐中心的丰富多彩的视觉体验。此外，从正面延伸出的六条雨水排水沟与六个色彩鲜艳（且颜色各不相同）的雨水主题雕塑相连接，每条排水沟都延伸到建筑前面郁郁葱葱的生物洼地中。这的确是一个不容错过的人性化雨水设施。

与它的大学环境相适应，这个ARD包含了很多教育性特征内容。首先，易于辨识的雨水路径，从屋顶到排水沟再到生物洼地，清楚地讲述了水文故事。雨水的讲述被六个高大的圆柱形雕塑所升华，这些雕塑矗立在每条排水沟与生物洼地拦沙坝的交会之处。RDG达奎斯特（Dahlquist）艺术工作室的大卫·达奎斯特（David Dahlquist）为这个代表场地特征的艺术装置定名为“渴望”。这六根金属柱只是颜色不同（从霓虹灯洋红色到霓虹灯绿色），它们一致的丝状花纹象征着棕榈的细胞结构从生物洼地的水和土壤中汲取营养。每个雕塑还包含一个圆柱体，晚间它会发出冷冷的蓝光（以防止水的寓意还不太明确）。本土植物、雨水管理、景观设计和艺术的结合，为大学所有相关的专业课程提供了不同的学习机会。从科学到艺术的各种不同专业的学生们，都把这个ARD项目作为学习实验室进行不同主题的学习。

这是一个特别有吸引力的ARD项目，人们会很高兴能够遇到它。它位于娱乐中心的前门和一条繁忙的街道上，设计的内容确保了行人体验的意图。首先，那些在建筑物和生物洼地之间行走的人，不可能注意不到他们要越过的六条排水沟。每条排水沟都将一条建筑物的雨落管与一座雕塑和远处的生物洼地连接起来。更不寻常的是，系统吸引行人进入雨水系统的信息，可以一直传递到赫尔路的人行道上。在那里，由手工安装的暖褐色砂岩路面从人行道延伸到生物洼地，吸引着行人来到这美丽的花园之中。

两个非常巧妙的设计策略使得雨水高度可见，但又非常安全。首先，穿过人行步道的排水沟上面覆盖着考顿钢格栅。另外，从建筑立面外的水碗到生物洼地的拦沙坝，黑色墨西哥卵石布满每条排水沟。当行人安全地通过排水沟时，会充分意识到水流在自己的脚下通过。其次，生物谷边缘的柱状雕塑和植物会作为垂直屏障，阻止游客进入管理系统。

这所大学在设计中成功地将其环境价值表达得相当清楚。ARD清楚表明，“我们关心，我们对环境负责，我们想让你了解雨水”。因为项目位置大胆而精心地选择在新建筑的正对面，这更说明“我们智慧、足智多谋、聪明”。设计还表达了，“我们很聪明，我们知道如果它有趣的话，你会注意到我们的处理方式。”通过不寻常的艺术和灯光效果的运用，表达了“我们富有经验，我们很独特”。

这个设计中包含着各种不同的令人愉悦之处，但又是相互统一并且特别引人注目的。每一个溅水碗和雕塑都成为一个关于雨水的有趣焦点。明亮而又不同颜色的六个雕塑补充了场地上植物的纹理和颜色，以及砂岩、考顿钢和黑色卵石的组合。6条狭窄的排水沟和拦沙坝以一致的节奏穿过线性的生物洼地，将整个场地像经纬线一样编织在一起。

说明

- 有时场地约束反而导致杰出的巧妙雨水设计诞生。设计师为什么不把雨水管理系统放在前门处呢?
- 许多州要求的“州公共艺术”和“艺术百分比”项目可以成为鼓励ARDs项目的策略。
- 无论国家是否要求，与艺术家在ARDs上的合作都可以产生经验上的收益。
- 不要忘记考虑你的ARD项目在晚上的效果。照明可以全天候地传达设计信息。

信息来源

Martin, Jonathan. 2013. Personal correspondence with the authors.

Martin, Jonathan. n.d.. “Artfully Functional: Form Follows Function at the University of Florida.” LandscapeOnline. com. http://www.landscapeonline.com/research/article/17887. Accessed September 27, 2013.

案例研究8

俄勒冈州波特兰市立大学的斯蒂芬·埃普勒会堂

减少雨水污染负荷

减少径流对下游的破坏

安全传输、控制和储存雨水

雨水收集利用

教育性特征

休闲娱乐性特征

安全性特征

公共关系特征

美学丰富性特征

图4.22 这个“生物小巷”是新宿舍、办公室和教学楼室外的公共空间。这是一个非常适合呈现“雨水之谜”景观的室外环境，它好像期待着人们来破解它的玄机（设计：Atlas Landscape Architecture, KPFF Consulting Engineers, Mithun；照片：Stuart Echols）

日期：2003年

面积：20000平方英尺（仅限庭院），约1858平方米

地点：俄勒冈州波特兰市蒙哥马利街西南1136号

业主：波特兰市立大学

设计：Atlas Landscape Architecture; KPFF Consulting Engineers; Mithun

背景

波特兰市立大学曾经是一所两年制学院，现在已经发展成为一所拥有23000名学生的大型综合性大学，也是俄勒冈唯一的城市公立大学。随着规模的扩大，波特兰市立大学慢慢开始了致力于绿色环境战略及教育的工作；如今大学的宣传口号是“学习、生活、工作、放松以及绿色”。因此，学校决定采用绿色的方式新建一栋六层的综合楼。综合楼的2～5层为130套学生公寓，首层是办公室和教室。斯蒂芬·埃普勒会堂（Stephen Epler Hall）是波特兰市立大学（Portland State）首批获得LEED认证项目中的一个，会堂以该校首位领袖和冠军而命名。项目从头到尾都采取可持续发展的理念进行建设。

在当时，波特兰市面临着CSO溢流进入威拉米特河的严重问题。因此该市决心不管在何处，尽可能减少雨水进入其排水系统。城市的这项要求与波特兰市立大学的努力方向很好地结合到了一起，为了给可持续的雨水管理系统建设提供一些激励，城市管理者向波特兰市立大学提供了1.5万美元的赠款，用于开发一种可以减少场地雨水外排所产生的影响的创新雨水管理系统。

因为预算的限制，项目要是想达到良好的效果，业主、开发商、监督官员、设计师这些参与到项目之中的各方人员必须高效合作，以确保项目设定的崇高目标得以实现（城市的小额资助，以及由此产生的期望，使得项目的绿色特征很难通过常规的工程造价投入来实现）。幸运的是，团队的所有成员都会因为该项目的实施而有所收获。最终产生的项目是开创性的——这是一个通过LEED Silver认证的绿色建筑，俄勒冈州第一个使用雨水冲厕的建筑项目，门前是可以减少场地外排雨水负面影响的分散型、可持续雨水管理系统的“生物小巷”，是采用特别饮用水措施以赞美雨水的项目。

功能

斯蒂芬·埃普勒会堂雨水管理的基本理念是收集、传输、净化雨水，并将其用于灌溉或冲厕所，或滞留和排放。屋顶径流通过四个雨落管流入满是卵石的消能溅水池中，每个水池底部的排水口将水引入排水沟中，这些排水沟可以安全地将水流从公共空间输送到生物洼地中（通过过滤种植池下沉）。经过生物过滤的雨水将从生物洼地通过管道输送到底层10000加仑（约37.9立方米）的水箱中，在那里雨水进行紫外线杀菌，再经过过滤，雨水最终被用于灌溉和冲厕。大型降雨事件中，超量的雨水径流通过排水沟依次溢流至下一个层级的生物洼地，超过系统容量（生物洼地和蓄水池的总容量）的雨水将直接溢流进入城市雨水排水系统。

雨水首先在生物洼地（下沉式过流过滤种植池）中进行生物过滤，去除沉淀物和其他污染物，然后在水箱中用紫外线进行二次消毒，杀灭水中的细菌。这些程序使得雨水符合冲厕和灌溉的使用要求。

这个雨水管理理念的最重要目标是减少雨水对场地以外区域造成的影响，特别是对城市雨水排水系统的影响。由于生物洼地的吸附、吸收、蒸发和滞留作用，加上蓄水池的储存调蓄和再利用，使得该项目的径流外排量显著减少。根据现场监测，项目场地消解了本应进入城市排水系统中的26%～52%的雨水径流量（取决于一年中降雨量分布情况）。

安全性特征在项目功能性和人性化要求中都是需要重点考虑的。在项目功能性特征方面，安全主要是通过冗余量和备用系统体现的。例如，如果溅水消能池的排水口堵塞，多余的雨水将通过溢流管进入生物洼地。另一项安全措施是将径流分散在五个单独的浅的生物洼地之中。这种方式，既能储存大量的水，又不会使任何一个储水空间深到发生危险的程度。同样重要的是，生物洼地需要设计约12英寸（约30.5厘米）深的缓冲区高度，在系统溢流前用来调蓄部分水量。发生溢流时，设计应确保多溢流雨水通过连接水沟从一个生物洼地输送到下一个生物洼地，如果水量大于所有五个生物洼地储存空间可以承受的容量，位于最后面的一个生物洼地就将多余的雨水输送到城市雨水排水系统中。

图4.23（左） 屋顶径流通过雨落管落在溅水块上，然后向外分散，流入填满卵石的消能池中。消能池的底部设置了一个出水口，将大部分雨水排入排水沟。排水沟与生物洼地相连，通过花岗岩之间的空间，在行人脚下安全地输送着雨水（设计：Atlas Landscape Architecture, KPFF Consulting Engineers, Mithun；照片：Stuart Echols）

图4.24（右） 花岗岩铺装中设置的排水沟在下沉式生物洼地处平直相衔接，这很容易激起人们的好奇心来探索系统工作的原理：雨水通过溢流从上层的生物洼地进入到下一个生物洼地中，根据降雨事件的大小程度，产生不同的状况（设计：Atlas Landscape Architecture, KPFF Consulting Engineers, Mithun；照片：Stuart Echols）

该系统每年向1万加仑（约37.9立方米）的水箱累计输送约11.1万加仑（约420立方米）的水。其中约1万加仑（约37.9立方米）的雨水径流用于灌溉，10万加仑（约380立方米）的雨水用于冲洗斯蒂芬·埃普勒会堂首层厕所。

人性化特征

斯蒂芬·埃普勒会堂的雨水管理系统展示了一个有趣的、引人入胜的赞美雨水的仪式。因为雨水系统围绕着人行空间，分散设置在“生物小巷”的整个场地中。这样设计的原因很简单，就是为了让人们无法错过它。当处于干燥状态时，这个系统就像一个拼图：它的顺序和功能期待着被人们破译（这在大学校园的环境中是再合适不过的了）。下雨时，系统会播放一场精彩的雨水演出，学生们会被吸引，从宿舍里出来观看。

引人入胜且高度可见的雨水路径能够确保观众收到一条清晰的信息“雨水是资源”：雨水从屋顶落下，进入这个空间，分散到各个种植池中进行下渗，与此同时，种植池也得到雨水的滋养。当一个种植池被淹没后，雨水很明显会依次进入到下一个种植池中，一直被输送到线路的末端。要是完全理解这个系统需费些力气，但如项链般的雨水路径和生物洼地的设计使系统的功能既有趣又清晰。如果访客还是不明白系统的原理，一个带有简短文字和图表的小标识可以清晰地解释系统的原理。在一楼的卫生间里还贴着额外的信息标识，上面写着冲洗厕所用的是雨水。

这个项目非常有趣，它让参观者的思绪沉浸在由广场中穿插的排水沟和下沉式种植池构成的雨水拼图的景观之中。在去朋友宿舍的路上，学生们一定不会错过这个雨水系统。当下雨的时候，位于落水管和雨水消能池对面的带有顶棚的长椅，为参观者提供了一个观看雨水演出的绝佳场所。

如前“功能性要求”部分所述，安全是这个ARD项目必须具有的特征。在人性化要求方面，意味着参观者在完全了解这个雨水系统的同时，能够远离危险。关于安全，第一个值得提到的措施是在广场中穿插的排水沟，这些通道中“铺设”的花岗岩块，只有底部使用水泥砂浆进行粘接固定，这意味着水是可看到且可听到的。行人可以直接在通道上面行走而不需要担心湿鞋或崴脚。另一个安全措施是关于生物洼地，那个高出地面的混凝土“镶边”（除了在排水沟与生物洼地相连接的地方没有之外），既为参观者提供了可临时就坐的地方，又阻止人们进入下沉式的种植池。

如果波特兰市立大学想要获得致力于绿色环保的声誉，这个项目恰似大声而清晰地向公众传递了这个信息。首先，它说，“我们关心、我们对环境负责，我们想让你了解雨水。”同时，它也传递了一个具有大学特征的信息“我们很聪明，因为我们知道如果这个雨水系统很

有趣，你一定会注意到它的。”以及“我们很智慧，因为我们如此巧妙地利用了有限的空间和分散性的系统，你根本不可能错过它。”总起来说，波特兰市立大学传达的信息是，既对环境负责，又轻松愉快，甚至有点儿不太正经——这是一个特别适合利用大学宿舍室外场景来传达上述信息的做法。

边缘笔直的矩形场地特征构形成了“生物小巷”中与城市背景主题非常契合的设计。系统由一个正交的场地排水沟和矩形生物洼地组成。设计采用统一的构图策略，直线型排水沟和矩形生物洼地通过采用重复的节奏和模式有机地组合在了一起。此外，设计中颜色和纹理的运用是通过采用黑色卵石（在每个排水沟入口处设置，用于消能及减少侵蚀）和灰色花岗岩与生物洼地中柔软的莎草和灯心草科植物形成对比，增加了场地景观的丰富性。

说明

- 该项目展示了巧妙利用空间的优势：将雨水系统分散到空间受限的场地之中，这样可以确保ARD成为场地的焦点和主题。
- 因为CSO的削减，该项目获得市政当局新建项目开发税费中共计7.9万美元的退税。
- 下沉式生物洼地是这个绿色基础设施系统中唯一的种植区域，这使得系统维护工作简单明了。

信息来源

McDonald, Steve. 2006. Interview with authors (architect from Mithun).

Miller, Terrence. 2002. “From Pollution Source to Resource via Value-Added Design.” A report for the Hixon Center for Urban Ecology and in fulfillment of F&ES 546a, Yale School of Forestry and Environmental Studies.

“Stephen Epler Hall.” 2012. *Landscape Voice*. http://landscapevoice.com/stephen-epler-hall/. Accessed November 7, 2103.

Turner, Cathy. 2005. “A First Year Evaluation of the Energy and Water Conservation of Epler Hall: Direct and Societal Savings.” Masters of environmental management project, Department of Environmental Science and Resources, Portland State University. http://www.lafoundation.org/research/landscape -performance-series/scholarly-works/?benefit=benefit_id_7. Accessed November 8, 2013.

Wilson, Nick. 2013. Personal correspondence with authors (principal of Atlas Landscape Architecture).

案例研究9

乔治亚州，亚特兰大，历史第四区公园

减少雨水污染负荷

恢复或创建栖息地

安全性特征

减少径流对下游的破坏

教育性特征

公共关系特征

安全输送、控制和储存雨水

休闲娱乐性特征

美学丰富性特征

雨水收集利用

图4.25　很难相信这个吸引人的公园是一个可以收集500年一遇降水量的蓄水池。在它具有完全不同风格的两个休闲区的不同空间内，设计采用了非常简单的安全性特征设计，防止雨水与人的接触（设计：HDR；照片：Eliza Pennypacker）

日期：2009～2011年

面积：17英亩（约6.9公顷），2个城市街区分期建设【第1期：5英亩（约2公顷）；第2期：12英亩（约4.9公顷）】

地点：佐治亚州，亚特兰大市，安吉尔大道NE

业主：亚特兰大市

设计：一期，HDR（蓄水池公园）；二期，Wood+Partners（多功能娱乐公园）

背景

历史第四区是亚特兰大最初的6个区中仅存的一个分区。到21世纪初，这个包含马丁・路德・金（Martin Luther King Jr.）出生地的社区，被《亚特兰大宪法报》(Atlanta Journal-Constitution）描述为“一片荒芜，到处是破碎的混凝土，在无人照料的环境下杂草和参天大树自然生存”，因此改变这里的环境是必须且紧迫的。就在此时，一个计划连接45个社区，总长22英里（约35.4千米）的公园、步道和交通网络项目——亚特兰大环线，计划穿越第四区东部。因此在2008年，城市对老四区的总体规划进行了修编，规划采用了可持续发展作为指导原则，包括环境、社会和经济三方面。该区域内有一片场地需要特别关照，即清溪流域（Clear Creek watershed）内一块贫瘠、受污染的低洼场地，它紧邻亚特兰大环线项目用地西侧。该场地在大型降雨事件时极易发生洪水。如果市政当局能够解决洪水问题，这一区域的土地将会因为亚特兰大环线的吸引力，得到更多的发展机会。和城市缓解污水的目标相比，现有9英尺×13英尺（约2.74米×3.96米）的雨污合流排水渠是满足不了需求的。他们发现，建造一个可以抵御500年一遇降雨规模的蓄水池实际上比建造标准的灰色基础设施的解决方案便宜得多。市政当局也意识到，如果把蓄水池设计成为公园的中心景观，这种人性化特征将引爆该地区的二次开发。因此，这片棕地变成了一个雨洪管理公园，是亚特兰大环线这条美丽项链上的一颗宝石。它已经刺激了超过4亿美元的私人投资，参与新历史第四区公园（Fourth Ward park）毗邻地区的土地开发项目。

公园由四个区域组成：中间的地块以下沉式蓄水池塘为中心，包括远眺区、广场、步道、喷泉和圆形剧场。蓄水池南部山坡上建造了一片高地草坪，它是亚特兰大市的第一个滑板公园。另外还有一个戏水游乐场和一条沿着小径和野花草地流动的雨水小溪。

功能性特征

历史第四区公园项目基本的雨水管理理念是收集、传输、净化、再利用或滞留和排放。场地内开挖了一个2英亩（约0.8公顷）大小的深至地下水位的蓄水池，清溪的水通过管道以每分钟425加仑（约1.6立方米）的流量引入这个蓄水池中。此外，从周围800英亩（约320公顷）的汇水区域收集的雨水径流也通过管道进入这个蓄水池。蓄水池的一部分水经过再循环，形成了南部的自然形态的溪流；一部分水进入到一个2万加仑（约75.7立方米）的水箱中用于灌溉。雨水溢流将通过一个控制释放装置，缓慢地排放到高地大道下的雨污合流排水系统中。

雨水通过多种方式进行净化，包括溪流循环曝气和生物过滤等。池塘中三个不同的喷泉曝气增氧，沉淀物沉淀在池塘底部。

滞留和再利用系统大大减少了进入雨污合流排水系统的峰值流量，但没有相关的数据。

收集管理800英亩（约320公顷）汇流区域的雨水径流意味着要进行宏大的规划：35英尺（约10.7米）深、占地2英亩（约0.8公顷）的蓄水池能够承受500年一遇的设计降雨量。灰色基础设施的管道系统也是巨大的，包括一个24英寸（约61厘米）直径的管道接入现有的9英尺×13英尺（约2.74米×3.96米）的排水干渠中，还有一个近1000英尺（约305米）长的6英尺×3英尺（约1.8米×0.9米）的箱型涵洞。

容量2万加仑（约75.7立方米）的水箱的水来自小溪和雨水径流，用于灌溉公园景观。小溪和雨水循环流动，并设置有喷泉，形成了具有创造性的宜人雨水回用设施。

本土的野花草地和河流岸边的城市森林植被具有南方地区特色，池塘中的滨水植物创造了湿地栖息地。

图4.26（左） 深35英尺（约10.7米）、面积2英亩（约0.8公顷）的蓄水池大大缓解了当地严重的内涝问题。一些收集的雨水被再次循环到南区的自然形态的河流中，一些雨水被转移到一个蓄水池用于灌溉。溢流被控制性排放到城市排水系统中（设计：HDR；照片：Eliza Pennypacker）

图4.27（右） 这条螺旋形的雨水路径把雨水从上面的平台带到蓄水池；在螺旋形内部的末端，水在鹦鹉螺形的排水盖处消失。之后，雨水以阶梯下降的方式，重新出现在下面的蓄水池中（设计：HDR；照片：Eliza Pennypacker）

人性化特征

历史第四区公园处处都在赞美着水：在南边的地块里，水出现在小溪和溅水乐园中；在蓄水池区域，排水沟、梯田上的水槽、喷泉、广场，当然还有大池塘，都以各种形式呈现着水的乐趣。但游客必须通过仔细观察这些特征，才会意识到这些水其实都是雨水。该设计的三个关键部位清晰地讲述了雨水的故事：

- 在蓄水池上层平台上的螺旋传输水道
- 一条阶梯式的渠道，雨水从上面的平台滚到池塘中
- 两行水平的河流岩石镶嵌在花岗石的蓄水池壁上，他们可以标记出不同规模的降雨事件所对应的水位

在公园的南部地块，好奇的游客们探索着一条讲述雨水故事的迷人雨水路径。首先，在下沉池塘上方南边的露台上，一条奇特的石头水道蜿蜒敷设在一个砖砌入口广场的缓坡上。它的源头在街道附近是看不见的，但这条水道似乎是邻近地块自然形态河流的城市化延伸（意在向清溪致敬）。在它的下游终点处，靠近池塘远眺平台处，水道沟螺旋向内，水流进入一个美丽的鹦鹉螺形排水口消失了。游客自然而然地会从远眺平台处沿着池塘特征往下寻找，当他们的目光落在那些台阶上时，才会发现一个巨大的排水管从平台内侧下方的墙面上伸出，从里面流出的水顺着人行台阶流入池塘之中。平台上的水就是流到那里去了！从管道排水口的大小来判断，这个池塘显然是螺旋水道中雨水的终点，而池塘中水的来源却远远不止这一处。池塘区被它周围竖立的35英尺（约10.7米）深的花岗岩墙壁所包围（但令人惊讶的是并不感觉狭窄），好奇的行人一旦来到这里，肯定会注意到两条完全水平的河岩标记线用水泥砂浆砌在墙壁上，一条在小路上方约4英尺（约1.2米）的高度，一条在上方约6英尺（约1.8米）的高度。该处附近有两个地方显示出了河岩标记线所代表的含义，分别在池塘中部位置的两岸，花岗岩上凿刻着文字，下面一行是“百年一遇降雨”，在上面一行是“五百年一遇降雨”。于是突然之间，雨水的故事就变得清晰起来了。

当然，蓄水池本身就是一个娱乐场所，小路和广场吸引着游客们前来漫步和坐下歇息。同时设计也确保了游客们与雨水系统的相遇。我们被吸引着跳过浅浅的、螺旋形的水道，沿着阶梯式的雨水通道旁边的楼梯往下走，沿着水池墙壁上的暴雨标记线漫步。

安全的水上景观是这个设计的基石，特别是从沿着循环雨水小溪和池塘蜿蜒敷设的吸引人的人行路。在这两个地点，都有加装了纤细钢索的不锈钢栏杆来保证游客不会误入雨水系统之中。栏杆精致而优雅地沿着弯曲的路径设置，它们非常纤细，蜿蜒在道路周围，既能够保证雨水的可见度，同时也为游客设立了一个安全的垂直屏障。在蓄水池下方岸边，这些轻盈的小路以优美的曲线形态沿着水边敷设。此处为了保证绝对安全，钢索的数量被最大化了（从上到下共12根）。而靠近岸边的水中暗格（一种设置在水面以下的植物种植格）可以确保任何人即使跳进水里都不会沉得太深。

该设计传达了在许多优秀的ARDs中都有体现的两个信息：“我们关心，我们对环境负责，我们想让您了解有关雨水的知识”和“我们很智慧，我们知道如果您觉得有趣，您会注意到我们的处理方法。”与它的娱乐功能相匹配，这个项目中的雨水信息都是非常有趣的，它吸引着人们利用自己的智力和体力来进行探索。

在这个复杂的、多界面的设计中，有两个美学方面的特征非常突出。首先是分布在场地各处的雨水路径，从迂回曲折的“小溪”沿着山坡蜿蜒而下，到螺旋形的水道；从水的弧形阶梯到步移景异的步行街。当它们经过池塘的时候，感觉整体的形象都液化了一样。同样值

得注意的是大而深的池塘，这是一个很大的盆地，显然能够应对一场大规模的暴雨。但它的设计却非常巧妙，即使在地面以下35英尺（约10.6米）处的小路上，我们也不会有幽闭恐惧之感。

说明

- 这个ARD证明了绿色基础设施可以比灰色基础设施更便宜：市政当局估计，这个雨水管理系统节省了1000万～1500万美元的投资。
- 这个项目也证明了一个以雨水为中心的公园可以在有效管理雨水的同时，激起再开发的积极性，同时有利于社区和税收。
- 该项目被选为佐治亚州七个ASLA试点项目之一。

信息来源

Astra Group. n.d. "Clear Creek Combined Sewer Basin Relief." main.astragroupinc.com/wp-content /uploads/2012/01/Clear-Creek.pdf. Accessed December 1, 2013.

Burke, Kevin. 2013. Personal communication with the authors.

HDR, Inc., and Wood + Partners. n.d. "Atlanta's Historic Fourth Ward Park." LandscapeOnline.com. http://landscapeonline.com/research/article/17483. Accessed September 23, 2013.

Tunnell-Spangler-Walsh and Associates. 2008. *Old Fourth Ward Master Plan*. Prepared for the City of Atlanta Department of Planning and Community Development. http://georgiaplanning.org/pdfs/2009_awards/old_fourth_ward__plan_document3.pdf. Accessed March 3, 2015.

案例研究10

马萨诸塞州，剑桥，麻省理工学院斯塔塔中心，消融盆地

减少雨水污染负荷

减少径流对下游的破坏

安全传输、控制和储存雨水

雨水收集利用

教育性特征

休闲娱乐性特征

安全性特征

公共关系特征

美学丰富性特征

图4.28 消融盆地为弗兰克.盖里Frank Gehry打破传统的斯塔塔Stata中心在审美上进行的烘托，同时，盆地还是一个几乎无法进入的下沉式雨水管理系统，处理它周围大面积的不透水表面的雨水径流（设计：OLIN, Nitsch Engineering；照片：Stuart Echols）

日期：2003年

面积：300英尺×75英尺的盆地，约91.4米×22.8米

地点：马萨诸塞州剑桥市瓦萨街32号楼

业主：麻省理工学院

设计：奥林；尼奇工程公司

背景

剑桥市面临的主要问题是合流制溢流问题（CSOs），项目所在地附近的瓦萨（Vassar）和主街（Main Streets）的合流制排水系统也是同样，很容易发生内涝。虽然雨水可以被这些管道输送到污水处理厂，但当遭遇大量雨水发生溢流时，排水系统中未经处理的雨污水就会直接流入查尔斯河。因为麻省理工学院的排水问题也是其中的一部分，1998年学院收到了来自环境保护署（EPA）高额罚款的处罚通知。而此后发生的事实是，麻省理工学院并没有简单地为他们过去的环境责任支付罚款后一走了之，而是与环境保护署合作，开发了一些对未来环境负责任的解决方案。正如麻省理工学院环境项目主任杰米·刘易斯·基思（Jamie Lewis Keith）所说："麻省理工学院的做法是将法律要求与各项举措结合起来，使我们的校园环境更加可持续。""这不仅为环境带来了更大的好处，还减轻了监管负担，同时向我们的学生传递了一个强有力的有关环境责任的教育信息。"

当麻省理工学院计划用新建的斯塔塔中心作为科学和人文学院的教学楼时，学院承诺采用以可持续的方式来解决剑桥雨水管理的要求。斯塔塔中心的消融盆地被设计成美观并与功能相结合的景观，通过管理从半英寸到100年一遇降雨量的雨水来满足城市要求。

据该项目的首席土木工程师史蒂夫·本茨（Steve Benz）介绍，设计团队致力于完成一个系统性的整体措施，以达到项目设定的崇高目标。他们决心将景观形式和性能有效地结合起来，也就是创造出一种能够承担雨水管理工作，同时为经过场地的行人提供独特的视觉人性化特征的景观。正如本茨所说："这是我们第一次做这样的事情，所以我们在工作的过程中，产品和团队都需要大量的信任来支撑。"团队从预算到法规面临着许多的挑战，功能意图也在不断地提升，新的想法不断在原有的想法基础上诞生。其结果创造了一个最不寻常的ARD——麻省理工学院校园中一个"不合逻辑"的景观。迄今为止，这是我们遇到的在技术方面最为复杂的项目。

功能性特征

消融盆地基本的雨水管理理念是收集，净化，重新用于冲厕和灌溉或滞留和排放。雨水从斯塔塔中心广场和屋顶，以及三个相邻建筑的屋顶，收集输送到场地内。有些直接进入地下蓄水池，有些则通过管道进入景观蓄水池，连同周围铺装产生的地面片流一起，在那里进行生物过滤。太阳能动力的循环水泵使水在景观蓄水池中流动，在保持植物生长所需的湿润度的同时继续净化水质。因为景观池底部设有保水层，所以它可以保持湿润，同时保水层上的孔洞也将一部分水缓释到下面的蓄水池之中。蓄水池常态下储存5天的冲厕和灌溉用水水量；多余的水将溢流进一个泵站，在那里水泵可以将溢流水输送到瓦萨街下的排水系统之中。

直接进入蓄水池的径流首先是通过涡流分离器（一种将悬浮固体从雨水中分离出来的装置），大颗粒悬浮物被去除，而直接流向景观蓄水池的径流则在那里进行生物过滤。雨水在蓄水池中通过再循环进一步被净化了，而蓄水池中储存的水将经过紫外线辐射杀菌。污染物最终会减少80%。

该项目的主要目标是减少CSO和环境污染对查尔斯河的破坏。景观蓄水池本身足够大，可以滞留100年一遇降雨强度下24小时连续降雨的雨量，地坪下的主蓄水池可以滞留5万加仑（约189立方米）的降雨量。由于这巨大的调蓄空间和积极的雨水回用措施，系统减少了场地90%的峰值流量。

这个ARD是我们所有研究的案例中最复杂的一个，它包括很多灰色基础设施的内容。项目中，雨水传输系统主要是用管道来完成的，而不是外露可见的雨水路径。大部分雨水被储存在地下的蓄水池中，而景观水池里的水——在没有洪水的情况下可以达到100年一遇的存储量——将会在24小时内被释放到地下蓄水池中。

因为这个地方以前是棕地，所以渗透作用首先被排除在方案之外。每年会有超过一百万加仑的雨水被回用于灌溉和冲洗厕所。

图4.29（左） 石笼的路缘不仅阻止了人们进入蓄水池（其金属丝网格粗糙而锋利），还充当了一个垃圾拦污栅，在接受来自路面和广场片状径流时，将水中的杂物进行拦截（设计：OLIN, Nitsch Engineering；照片：Stuart Echols）

图4.30（右） 蓄水池景观，寓意为新英格兰河岸和/或德拉姆林或莫雷纳冰融地貌。它作为一个行人路过时可以欣赏的道路景观（或通过桥梁从上面穿越而过）（设计：OLIN, Nitsch Engineering；照片：Stuart Echols）

人性化特征

在这个项目实施之前，场地曾是由一片柏油路、一座两层楼高的二战时期的建筑组成的，场地用于停车和步行，完全没有大学校园的感觉。奥林对于这个场地的设计理念是想通过建造一个复杂、可见的绿色基础设施系统。具体是通过雕刻的、种植的、下凹的盆地地貌来呈现一个抽象的新英格兰河岸景观，它微妙地表达了水以及它的短暂性。消融盆地这个名字是对区域冰川地貌的一种尊称，在这里岩石和砾石消融形成了线性冰川沉积物（冰碛）。下沉的盆地被设计成一个不能进入，只供经过时欣赏的景观。它的南侧是惠特克大楼，北侧是沥青铺就的区域。

奥林的设计具有美学丰富性特征，但它并不是刻意去表达。消融盆地非常巧妙地再现了它所象征的河流和地貌特征，但是除非一场大雨刚刚来过，雨水充满了下沉的盆地，否则人们很难看出它其实是一个雨水管理系统。当我们2006年第一次访问麻省理工学院时，我们对这样一个充满雄心壮志的雨水管理系统在不可见的情况下运行而感到遗憾，虽然可能在麻省理工学院看来，这样的设计会被人们理解和欣赏。从那以后，麻省理工学院增加了一个标识来解释这个系统的工作原理。

当你经过这个ARD项目的时候，你将有机会看到这个与区域自然景观相呼应的场地景观。下沉的矩形盆地的两侧是分层的石笼，可供人们就坐但并不是非常舒适。

消融盆地吸引游人观看，但通过不同的方式阻止他们进入系统。首先，场地内设置一座横跨盆地的桥梁，允许人们直接进入惠特克大楼；通过桥的形式表达桥下这个盆地将是一个盛水用的大容器，但与此同时，桥上的金属网片栏杆阻止人们进入。在盆地的两侧，相邻的铺装区域的边缘设置着阶梯式的石笼；岩石碎片和粗糙的金属网格组合成人们无论步行或坐着都不是很舒适的粗糙表面。盆地南侧是沿惠特克大楼的人行道；虽然这里地势平坦，但ARD项目中茂密的植被和岩石阻止了人们的进入。

在添加解释用的标识之前，消融盆地传达的信息是："我们想提供一个美丽的景观"。但如前所述，它是一个"不合逻辑的景观"：一个模糊的河流，难以接近的盆地，处于混乱的多用途沥青带的边缘。让人欣喜的是通过一个小小的标识，这个项目现在清晰地传达："我们关心，我们对环境负责，我们想让你们了解关于雨水的知识。"和"我们对雨水管理很彻底，并愿意使用广泛、复杂的方法来实现可持续的目标。"这两个信息的组合似乎特别适合这所大学的教育环境。

从美学方面讲，这个设计首先是在一个棱角分明的校园环境中呈现了一个蜿蜒的、绿色的、自然的场地景观。其轻快的地形优美而弯曲，并通过蜿蜒散落在场地边缘的巨石进行强调（暗示冰川沉积）；它与盆地的直线形边缘形成了鲜明的对比，表明这片自然的景色是通过对校园网格化的布置进行剥离后创造出来的。同样值得注意的是，盆地中植被和岩石的纹理和颜色与周围的建筑物和铺好的地面形成的对比效果。

说明

- 工程师史蒂夫·本茨（Steve Benz）在他所有的ARDs中都使用了“景观性能”策略：使景观功能成为项目的基础。
- 消融盆地展现了绿色和灰色基础设施具有创新性的有机结合。
- 景观盆地内的植物用网格或其他意图明显的方式进行排列，以使维修人员容易发现和处理杂草。
- 项目完成后增加解释性标识作为提示：不要错过利用功能景观教育观众的机会，特别是在学校环境中！

信息来源

Baird, C. Timothy. 2004. “Stata Center Constructed Wetland System.” Unpublished document prepared for Landworks Studios, as data relevant to another MIT project.

Benz, Steve. 2013. Personal communication with authors.

Sales, Robert J. 2001. “MIT to Create Three New Environmental Projects as Part of Agreement with EPA.” *MIT News*, April 25, 2001. http://web.mit.edu/newsoffice/2001/epa-0425.html. Accessed September 27, 2013.

案例研究11

俄勒冈州，波特兰市，俄勒冈会议中心的雨水花园

减少雨水污染负荷

恢复或创建栖息地

安全性特征

减少径流对下游的破坏

教育性特征

公共关系特征

安全传输、控制和储存雨水

休闲娱乐性特征

美学丰富性特征

雨水收集利用

图4.31　这个雨水花园在会议中心巨大的空白弧形实墙衬托下呈现出抽象的河流景观。它位于会议中心的背面，因而与行人隔离开来。尽管该系统管理着从面积5.5英亩（约2.2公顷）的会议中心屋顶收集来的雨水，可是由于采用了多阶的盆地设计，它仍然非常安全（设计：Mayer/ Reed；照片：Stuart Echols）

日期：2003年

面积：54.4万平方英尺（约5万平方米）的建筑外延部分的0.5英亩（约2023平方米）的雨水花园

地点：俄勒冈州波特兰市马丁·路德·金大道

业主：大都会博览娱乐地区（Metropolitan Exposition Recreation District）

设计：Mayer/Reed

背景

由于在1990年代出现了严重的合流制溢流污染问题（其部分后果是污水排放对濒危的本地鱼类物种造成了生存威胁），波特兰市对所有新建项目的雨水管理功能设有非常严格的标准。在这种情况下，由于俄勒冈州会议中心位于一条直接接入威拉米特河的合流制排水管道的汇水区附近，所以中心扩建工程需要对雨水的管理进行深入细致的思考，包括水质处理、雨水截留和滞留。该项目的自然条件非常具有挑战性，5.5英亩（约2.2公顷）的会议中心屋顶被划分为五个不同的汇水区。沿着马丁·路德·金大道一侧的功能性场地区域被消防通道和停车场入口通道分隔成两个部分。此外，建筑物面向场地的一侧只有一堵巨大的空白实墙。

项目的解决方案是打造一个表现当地河流景观的抽象画面，再沿着建筑长边设置五个大型且清晰可见的排水口。两个必经的场地入口采取在“河流”上架桥的方式来处理，没有窗户的建筑墙面被设计成为一个起作用的中性背景墙，用来展示戏剧性的降雨过程。降雨时，墙面上的排水口向植被茂密、生机勃勃的河流状景观喷涌出雨水。同样重要的是，由于会议中心经常是被外来的参会者使用，设计师利用这个机会，通过这个河流景观特征的项目向他们展示临近太平洋的西北地区的特色植物和地质构造，同时表达改善当地河流和小溪水质的重要性。

雨水花园引人注目的叙事方式和公共关系特征价值的体现，在赢得设计方案招投标及通过环境管理审查程序的环节中，起到了至关重要的作用。

功能性特征

俄勒冈会议中心雨水花园的基本雨水管理理念是收集、传输、净化，以及渗透、滞留或者排放。5个排水口中的每一个都分别负责排出5.5英亩（约2.2公顷）屋顶面积上5个不同“汇水区”收集的雨水，将雨水径流戏剧性地排入由河石建造的“河流”的阶梯式生物过滤池中。连续的盆地沿着缓坡依次向下布置，以确保水流沿重力方向流动，它们之间由用石材切割而成的拦沙坝分隔。大部分径流入渗地下，系统末端的溢流将被排入威拉米特河。

减少径流污染物的两种处理策略是：盆地内的植物用来起生物过滤作用；设置拦河坝用以减缓雨水流动和促进泥沙沉积。

修建这个雨水花园的目的是通过大量渗透和并滞留剩余的屋顶径流，来显著减少合流制溢流以及雨水直接进入威拉米特河造成的危害。虽然还没有对效果进行监测，但根据坊间信息的反映，流入河中的径流量非常少。

雨水花园“河流”的设计规模可以容纳25年一遇降雨量的雨水。盆地的大小和层次的设计可以控制雨水缓慢重力流动。当极大型降雨事件发生时，雨水将溢流出最低的盆地，进入

邻近的街道区域。正如设计师卡罗尔·梅耶·里德（Carol Mayer Reed）打趣说的那样：“当这种情况发生时，我们都应该往山上跑！”

径流入渗补充了地下水。根据卡罗尔·梅耶·里德（Carol Mayer Reed）发布的非官方信息，几乎所有的径流最终都入渗到地下了。

雨水花园中茂盛的本地观赏性植物为当地动物群落提供了栖息场所。

图4.32（左） 在该系统中，一连串分层的盆地沿宽度方向往两侧扩展，以减缓雨水径流流速，同时促进过滤和渗透（设计：Mayer/Reed；照片：Stuart Echols）

图4.33（右） 该地区的特色资源（包括玄武岩柱和本地植物）帮助这个花园实现了展示西北部靠近太平洋地区地貌的意图。请读者注意图中上部排水口的大小，并与下面的人物尺度做一下对比，说明这个系统可以管理大量的雨水（设计：Mayer/Reed；照片：Stuart Echols）

人性化特征

俄勒冈会议中心的雨水花园给人们带来愉快的惊喜感，它沿着建筑物的一侧安静地躲在那里。这个美丽而引人注目的花园把会议中心的空白墙壁变成了一个靠近太平洋的西北地区地貌的展示厅。无论下雨还是干旱，雨水的赞美庆典都在这里进行着。每当人们稍微抬头看到墙上那些大胆而突出的巨型排水口时，就会发觉：“雨水从屋顶到河流”的信息竟然表达得如此强烈。

这个ARD项目通过两种方式教育人们。首先，设计对故事的叙述非常清晰：我们可以清楚地看到雨水路径，雨水沿着一个被设计成当地河流的优雅场地流动着。其次，该设计为

来此参会的人们提供了一个可供休息同时可呼吸新鲜空气的观景平台，在平台栏杆上设有一个项目相关信息的标识，上面的图形和文字能够让好奇的人们了解这个设计是如何管理雨水的。此外，其他的内容也可以在这里进行学习，例如关于本土滨水植物的类型、野生动物，以及区域地质特征等（该设计将美丽的玄武岩柱设置在水平和竖直的位置上，对此进行强调）。

雨水花园沿着人行道和街道设置，便于路人观赏；对于那些走出会议中心来到观景平台的人们来说，它也是一个合理的视觉焦点。另外，该设计更吸引了具有冒险精神的人进入系统参观。很长的玄武岩石板从雨水花园的拦沙坝处向人行道延伸；它们成为沿岸茂盛植物隔离带的缺口，这些缺口可以让人们非常容易地来到平坦光滑的岩石上进行探索。经过切割的石材拦沙坝提供了一个令人可以愉快地坐着休息的地方，其他地方星罗棋布的那些岩石给闯入者提供了可以坐着仔细观赏美丽景色的座凳。

雨水花园与人行道之间隔着一大片修剪过的草坪，它的大部分地方都种上了茂密的植物，以防止游客进入。因此，大多数观众并不会真正进入雨水管理系统。但对于那些发现前面提到的诱人入口的人来说，它也是具有安全性特征的。该系统将雨水分配到一系列分层的浅水池中，从而安全地控制了水深和流速。

俄勒冈会议中心的雨水花园被当作城市和地区公共关系特征的一种重要展现，它成功地宣告："我们关心，我们对环境负责，我们希望你们了解我们的自然景观，从雨水到河流，从植被到地质。"该设计通过巧妙地将大片空白实墙面做为承载信息的景观设施的方式，还表达出"我们是智慧的，足智多谋的，聪明的"含义。最后，它的位置沿着道路和人行道，更是在一个设置有信息标识的观景平台的下面，这些都确保路人和参会者都能够清楚地接收到这些信息。

大型金属排水口刺穿了中心的墙壁，这个部分成了故事的重要焦点，"雨水从屋顶到河流"的信息就从这里开始。然后，落下的雨水径流及其转变成"河流"并轻轻地流过这个带有地区特征的景观，这表明了雨水的重要性。经过精心挑选的材料产生了引人注目的颜色和纹理的对比：青翠的本土植物和观赏植物与光滑的玄武岩和河流岩石形成对比，茂盛的植物被"驯化"并生长在由风化钢材质勾勒的抽象河流之中，与光滑的草坪形成对比。

说明

- 公共设施——尤其是那些主要用于旅游业和外地人经常光顾的公共设施——提供了一个值得注意的机会，可以让外来的人们了解雨水对本地景观的重要性。
- 空白墙面可以成为ARD设计的优势。

- 设计师介绍了一个关于维护的小方法，即采用低强度的、风化的钢材分隔需要每周维护的景观区域（修剪草坪）和只需要每月维护一次的景观（雨水花园）。

信息来源

Mayer Reed, Carol. 2013. Personal correspondence with the authors.

Thompson, William. 2004. "Remembered Rain: In Portland, a Stormwater Garden Celebrates Rain Falling on an Urban Setting." *Landscape Architecture* 94 (9): 60, 62–64, 66.

案例研究12

纽约，法拉盛，皇后区植物园

减少雨水污染负荷

减少径流对下游的破坏

雨水收集利用

恢复或创建栖息地

教育性特征

休闲娱乐性特征

安全性特征

公共关系特征

美学丰富性特征

图4.34 由于雨水深度小流速慢，所以在本设计中雨水往往是可以接触到但并不危险的（设计：Atelier Dreiseitl with Conservation Design Forum；照片：Stuart Echols）

日期： 2004年

面积： 39英亩（约15.8公顷）的植物园，4英亩（约1.6公顷）的游客中心

地点： 纽约法拉盛缅因街43-50号

业主： 皇后植物园

设计： Atelier Dreiseitl with Conservation Design Forum; BKSK Architects

背景

在《了不起的盖茨比》(The Great Gatsby)(1925)这本书中，作者F·斯科特·菲茨杰拉尔德(F. Scott Fitzgerald)把这个如今已经重新修复的场地称为“灰烬谷”。1939年，这个地方经过改造，成为纽约世界博览会的一部分。1964年，为了筹备另一届世界博览会，皇后植物园搬到了这里。纽约皇后植物园因为位于美国拥有最多种族特点的县，所以它不断地发展更新以满足不同文化的需求。最近一次升级是在2001年通过的总体规划中得到确定，并于2008年完工的新游客中心和行政大楼。

有两个特定目标主导了2001年总体规划的特征。首先，场地以前的轴线——磨坊溪，很久以前就被填平了，随后土地经常发生内涝。为了与时代的理念保持一致，项目业主希望采用可持续发展的解决方案来进行雨水管理。其次，从养蜂到太极拳，植物园已经被各种各样的社区活动所占用。而由社区成员主导的规划过程，使得在规划方案中强调水文化变得非常重要，因为水能够得到所有不同文化的认可。为了更好地促进社区的文化交流，提供学习和娱乐的机会，设计师决定突出雨水的主题。通过在各种场地设施和雨水赞美主题活动中净化和回收雨水，该设计实现了高水平的环境管理，并且体现和尊重了社区的文化价值观。

功能性特征

皇后植物园的基本雨水管理理念为：收集、净化、将雨水回用于水景、保洁和冲厕所，或者渗入地下。雨水在场地的不同部分以不同的方式进行管理。一个用透水铺装建设的新“停车花园”，加上“停车指”(岛)的生物过滤和渗透，大型降雨事件发生的雨水径流流向大型的雨水花园。来自运维庭院和其他脏乱地区的地表径流需要进行更多处理：首先经过机械过滤器处理，然后流经一个生物床(一个有植被和砾石基质的人工浅水池)，然后储存在一个蓄水池中，最后将雨水用于灌溉和清洁机械。游客中心的屋顶径流通过两种方式处理。落在礼堂屋顶上的雨水被绿色屋顶过滤和滞留。落在游客中心的其余部分的雨水将进入一个复杂的收集系统：径流从排水口流入一个清洁的生物床，然后储存在蓄水池里，进行紫外线杀菌。处理后的雨水被水泵传输到主要步行街入口广场边缘的喷泉里，从那里流入一条“小溪”，再流回到游客中心的生物床，形成一个完整的循环。最后，整个场地坡向一个下凹的可容纳百年一遇降雨的中央轴线，它让人回想起磨坊溪。

在这个场地上，雨水以多种方式净化：在渗透池中；在生物床，生物洼地和雨水花园中；在蓄水池中，细菌会被紫外线杀死。这一系列的过滤作用为雨水在人类和自然系统中的再利用做了充分的准备。

本设计的目标之一是现场管理所有雨水，防止任何下游排放。据设计者说，所有的雨水都保留在现场。

“减少、回用、循环”是新皇后植物园的用水口号。所有的努力都是为了减少整个场地对自来水水源的使用，并以各种方式重新利用雨水。还有一些雨水是在自然系统中被循环利用的，包括通过渗透补充地下水和灌溉场地上的绿色屋顶和植物；剩下的雨水被收集起来，用于景观水体补水、清洁机械和工具以及冲洗厕所。在新游客中心，自来水的使用量比传统的同等规模的建筑物低80%。

为了改良贫瘠的土壤和展示区域植物群落，所有规划中的种植区域都重新栽种了本地植物。换句话说，所有新建的雨水花园、生物床、生物洼地和绿色屋顶中的植物都是本地植物。这与大面积的地表水体相结合，为城市高密度开发区域的各种小动物群落提供了栖息地。

图4.35（左） 雨水在循环中被净化和控制。在这里，循环的雨水从“喷泉溪流”通过水平布水器（左下）进入雨水渠，缓缓地将水传输回游客中心。浅层水池降低了水的流速（设计：Atelier Dreiseitl with Conservation Design Forum, BKSK Architects；照片：Stuart Echols）

图4.36（右） 主入口广场上的这个闪闪发光的可触摸的喷泉使雨水进行循环（设计：Atelier Dreiseitl with Conservation Design Forum, BKSK Architects；照片：Stuart Echols）

人性化特征

因为这是一个文化极为多元化的街区中的植物园，雨水管理策略的目的是向人们展示雨水和灰水的回收利用以及清洁技术，尤其是面向儿童和老年人。所以雨水路径很容易被发现，从停车场到雨水花园，从屋顶花园到生物床。ARD项目的另一项突出的特征是，帮助人们学习认识这个项目的标识：从喷泉流出的水进入小溪，回到访客中心的生物床，水不仅是可以看见的，还是可以触摸和玩耍的。在这个美丽的、性能良好的社区花园中，雨水的主题被统一到了一起。

项目中的雨水路径是可见的，但在很多有水的地点并不明确是雨水；唯一可见的雨水是屋顶径流，它通过排水口流入游客中心的生物床。事实上，当游客们通过标识系统了解到喷

泉和“溪流”是由雨水进行补给时，这着实令人感到惊讶。事实上，整个花园的信息系统都在讲述雨水的故事，从标识到宣传小册子，再到游客中心大厅的多语言触摸屏，都在向人们宣传节约用水和雨水再利用的策略。场地设计还考虑到了向人们提供聚集和进行教育的场所，如入口广场以及游客中心大楼。

在整个花园中，游客们有很多机会步行或坐在雨水景观的旁边。更令人高兴的是，人们可以轻轻地触摸从层层叠叠的喷泉倾泻而下的雨水。雨水从喷泉流入小溪，由于沿着小溪边缘进行了地面铺装设计，游客可以在这里接触和玩耍溪水。同样地，在游客中心外面，台阶如瀑布般延伸到生物床的水面上，也便于引人与水互动。

地表水在这个场地范围内到处都是，由于ARD的设计，用来收集水的设施均向周边扩张以确保控制水体深度。喷泉并没有设计成水池，与它相连接的小溪只有几英寸深，而游客中心附近的生物床，其离建筑物最近处如果步行踏入会溅起水花，最远处的水深也只有18英寸（45.7厘米）。在游客中心，一侧较低的边缘和另一侧的金属栏杆可以防止行人从两条横跨的木板路误入生物床水池。在交通流量较大的活动中，可在堤边附近增加种植盆栽，以防有人意外绊倒。雨水的流速由垂直坡降控制：喷泉喷出的雨水在总共18英寸（45.7厘米）深、由20层逐圈缩小的同心半圆池壁构成的水池中向圆心处层层跌落，水流产生出柔和的水泡。水从小溪进入连接游客中心的水道时，会经过一个用来消能的水平布水器，然后分级跌入游客中心的生物床内。

皇后区植物园的公共关系特征信息非常明确。首先，“我们关心，我们对环境负责，我们想让你了解雨水”几乎是一句箴言，这要归功于项目中数目众多的标识，它们向人们宣传了大量关于对环境负责的雨水管理策略。在我们的案例研究中，很少发现这样的信息：“我们关心，我们希望您知道您自己也可以做到。”而这一点在本项目停车场处很明白地表达了出来。在这里，人们可能会注意到多孔的铺装措施（小型砾石铺装），然后想，“我可以在家里用这个做铺装！”游客可以在项目中的喷泉、小溪和生物床处接触雨水，这在美国是件令人愉快的事情，也是最不寻常的事情。因为在美国，责任问题通常会阻止人们接触雨水（听起来有点傻，不是吗？）可触摸的雨水所传达的信息是：“我们是进步和创新的，”因为我们关心并且我们知道如何让雨水对人类来说是安全的。最后，物理的通道与各种水流运动结合起来——瀑布、薄膜、水流、飞溅——表明，“我们很智慧；我们知道如果有趣，你一定会注意到雨水处理系统的。”

在游客中心和入口广场之间，雨水路径引导游客穿过这个复杂的场地，入口广场喷泉是一个突出的视觉焦点，它标志着被储存起来的雨水从这个点开始重新进入系统。颜色和质地也非常重要：首先，我们发现了不同质地的水，从泡沫喷泉到潺潺流水，再到游客中心周围

宁静清澈的水池；此外，小溪在广场一侧呈现出“人造”的纹理（阶梯式的矩形白色铺路石），而在另一侧则呈现出植被和浅滩的“自然”纹理。

说明

- 这个ARD证明，通过一些必需的清洁措施，屋顶雨水径流可以允许在与人接触的水景中流动，让人们感到快乐。
- Atelier Dreiseitl的方法的特点是，这个设计的过程是高度参与性的。正如赫伯特·德雷塞特尔所解释的那样，“我们的第一次研讨会是一次寻找创意的艺术活动……与当地公民和利益相关者。我们做了水的实验，让每个参与者讲了一晚上关于水的故事，并且已经画出了最终设计的初步轮廓。”
- 雨水路径可以作为轴线来引导游客穿过复杂的场地。

信息来源

AIA/COTE. 2009. “Queens Botanical Garden Visitor Center.” AIA/COTE Top Ten Green Projects. http://www2.aiatopten.org/hpb/site.cfm?ProjectID=1018. Accessed September 20, 2013.

American Society of Landscape Architects, Ladybird Johnson Wildflower Center, United States Botanic Garden. 2008. “Queens Botanical Garden: Treating Rainwater as a Resource, Not ‘Waste.’” In *Draft Guidelines and Performance Benchmarks: The Sustainable Sites Initiative*, p. 87. http://www.cpd.wsu.edu/Documents/SSI_Guidelines_Draft_2008.pdf. Accessed September 17, 2013.

Conservation Design Forum and Atelier Dreiseitl. 2002. “Queens Botanical Garden Master Plan.” http://www.queensbotanical.org/media/file/masterplan_complete_web.pdf. Accessed March 3, 2015.

Dreiseitl, Herbert. 2013. Personal correspondence with the authors.

Queens Botanical Garden. n.d. “Sustaining the Future.” Brochure obtained at the Queens Botanical Garden Visitor Center on June 19, 2013.

案例研究13

华盛顿州，西雅图市，高点

减少雨水污染负荷

恢复或创建栖息地

安全性特征

减少径流对下游的破坏

教育性特征

公共关系特征

安全传输、控制和储存雨水

休闲娱乐性特征

美学丰富性特征

雨水收集利用

图4.37　对于这个住宅社区来说，可持续的雨水管理是一个卖点（设计：SvR Design Company, Mithun, Bruce Meyers；照片：Stuart Echols）

日期： 2000～2010年

面积： 120英亩（约40.5公顷）

地点： 华盛顿州西雅图市西南第32大道6550号

业主： 西雅图住房管理局和其他

设计： SvR Design Company; Mithun; Bruce Meyers; see Seattle Housing Authority website for many additional consultants

背景

最初的高点花园社区建于1941年，由404栋建筑中的1300个住宅单元组成，用于第二次世界大战期间为国防工作人员及其家人提供住所。这个社区坐落在西西雅图高原上的朗费罗小溪（Longfellow Creek）之上，小溪汇流入杜瓦米什河（Duwamish River），然后汇流入普吉湾（Puget Sound），高点的大部分雨水都流入朗费罗小溪。

20世纪90年代，西雅图市承诺恢复当地良好的自然环境系统，尤其是针对普吉特湾流域的鲑鱼栖息地。朗费罗河是西雅图市四条鲑鱼保护河流之一，所以减少河流环境污染是重中之重。与此同时，具有60年历史的高点花园社区需要进行重大翻建，计划中包括区域内716个住宅建筑单元的一层和两层的建筑物。

2000年，西雅图房屋委员会（SHA）从住房和城市发展部（Department of Housing and Urban Development）获得了“希望六号”（HOPE Ⅵ grant）住房补助支持（居者有其屋计划），该计划要求重新开发而非修复现有房屋。西雅图房屋委员会致力于创建一个独特的、以社区建设为目标的混合收益社区。当西雅图公共事业公司（SPU）提议将高点作为城市社区可持续发展的典范时，这一目标的内涵进行了扩展。为此，西雅图公共事业公司与西雅图房屋委员会商讨建立伙伴关系，通过建设自然排水系统来满足城市综合排水规划的要求。西雅图房屋委员会同意资助按照法规建设的传统排水系统的投资，而西雅图公共事业公司同意资助建造自然排水系统所需费用的差额部分投资。

高点成了西雅图第一个大型的绿色社区，它将新的城市规划的步行性原则和保护环境的社区建设原则相结合，用以指导建筑和景观的设计工作。其中包括用以减轻朗费罗河环境破坏的雨水管理系统。最终建成了一个由34个街区组成的多功能社区，可容纳多达1600个单元（既有自有单元，也有出租单元；既有经济适用单元，也有市场价单元；既有公寓，也有独户式家庭住宅），包括一个图书馆分馆、一个医疗中心，以及规划中的社区购物中心。所有现有的基础设施都进行了更新（水、独立的卫生间和雨水排水系统、电力、电话、电缆），包括道路路网的改造，例如为了便于交通及更便捷地查找地址，把道路从弯曲状态改为路网形式。同时为了降低交通噪声，将道路宽度变窄。34个“超级街区”中的每一个都有一个口袋公园，社区还增加了约23英亩（约9.3公顷）的开放空间【场地占地12.5英亩（约5公顷），场地周边占地11英亩（约4.4公顷）】。

这个过程并不容易：达成了多项跨机构和跨部门间的协议，修改了原有规范，并制定了高点特有的要求和标准（因为在2001年，还没有一个针对社区的自然排水系统或绿色基础设施应用的标准）。此外，该项目的成功需要高度协作以及进行整体设计和施工。最终形成的是一个最不寻常的设计，它使用雨水系统作为一种建立社区的手段。

功能性特征

高点基本的雨水管理理念是收集、传输、净化、渗透或尽可能多的滞留和排放，它是通过在每个街区设置的特定地点及有序的管理技术的组合来实现的。屋顶径流通过雨落管流入种植池、雨水桶、传输沟或管道/自动弹出式布水器，然后进入雨水花园。额外的径流通过透水铺装或者人行道旁的植草沟和渗沟进行下渗。如果这还不能容纳全部降雨量，多余的径流就会转移到道路边设置的自然排水系统的生物洼地内。在更大规模的降雨事件发生时，超量的雨水会流向一个大型的中央滞留盆地内。总体而言，高点努力实现40%～60%的不透水率（与城市典型的25%透水75%不透水的比率相比），并成功控制了8%流入朗费罗河的雨水径流，达到了场地开发前的田园场地径流状态。

雨水过滤在整个高点的场地内进行，与地块特征相适应的具体技术，包括流经种植池进行过滤，雨水花园，沼泽和植草沟，砾石沟等等。最值得注意的是，整个社区中3英里（约4.8公里）长的路边植物洼地，用于净化没有被各个街区内的连续系统所收集的雨水径流。

在高点，所有的努力都是为了防止对朗费罗河和它的鲑鱼种群的破坏。为了达到这个目的，每个地块上的特定技术序列确保了最大程度的合理渗透，包括用来处理地块内系统未收集到的雨水径流的路旁生物洼地。如果遇到更大的风暴，城市的雨水渠会将溢流雨水从生物洼地传输到场地东北角附近的湿塘中；湿塘中的水将慢慢地流入到朗费罗河中。

图4.38（左） 如果径流超过整个社区渗透措施的能力，溢流将被送到这个520万加仑（约19684立方米）的湿塘中，并在受控状态下排放到朗费罗河中（设计：SvR Design Company, Mithun, Bruce Meyers；照片：Stuart Echols）

图4.39（右） 聚焦人行道上的雨水景观，镶嵌着同心圆图案，看起来就像雨水滴落在水面上。注意背景中的透水人行道，道路左边是种植茂盛的生物洼地（设计：SvR Design Company, Mithun, Bruce Meyers；照片：Stuart Echols）

由于整个项目的措施都着重于渗透作用，以及每个地块采用的分级管理技术，使得场地表面并没有大量的雨水进行传输或者滞留。更确切地说，场地上只有少量溢流雨水通过精心设计的管道、沟渠和洼地缓缓地进行输送。传输和滞留雨水的设计标准包括以下内容：

- 25年一遇的峰值降雨流量通过管道进行传输
- 将100年一遇的降雨滞留在一个520万加仑（约19684立方米）的湿塘中
- 将5000年一遇的降雨从湿塘中安全排放出来

为了对社区范围内地下水进行补给，《高点场地排水技术标准》（用于后期项目的设计和施工阶段）还建议在适当的情况下使用雨水桶来收集雨水。

本地植物与观赏植物混合在一起，创建了栖息地。

人性化特征

我们很少遇到像这样愉快地赞美雨水的ARD项目——在一个不小于120英亩（约40.5公顷）的社区范围内！开发商承诺使用自然排水系统作为社区开发的手段，这是非常有见地和值得高度赞扬的。高点的品牌信息聚焦于环境管理，尤其是对雨水的管理。这种具有统一性的信息的宣传无疑有助于形成一种地方和社区的归属感：高点的居民知道这是为了什么，理想情况下他们会珍视这种道德伦理。让我们期待高点的"雨水商标"成为全国的典范。

在高点，雨水循环的标识到处可见：住宅溅水板上朝向落水管，代表鲑鱼向"上游"努力游泳的雕刻；沿着透水人行路设置的种植茂密的生物洼地上立着的，用于向行人介绍雨水管理系统作用的标识牌；排水口处的黄铜材质的蜻蜓饰品；雕刻着像雨滴溅在池塘表面泛起的同心圆的人行步道。在采用各种不同处理技术的地点，往往会辅以颜色鲜艳、内容精炼的标识牌。设计师希望在高点让人们意识到雨水的存在，以及它的运动方式和重要意义。设计师希望确保这些景观可以让人们认识到雨水的资源价值。社区还通过制作多语言宣传册，进一步加强社区的对外宣传工作，并为对该项目感兴趣的来自美国各地和其他国家的人们举办了数百场交流活动。

高点以雨水为中心的画面不仅仅具有教育意义，而且是非常令人愉悦的。措施所在的位置是非常重要的，路过的人不可能错过：不用走多远就会遇到"雨滴人行道"或五颜六色的沼泽地。湿塘同时也是一个具有特别休闲娱乐性特征的宜人景观：观景平台可以俯瞰池塘和瀑布，而斜坡草坪和环绕池塘的小路提供了散步、锻炼或坐下来观察的机会。

项目强调雨水的分散和渗透，通常在生物洼地和雨水花园中种植大量的植物，确保高度的安全性特征；水量和流速在这里从来都不是问题。不管是在水流经过还是雨水聚集的地方，项目的设计都可以让人们安全地观察雨水。跨过生物洼地的人行道，楼梯和湿塘处的观景平台都安全地用栏杆围起来。池塘的边缘安装了低矮的栏杆，不遮挡视线但是限制

了人员的进入。

高点最杰出的人性化特征：正如前面提到的，雨水管理信息无处不在："我们关心，我们希望你了解雨水，这样你也会关心。""我们聪明、足智多谋，我们在很多方面充满智慧，通过我们的能力，可以使它美丽而有趣；我们希望你能认同我们的环保承诺（你怎能不呢?），珍惜我们的社区。"最重要的是，"我们希望你成为这个独特的、以环境为中心的社区的一员。"总而言之，高点的信息是清晰、无所不在且有效的。

简单地描述一个120英亩（约40.5公顷）的社区的所有美学品质是很有挑战性的；相反，我们提出一个总结关键的总体策略：数以百计的高可见度，种植丰富的雨水管理技术遍布全社区，这本身就构成了一个具有节奏感的美学主题，重复和统一聚焦于雨水。此外，通过丰富的颜色和纹理，为大规模的，混合收益的住宅项目创造不寻常的视觉兴趣点，在这里我们要再次强调："高点是很特别的。"

说明

- ARD可以培养社区意识，作为品牌或营销策略。艺术家布鲁斯·迈耶斯（Bruce Meyers）以雨水为主题的作品，从飞溅的石块到"雨滴人行道"，在高点为传达这一信息做出了重要贡献。
- 《高点社区场地排水技术标准》和《高点社区自然排水和景观维护指南》是这个复杂的分阶段项目提出维护和未来发展要求的关键。
- 高点项目的承包商被要求达到非常高的环保绩效标准。避免项目失败的两种策略是：
  - 使用传统建筑材料和语言，尽量减少投标人对未知的恐惧。
  - 向建筑工人解释环保的目的，然后通过向其征询意见使他们变成主动解决问题的一分子。

信息来源

Cornwall, Warren. 2005. "Neighborhood Tries to Honor Mother Nature's Runoff Rules." *The Seattle Times*, June 10, 2005. http://community.seattletimes.nwsource.com/archive/?date=20050610&slug=storm10m. Accessed October 22, 2013.

"The High Point Neighborhood Wins 'Show You're Green' Award." In *Welcome to the High Point Neighborhood*. http://www.thehighpoint.com/show_youre_green.php. Accessed October 14, 2013.

Mithun/SvR. 2008. "High Point: Restoring Habitat in an Urban Neighborhood." In *Sustainable Sites Initiative Guidelines and Performance Benchmarks, draft 2008*. Sustainable Sites Initiative: 35.

Seattle Housing Authority. 2002. *Final Environmental Impact Statement, High Point Revitalization Plan*.

Staeheli, Peg. 2013. Personal contact with the authors.

SvR Design Company. 2006. *High Point Community Site Drainage Technical Standards*. https://static1.squarespace.com/static/528fd58de4b07735ce1807b2/t/541a1cf3e4b0f8281ce77756/1410997491349/High-Point-Technical-Drainage-Standards_LID_GSI_green-stormwater-infrastructure_web.pdf. Accessed March 3, 2015.

案例研究14

加利福尼亚州，奥克兰，太平洋罐头工厂公寓

减少雨水污染负荷

教育性特征

减少径流对下游的破坏

休闲娱乐性特征

安全传输，控制和储存雨水

安全性特征

雨水收集利用

公共关系特征

美学丰富性特征

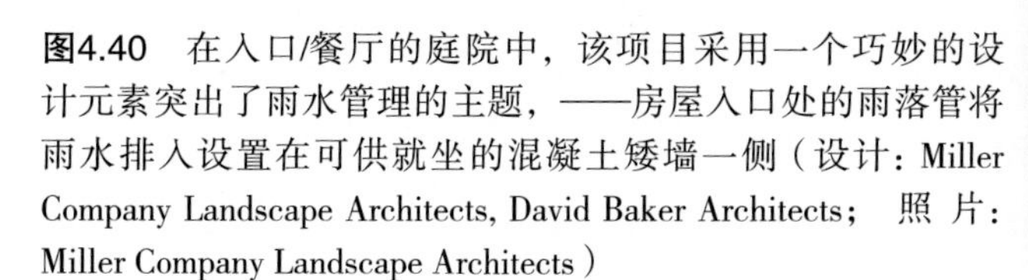
图4.40　在入口/餐厅的庭院中，该项目采用一个巧妙的设计元素突出了雨水管理的主题，——房屋入口处的雨落管将雨水排入设置在可供就坐的混凝土矮墙一侧（设计：Miller Company Landscape Architects, David Baker Architects；照片：Miller Company Landscape Architects）

日期：2009年

面积：2.7英亩（约1公顷）

地点：加利福尼亚州奥克兰市松树街12号

业主：霍利迪（Holliday）开发公司

设计：Miller Company Landscape Architects, David Baker Architects

背景

一百年以前，这个位于奥克兰市最西边的社区到处都是充满活力的工业厂房，在这里还有很多为工人们提供住处的维多利亚式房屋。但是随着当地工业的衰落，这个地区变成了一片废弃的棕地，然而高架公路和铁路线依然纵横交错。可是由于这里靠近奥克兰市中心，并与海湾大桥相邻，是城市的交通枢纽，这样的区位优势使这里因出行便利而成为理想的居住区域。于是，中央车站社区被规划出来了——在30英亩（约12.1公顷）几乎被遗忘的区域，将要建造1000套住房，其配套项目有公园、商业服务中心和一个城市农场。

太平洋罐头厂公寓是这个规划方案中的一部分，按照规划，在罐头厂旧址总共建造163套住房，包括公寓和联排别墅在内。住房和花园通过工厂改造被巧妙地布置在这里。旧罐头厂厂房的屋顶被部分剥落，以减少不透水表面的面积，同时新建两个用于接收雨水的室内庭院。另外还有两个庭院则是在旧建筑物的两侧重新建造。这些花园不仅可以用来收集雨水，而且在雨水管理的同时还进行有趣的表达。每个庭院都有自己的名字，并且风格不同。它们同时也为生活在不同组团的居民群体带来独有的居住感觉。入口/餐厅庭院，为居民提供了一个宽敞的桌子，供他们围坐；客厅庭院里，长椅围绕着中央走道，在提供聚集空间的同时确保与行人的互动；在小树林庭院里，可食用的植物创造了色彩和纹理的虚拟森林；还有卢兴庭院（Lew Hing Court），这是一座亚洲风格的花园，以罐头工厂的原主人命名。在这四个空间中，入口通道形成了一个中央轴线，其余部分的空间则成为一个主题花园，用来设置单元露台和出入口以及居民聚集交往空间。业主对设计师的理念不加以任何限制，支持将花园庭院作为重要的邻里交往场所，为居民提供既有各自特点又介于公共空间和私密空间之间的过渡空间，并采用创新的雨水管理方法。

功能性特征

太平洋罐头厂公寓的基本雨水管理理念是收集、传输、净化、渗透或滞留和排放。所有四个庭院的核心结构——中央步行轴线及其两侧大面积的植物群落——在提供花园景观的同时起到净化和渗透雨水的功能。此外，将透水铺装用于小树林庭院的人行路和卢兴庭院的高架栈道，以增加这两处的雨水净化和渗透功能。入口/餐厅庭院的雨水从屋顶通过单元入口大门处的雨落管，流入作为长凳的矮墙边布满卵石的排水沟中，然后再进入中央人行道两侧布满打磨光滑的回收玻璃的渗透沟内。

雨水净化是在每个庭院的生物过滤景观中实现的，包括入口/餐厅庭院的砾石渗透沟和小树林庭院的透水路面处。

场地内大部分降雨都被滞留在雨水管理系统之中。尽管该系统还没有被监控，但根据设计师杰弗里·米勒估计，每年有18万加仑（约681立方米）的水被滞留在入口/餐厅庭院内；

旧的仓库屋顶被剥落，新建了卢兴庭院和客厅庭院，据米勒估计，因为有这两个吸收雨水的庭院景观，每年可以额外滞留3.5万加仑（约123.5立方米）的水。

入口/餐厅庭院的雨水系统为的是应对两年一遇的降雨。雨水从四个雨落管流到四个高出地面的排水沟中，每条水沟16英寸（约0.4米）宽；然后这些水跌落到用回收玻璃填充的渗透沟中。在大型降雨事件发生时，如果这些渗透沟出现溢流，设计师在回收玻璃下面设置的备用排水口，就会将多余的雨水输送到城市雨水排水系统中。因为这些排水口是看不见的，所以将旧机器的小轮子镶嵌进与这些排水口相邻的混凝土中，这样运维人员就可以找到它们的位置了。其他庭院周围建筑的屋顶径流直接流入城市排水系统。如果倾盆大雨淹没了卢兴庭院或客厅庭院的景观，地下排水沟和地面排水沟会把多余的雨水输送至城市雨水排水系统中。

渗透是这个雨水管理系统的目标，通过获取大量的径流来补给地下水。此外，值得注意的是，雨水进入庭院补充了自动灌溉系统，这个系统在冬季雨期将停止使用。

图4.41（左） 在每个不同的庭院中，步行道被限制在一个中央轴线区域内，其他部位作为景观区域，其功能就像透水的海绵。这个想法在卢兴庭院（Lew Hing Court）体现得最为明显，它以罐头工厂的业主命名（设计：Miller Company Landscape Architects, David Baker Architects；照片：Miller Company Landscape Architects）

图4.42（右） 在这个由罐头工厂改造的住宅项目的入口/餐厅庭院里，是用填满回收碎玻璃的渗透沟来突出雨水这个焦点的。渗透沟沿着中心人行道布置，并被LED波浪线照亮（设计：Miller Company Landscape Architects, David Baker Architects；照片：Miller Company Landscape Architects）

人性化特征

太平洋罐头厂公寓的设计并不是特别关注雨水，它真正关注的是社区本身。它提供了邻里交往空间，促进人们之间的交流互动，增强了社区之间的联系，为不同居住组团的居民创造出不同的场地特征。可是当设计师在努力解决上述最后一点时，尽管其设计思路是要创建四个独特的场地，但最终每一个都会讲述着一些与雨水有关的故事。

关于雨水最为鲜明的表达发生在入口/餐厅庭院里。屋顶径流收集并流入位于四个联排别墅门口处设计巧妙的多功能结构中。每一个结构，首先是一个从建筑延伸向公共空间且高出地面的混凝土长凳，长8～11英尺（2.4～3.4米），它为居民提供了一个在建筑入口附近休息的地方，可以用来阅读邮件或与邻居聊天；在这条长凳旁设有一条16英寸（约0.4米）宽、填满卵石的排水沟，承接屋顶雨落管中的雨水径流后将其排走。雨水从排水沟末端落入沿着中央庭院步道的渗透床中。这些线性渗透床设置在中央步道两侧，里面填充了4英寸（约10厘米）厚的经过打磨后的透明回收玻璃卵石，这个设计非常明显地寓意着“下雨”的场景。除此以外：LED灯在玻璃卵石下照射出波浪线条；到了晚上，这些弯曲的丝带就会活跃起来，准确无误地标志着这是一个接收雨水的地方。

游人可能会说其他三个院子和雨水并没有什么关系；但是它们协调一致的结构——狭窄的中央步道设置在庭院中间，两边都是郁郁葱葱的植物景观——这巧妙地暗示着邀请我们参与其中。这个空间不仅关注人，同样也关注雨水和植物。卢兴庭院对雨水特别敏感。沿着轴线设置的人行道是用高出地面的木板铺设而成，悄悄地提醒人们应该与接收雨水的景观保持一些距离。在这些庭院中，对雨水的观感是通过庭院的围合方式来强调的：落进庭院的雨水看上去似乎比空旷场地中的雨水更强烈也更明显，这要归结于周围建筑围合所产生的小而集中的“雨柱”景观。

无论是白天还是晚上，雨水落在入口/餐厅庭院里都会带来一种纯粹的乐趣。我们可以坐在长凳排水沟旁边，也可以直接走到玻璃渗透沟旁边。在小树林庭院里，当我们在其中漫步时，可以看到雨水在透水的分解花岗石中央步行道上消失。在卢兴庭院中，我们可以轻盈地在窄窄的、线性的、架设在吸食雨水的景观之上的木板路上踱步。当下雨的时候，在这里的每一个地方都可以看见雨水，而且感觉它们非常近。

在这个设计中，雨水既不是通过地表水体进行收集，也没有通过排水管道输送；但是它还是让我们感知到了雨水。特别是在入口/餐厅庭院里，不管晴天还是下雨，雨水路径都是非常明显的。让我们在场地中感觉到安全的一个关键因素是，我们在这些景观中的行动是被限制在设计好的路径之内，因为如果离开硬质铺装的表面，则意味着将步入接收雨水的景观区域。

这个项目的主要信息是，“我们重视并努力促进社区的交流”，其次是，“我们对环境负责，希望你们注意雨水在这里的重要性。”特别是在入口/餐厅庭院，设计巧妙的多功能排水沟长椅，灰色和白色的混凝土、石头和玻璃卵石好像都在说：“我们聪明，具有创新性，且富有经验”，玻璃填充加LED灯照明的渗透沟则是在说：“我们非常时尚”，“我们知道你会注意到雨水的，如果它很有趣！”

在入口/餐厅庭院中，路线是关键：雨水路径的可见性路线将它从屋顶带到地面，形成一组优雅的从垂直到水平的雨水线路，然后LED照明的渗透沟将中央步道变成象征着人行和水流的小溪。在每个空间中，纹理和颜色的对比，以及一条窄窄的两侧种有茂盛植物的中央步行道轴线，表达出景观和雨水是庭院的主题，而我们只能在“人员空间”中行动或停留。

说明

- 玻璃卵石填充的渗透沟内的溢流水渠是不可见的（玻璃卵石下）；为了帮助运维工人找到它们，旧罐头厂的传动手柄被镶嵌在排水沟旁边的混凝土中。
- 再生玻璃是适合ARDs项目的好材料！应该更多地使用它们。
- 该项目的景观设计师曾为同一个客户设计过多项成功的项目，因此客户对设计师有一定的信任度。接受ARD雨水管理项目委托的一个非常重要的经验是，与你的潜在客户分享你已经成功的案例。

信息来源

ASLA. 2010. “Honor Award: Pacific Cannery Lofts, Oakland, CA USA.” Residential Design 2010 ASLA Professional Awards. http://www.asla.org/2010awards/161.html. Accessed December 8, 2013.

ASLA. 2013. “Case Study: Pacific Cannery Lofts, Oakland, California, USA.” *Designing Our Future: Sustainable Landscapes*. http://www.asla.org/sustainablelandscapes/cannerylofts.html. Accessed December 13, 2013.

Calkins, Meg. 2012. “Pacific Cannery Lofts.” *The Sustainable Sites Handbook*. Hoboken, NJ: Wiley.

Miller Company Landscape Architects. n.d. “Pacific Cannery Lofts.” http://millercomp.com/projects/pacific -cannery-lofts. Accessed December 7, 2013.

Schnitker, Jeremy. 2010. “Bringing the Indoors Outdoors.” *San Francisco Chronicle* January 31, 2010, p. H-6. http://www.sfgate.com/realestate/article/Bringing-the-indoors-outdoors-3201516.php#ixzz0eOqn 3hzX. Accessed December 14, 2013.

Venhaus, Heather L., and Dreiseitl, Herbert. 2012. “Case Study: Pacific Cannery Lofts.” *Designing the Sustainable Site: Integrated Design Strategies for Small Scale Sites and Residential Landscapes*. Hoboken, NJ: Wiley.

案例研究15

华盛顿州，大学广场，皮尔斯郡环境服务局

减少雨水污染负荷

雨水收集利用

休闲娱乐性特征

减少径流对下游的破坏

恢复或创建栖息地

公共关系特征

安全传输、控制和储存雨水

教育性特征

安全性特征

美学丰富性特征

图4.43 在这个把娱乐设施和公共工程相结合的项目中，雨水管理信息随处可见。它似乎时刻提醒着游客，从排水口流下的屋顶径流与背景中的普吉特湾有着密切的关系（设计：Bruce Dees & Associates, SvR Design Company, The Miller|Hull Partnership；照片：Stuart Echols）

日期： 2002年

面积： 22英亩（约8.9公顷）

地点： 华盛顿大学广场西64街950号

业主： 皮尔斯郡公共工程和公用设施局

设计： Bruce Dees & Associates; SvR Design Company; The Miller|Hull Partnership; Arai/Jackson Architects and Planners

背景

斯托拉库姆砾石是从这个场地和与之毗邻的900英亩土地范围内挖掘出来的，已经有100年的历史。到了20世纪90年代，整个“钱伯斯河地区”的环境退化情况已经非常严重了，尤其是在它3英里（约4.8千米）长的河口三角洲和2英里（约3.2千米）范围内的普吉特湾咸水海岸线一带。这直接导致皮尔斯县在1997年通过了一项为期50年的总体规划，旨在修复这块930英亩（约376.4公顷）的土地。总体规划被称为“使我们的资源再生”计划，它建议将这片巨大的场地改造成一个可持续的、对社区有益的区域，并将不同寻常的项目元素有机地结合在一起。在该基地上将建设新的环境服务局（废水、固体废物和地表水管理）和综合公共娱乐设施，从高尔夫球场到宠物狗公园到运动场。这个看似奇怪的组合实际上是一种非常巧妙的对环境负责的方式——通过在所有环境设施建设中采用先进的可持续发展对策，然后鼓励市民前来参观、学习、游玩的这种方式，皮尔斯郡不论是对郡内管理机构工作人员还是对居民个人来说，都达到了高标准的公共环境教育水平，提高了公民环境意识。

皮尔斯郡环境服务大楼（PCESB）是按照“使我们的资源再生”总体规划内容中，第一个落地的重要项目，它将环境管理与公众教育和娱乐有机结合在一起。主楼一侧设有该郡环境服务办公室（公共工程和公用设施），另一侧是公共会议室和忏悔教室（用于静修甚至是婚礼）。场地还包括位于西南角的一个精良的服务车库和院落（与污水处理厂相连接，污水厂将生物固体废弃物转化为肥料颗粒），还有一条社区的主要步行和自行车道，它连接着运动场和街边市场。场地内的其他公共步道和公共空间可以供人们愉快地散步，比如钱伯斯河迷宫等。与规划范围内整体的“隐形环境教育”战略相一致，该基地的雨水管理系统是综合，多层面且高度可见的。

功能性特征

PCESB的基本雨水管理理念是收集、传输、净化，以及进一步传输和净化，然后渗透，以多重线性处理技术的顺序完成管理工序。主楼的屋顶径流从排水口流入混凝土蓄水池（由斯特拉库姆砾石集料制成，这可看作是向场地的历史致敬）。蓄水池被塑造成螺旋形，当径流通过它时，雨水将呈螺旋状流入其中，并最终进入人工湿地。从人工湿地溢流出的雨水会通过管道流经建筑入口广场，然后到达生物滞留花园。如果还有多余的径流，则会继续进入生物洼地，该生物洼地同时也接纳来自邻近停车场和主要人行道收集的雨水径流。道路对面有一个设有独特流量分配器的备用系统，生物洼地的溢流会通过管道进入其中——两个阀门将各一半的径流分别导入植草的生物洼地和一个种植着各种植物的湿地中。该备用系统还有第三个阀门，但目前尚未启用，它将来可以把一部分径流导入目前还没有开发出来的，基于未来技术的处理系统之中。所有收集来的雨水径流，包括来自运动场的径流，都会渗入地下。

因为皮尔斯郡的目标就是净化雨水、补给地下水，过滤作用是通过连续的系统实现的：首先是在接收屋顶径流的湿地内，然后在生物洼地内过滤从道路和停车场收集的径流，接下来在植草的生物洼地和湿地生物洼地（通过监测数据进行对比，探索哪种生物洼地过滤效果更好），最后是植草的渗透盆地。

这个项目设定的最重要的一个雨水管理目标是减少雨水对地表水体的破坏，特别是针对那些鲑鱼生活和产卵的区域，这是20世纪90年代后大西雅图地区几乎所有项目都具有的普遍特征。在本项目区域，普吉特湾的破坏属于全面退化。由于当地土壤条件允许进行渗透，所以根据分析作出的合理决定是：尽最大可能将所有地表径流入渗到地下，阻止径流流入地表水体中。

这个场地的传输和滞留技术是经过详细研究和计算的，用以避免内涝发生和降低雨水径流的流速：管道和洼地的设计是为了应对25年一遇的降雨，蓄水池设计是为了应对100年一遇的溢流发生。连续的雨水系统设计将使超量的径流依次进入到下一个处理阶段中，在这个过程中，大部分的处理阶段都有渗透作用发生。

所有的雨水都在场地内入渗，用以补充地下水。这是通过生物湿地、渗透盆地和透水路面（包括在不同地方敷设的混凝土植草砖、透水沥青和天然树脂铺装）来实现的。

图4.44（左） 在270英尺长的渗透生物洼地末端处溢流的雨水，将进入两个不同种类的生物洼地中的一个：左边的是有卵石和滨水植物的生物洼地，右边的是植草生物洼地。这两个系统的名称，如同标识牌上介绍的“微生物水过滤系统”（设计：Bruce Dees & Associates, SvR Design Company, The Miller|Hull Partnership；照片Stuart Echols）

图4.45（右） 轴向生物洼地非常巧妙地布置在毗邻通向社区运动场的主要人行道和自行车道处。请注意在分流器广场上设置的标识牌（设计：Bruce Dees & Associates, SvR Design Company, The Miller|Hull Partnership；照片Stuart Echols）

钱伯斯河总体规划的原则之一是重新种植本地植物，用以修复场地的生态系统。在PCESB的场地内，本地生野花地被和湿地物种有利于总体规划目标的实现。

人性化特征

PCESB的场地设计成功地将公共娱乐和场地改造有机结合起来，形成了一个多功能、多层次的场地景观，它不仅赞美雨水，而且在视觉上将雨水资源与更大的自然景观联系在一起，在场地的关键部位对每一位到访者进行教育。

从场地一角的建筑排水口到场地另一端的渗透池，接续性的雨水系统的每一个特征都面向与之相邻的公共设施（步行道和休闲场地）。在这个长度为270英尺（约82.3米）的系统中，生物洼地像箭头一样笔直地沿着停车场和主要的社区步道，在轴线上与雷尼尔山和奥林匹斯山相连，将这里的雨水与更大的自然环境系统联系起来。在这条轴线的末端，我们在分流器广场上发现了一个非常有趣的学习机会：在这里，指示牌介绍了轴线上的三个阀门是如何将径流分流到不同的洼地路径中，然后汇集到渗透盆地的（一个是植草性洼地，一个是湿地植物洼地，一个是“等待未来的技术”）。这个设计不仅通过多种措施对雨水进行可持续管理，还通过高度可见的雨水路径吸引了游客的注意。从头到尾，场地都通过巧妙而有效的标识牌对系统的各个细节进行介绍。沿着所有的道路，黄色的标识牌都在不断地提供一部分信息。因为每个标识牌的内容都设计得既简短又有趣，游客们会不知不觉地开始寻找下一个黄色标识牌，以了解另一处环境的有趣信息。当游客到达目的地时，他们就已经了解了很多关于这个设计的环境意图。总之，这是我们所见过的最好的“隐形教育”的例子。

该设计的一个关键特点是雨水管理系统巧妙地设置在公共道路和目的地附近。当地居民从家里到运动场，从停车场到办公楼，都不会错过欣赏这片风景的机会。钱伯斯河的整体开发策略是将婚礼和娱乐与雨水管理结合起来，对于任何ARD项目来说，这都是一个绝妙的好主意。

场地采取了两种截然不同的安全策略：首先，游客观赏湿地景观需要通过木质步行道，道旁设置带有钢索的栏杆，在不影响视觉通透性的同时阻止人们的进入。其次，场地内各种生物滞留花园和生物湿地分散了径流，以尽量减少积水的深度。

PCESB设计是一个公共关系特征的杰作，快乐而清晰地传达出“做好事/感觉良好”的各种各样的信息：“我们聪明，我们想让你了解雨水”，“我们积极且具有实验精神”（比如在标识系统上强调树脂铺装的功能特性等），“我们知道你会发现这个雨水处理系统，如果它是可见的和有趣的。”整个场地都在宣传该郡在环境管理方面对社区的承诺。

正如我们在许多优秀的ARDs所发现的，雨水路径是雨水故事的核心。在PCESB，从建筑排水口一直到轴向生物洼地，再到分流器广场，雨水路径是整个场地设计的核心。

说明

- ARD的一个伟大的策略，是在任何可能的情况下，让来访者接近雨水管理系统。
- 将公共设施与公共娱乐相结合可以产生意想不到的协同作用。
- 在设计团队的建议下，皮尔斯郡公共工程局（Pierce County Public Works）决定不申请LEED认证，而是用这些资金在整个场地上布设解释性的展板和标识牌。
- 本设计通过其标识策略在“隐形教育”中取得了惊人的成功：保持文字简洁，专注于每个标识上的一点，沿着人行步道设置标识牌，使用醒目的颜色提前提醒行人去往下一条信息处。

信息来源

AIA/COTE. 2004. Pierce County, Washington Environmental Services Building (Pierce County Environmental Services). In “AIA/COTE Top Ten Awards.” http://www2.aiatopten.org/hpb/ratings.cfm ?ProjectID=162. Accessed November 8, 2013.

Dees, Bruce. 2013. Personal contact with the authors.

Pierce County. 2003. *Chambers Creek Properties Standards and Guidelines*. http://www.co.pierce.wa.us/?nid=3032. Accessed February 5, 2014.

Pierce County Public Works and Utilities Department. 2007. *Chambers Creek Properties Master Site Plan*. http://www.co.pierce.wa.us/?nid=3032. Accessed February 5, 2014.

案例研究16

华盛顿州，瓦休戈镇广场

减少雨水污染负荷

教育性特征

公共关系特征

减少径流对下游的破坏

休闲娱乐性特征

美学丰富性特征

安全传输、控制和储存雨水

安全性特征

图4.46 瓦休戈城市广场的建造是城市中心发展建设的基石和催化剂。它的中心庭院通过大量的装置来传递本地区对雨水净化的承诺，图中这个造型表示飞溅的雕塑就是其中之一，它通过右边可见的长水槽来接收屋顶的雨水径流（设计：Green Works, Sienna Architecture Company, Ivan McLean；照片：Stuart Echols）

日期： 2005 ~ 2007年

面积： 100英尺×80英尺的庭院（约30.5米×24.4米）

地点： 华盛顿州瓦休戈大街1700号

业主： 独狼投资（Lone Wolf Investments）

设计： Green Works; Sienna Architecture Company; Ivan McLean

背景

华盛顿州的瓦休戈是个发展中的小城市（目前约有15000人口），位于繁华的俄勒冈州波特兰市和华盛顿州温哥华市以东约20英里（约32千米）的地方。这座城市名字的意思是“奔流之水”，原因是城市位于瓦休戈河和哥伦比亚河的交汇处，正好坐落在哥伦比亚河峡谷的入口处，同时也在瀑布景区范围之内。这里自然美景和自然资源都非常丰富，地表水和地下水的水质优良，水量丰沛。当然，瓦休戈河和哥伦比亚河都是鲑鱼和鳟鱼的生存家园。

20世纪90年代早期，当瓦休戈人口不到5000人时，这座小城市还没有一个生机勃勃的市中心区域，但是在城市周边，规模巨大的住宅项目鳞次栉比。这种情况下，瓦休戈市为了响应“华盛顿州发展管理法案”，制定并通过了“瓦休戈城市综合发展规划法案”，旨在不牺牲城市的特征和自然资源的前提下，进行面向未来的城市建设活动。在城市发展规划中，市中心发展的特征是成为“一个密集的、设计风格及景观元素统一的城市区域”，并致力于有效保护地下水和进行雨水管理。到1998年，该市的污水处理厂增加了紫外线消毒工艺，旨在保护哥伦比亚河鱼群不受污水排放的影响（它们对自然资源保护的承诺是如此严肃）。2002年市政当局批准了城市中心复兴计划。到2007年，瓦休戈城市中心复兴项目的第一阶段已经完成。

瓦休戈市中心以新城市主义原则进行再度开发，重新梳理城市肌理，完善步行系统。为了与城市的价值观保持一致，新市中心设计中确定了雨水管理的主题。克里斯托弗·弗莱斯利景观建筑设计事务所沿着市中心街道设计了雨水洼地，茂盛的植物中点缀着水平放置的玄武岩柱，这样的主题意在唤起对瓦休戈的伐木历史中使用木筏的记忆。而对城市建设的主要推动，来自孤狼发展（Lone Wolf Development）投资建造了瓦休戈城市广场（Washougal Town Square），该项目是一个两层的多功能建筑，它是城市建设发展的基石和催化剂。该项目入选LEED社区发展试点项目，其特色是修建了地下停车场和一个热烈赞美雨水的围合庭院。

功能性特征

瓦休戈城市广场庭院的基本雨水管理理念是通过雨水管理系统有效地分离和分散整个空间的屋顶径流，收集、传输、净化、滞留和排放雨水。屋顶径流通过雨落管和排水管输送到庭院空间边缘的五个独立的过流式滞留种植池中，同时还通过一个长长的雕塑式排水口向另外三个过流式种植池提供雨水。种植池净化并滞留雨水，最终将雨水排放到城市雨水排水系统中。

所有的屋顶径流都被过流式种植池内的植物和土壤过滤。

这是一个非常有效的蓄洪系统，蓄洪装置收集和滞留了从23000平方英尺（约2136.8平方米）的屋顶收集来的雨水，从而减缓和延迟了峰值流量。

5个雨落管外加一个排水口负责传输从周围的屋顶收集的雨水径流。六个过流式种植池被设计成用来滞留和控制性排放雨水的调蓄池（庭院空间中的另外两个种植池不收集雨水径流）。

图4.47（左） 多个绿色的雨落管将屋顶径流排放到溅水消能池中，然后消能池的水平布水器将雨水排放到过流式过滤种植池中。种植池中由网格包裹的柱子是“藤蔓树”的支撑结构（设计：Green Works, Sienna Architecture Company，照片：Stuart Echols）

图4.48（右） 整个庭院空间被分散布局的过流式种植池所激活，这样的设计确保游客能够接收到雨水管理的信息（设计：Green Works, Sienna Architecture Company，照片：Stuart Echols）

人性化特征

瓦休戈城市广场围合庭院的ARD设计，象征着城市复兴的精神：它是有趣的，生动的，富有活力的和丰富多彩的。它清晰地表达出：“雨水是一种值得赞美的资源。”

这个ARD项目不需要设置任何标识牌，因为项目对雨水的讲述非常清楚。来到这个空间的游客被雨水路径所包围，这些雨水路径以不同的方式清晰地描绘了雨水从屋顶到场地景观的水文循环过程。场地的一侧，绿色的雨落管与深赭石色的金属建筑外墙形成鲜明对比，每根雨落管清晰可见地“踢”在一个矩形的两层水池上方。很明显，雨水是从雨落管流到上面的水池内，然后通过一个体积虽小但是特别明显的水平布水器进入到下层种植了很多植物

的种植池内。其中一些种植池还有个额外的特征：绿色金属材质的“树”矗立在植物当中，“树干”是一根中空的雨落管，“树冠”是由倒金字塔形的金属网构成。藤蔓沿着“树”干向上生长，赋予了这棵金属树生命的活力。在其他一些地方，覆盖着藤蔓的金属树木排水管道矗立在分层或单层的种植池内，作为低层建筑的雨落管直接接收雨水。所有这些巧妙的设计都表明，来自屋顶的雨水滋润着庭院里的植物。此外这里还采用了更多的表达手段，该庭院的中心标志是艺术家伊万·麦克莱恩（Ivan McLean）设计的一座15英尺（约4.6米）高的金属雕塑，它看起来是在描绘雨滴撞击地面后向上飞溅的欢乐景象。一条由两个藤蔓覆盖的绿色金属排水管支撑着（每个排水管都有自己的排水装置）的细长排水槽，从庭院中建筑的外墙延伸到这个中心雕塑上。这座雕塑位于两层方形石砌水池的上层，雨水从上层水池分别朝向四个方向的方形排水口中流出，最终进入雕塑下面的种植池用以灌溉植物。你不可能错过这里的信息！

这个ARD的位置选择非常合理。它填充了新城市广场的内部庭院空间，不管从庭院入口处还是从两层高建筑的窗口位置都可以很容易地进行观察。种植池顶部不是很适合就坐，略微有点狭窄。但大量的铺装区域为人员活动或者摆放活动桌椅提供了方便，因此ARD项目的乐趣不容易被错过。

雨水被输送到游客无法触到的高高矗立的雕塑上进行消能，而植被繁茂的过流式种植池则消除了人们进入积水区的可能性。

在这个ARD项目中，一个有公益心的开发商选择向公众公开传达保护这个城市丰富自然资源的庄重承诺。设计中包含了一系列的信息：“我们关心，我们对环境负责，我们希望你了解雨水”；“我们积极进取且具有创新性、经验丰富且与众不同”，这一切都归功于这不同寻常的雨水主题形式；“我们很聪明，我们知道如果雨水很有趣，你一定会注意到它的。”总而言之，ARD庭院是这座城市充满活力和极具环保意识氛围的缩影。

项目中有许多有关雨水的焦点，从众多“雨树”到雨雕塑。它们重复着明确的节奏和主题，使整个庭院成为赞美雨水的场所。当然，雨水路径起到了非常重要的作用，无论是雨落管、排水口，还是“树干”。它们合在一起向我们讲述着雨水的故事，而绿色植被和藤蔓覆盖着的“雨树”的颜色和纹理与明亮的建筑色彩形成鲜明对比，使雨水与植物的主题凸显出来。

说明

- 庭院被设计成ARD，可以有效地利用雨水措施来吸引游客。
- 瓦休戈（Washougal）城市广场（Town Square）的庭院范围内散布着过流式种植池，

这强调了分离和分散这最基本的雨水管理理念。

- 与艺术家合作可以创作出令人难忘的ARD视觉焦点。

信息来源

Benkendorf Associates Corporation. 1994. "City of Washougal Comprehensive Plan for Growth Management Act Compliance." http://www.cityofwashougal.us/city-services/community-development2/planning-division2/resources/the-comprehensive-plan.html. Accessed November 30, 2013.

Christopher Freshley Landscape Architects website. "Downtown Washougal Renewal." http://freshleyland scapearchitect.com/community-one. Accessed November 30, 2013.

Downtown Washougal website. http://www.downtownwashougal.com/. Accessed November 30, 2013.

Faha, Mike. 2013. Correspondence with authors.

Hastings, Patty. 2012. "Washougal's Downtown Growing Up." *The Columbian*, September 17, 2012. http://www.downtownwashougal.com/2013/04/23/washougals-downtown-growing-up/. Accessed November 30, 2013.

"Lone Wolf Washougal Project Picked for Pilot." *Vancouver Business Journal*. November 29, 2007. http://www.vbjusa.com/news/news-briefs/5888-lone-wolf-washougal-project-picked-for-pilot. Accessed November 30, 2013.

Perove, Alex. 2013. Personal correspondence with the authors.

Topal, Margarita. 2013. "Washougal—a Growing Destination." *Vancouver Business Journal*, January 25, 2013. http://www.downtownwashougal.com/2013/04/23/downtown-washougal-a-growing-destination/. Accessed November 30, 2013.

案例研究17

俄勒冈州，波特兰市，第十霍伊特项目（10th@Hoyt）

减少雨水污染负荷

雨水收集利用

安全性特征

减少径流对下游的破坏

教育性特征

公共关系特征

安全传输、控制和储存雨水

休闲娱乐性特征

美学丰富性特征

图4.49 屋顶径流通过一根五层楼高的雨落管（右上）进入中央梯级型流槽内，再落入填满卵石且高出地面的水池中。循环雨水能够在降雨周期结束后多达48小时内冲刷考顿钢制成的“堰箱”雕塑，提醒居民雨水的美丽和短暂性（设计：Koch Landscape Architecture；照片：Stuart Echols）

日期：2004～2005年

面积：6900平方英尺（约641平方米）的庭院，40000平方英尺（约3716平方米）的流域面积

地点：俄勒冈州波特兰市霍伊特街西北925号

业主：普罗米修斯房地产集团（Prometheus Real Estate Group）

设计：Koch Landscape Architecture; Ankrom Moisan Associated Architects

背景

该项目的景观建筑师面临两个挑战。一是来自波特兰市政当局对雨水管理的要求（特别是合流制溢流问题的影响）；二是一个位于该市黄金地带的全地下停车公寓楼，没有可供渗透的景观场地。换句话说，虽然城市要求减少降雨对城市雨水排水系统的影响，但可以用于建设绿色基础设施的空间却非常有限。而现在，又增加了一个带有内部庭院入口的围合式建筑，以及一位要求将庭院打造成为一个视觉焦点用以吸引人们进入这个五层公寓的开发商。景观建筑师斯蒂芬·科赫（Steven Koch）在他的设计中对以上所有这些问题做了考虑，他采用了古典雨水花园的传统，激活并强调雨水的感官特质。科赫非常尊重许多古典设计中将水视为宝贵资源的文化，庭院的围合恰好为他提供了一个合适的环境用来模仿这些经典策略。正如科赫所说，“我的意图是采用古代波斯和莫卧儿花园的手法，通过创造性的方式打造适应现代城市环境的场地景观，以此愉悦公众。”

这个雄心勃勃的设计理念之所以被采纳，得益于项目首席建筑师的支持以及开发商希望打造一个焦点庭院的愿景。设计如果想要达到预期效果，就必须在承担起环境责任的同时，既满足城市雨水管理的要求，又要将成本控制在计划之内。在这样的背景下，第十霍伊特项目（10th@Hoyt），让一个优雅的庭院绿洲诞生了。在这里，居民和游客被吸引过来，享受片刻的雨水带来的欢乐，同时这些雨水被有效地滞留在城市的雨水排放系统之外。在这里，人们可以在各种排水通道和雨水循环喷泉处看到、听到和触摸到雨水。晚间，场地上的照明和发光的彩色玻璃进一步增强了这戏剧性的效果。

功能性特征

第十霍伊特项目基本的雨水管理理念是收集、传输、滞留，对水景观进行再利用，以及排放。波特兰市要求所有不透水面积在500平方英尺（约46.5平方米）及以上的开发和改造项目，都要采用场地雨水管理策略来降低雨水影响，设计标准不低于10年一遇的降雨规模。对于第十霍伊特的场地来说，这一要求非常具有挑战性。因为该项目的整个景观场地，是设置在全地下停车场的混凝土顶板之上的，因此没有渗透和给地下含水层补水的可能。换句话说，第十霍伊特项目本质上只是一个地下停车场的绿色屋顶。

三根铜质雨落管把建筑屋顶上所有的径流都传输到庭院中。其中一根位于入口大门的轴线上，将一半的屋顶径流输送到一个33英尺长（约10米）、拥有2500加仑（约9.5立方米）容量、高出地面的混凝土蓄水池中。庭院角落处的另外两根雨落管，则分别将另外一半的屋顶径流输送到一个浅的、高于地坪的混凝土容器里。水再循环到大型中央水池的表面，流过考顿钢堰箱雕塑，进入一个封闭的系统中进行循环。不仅在下雨的时候，雨停后，循环活动还可以缓慢地继续进行着，这个美妙的排水过程最多可以持续48小时。

因为这个ARD项目仅仅管理屋顶径流，对过滤的要求并不是很高。来自屋顶的雨水流过一个现代造型的排水槽（一个有纹理的、倾斜的流道）并在考顿钢堰箱处循环，这都可以增加雨水接触氧气的机会。此外，雨水在中央蓄水池的滞留过程将使水中悬浮的颗粒得以沉淀。

系统最重要的雨水管理功能，是通过滞留减少进入城市排水系统的水量。3英尺（约0.9米高）高的混凝土结构中设有3000加仑（约11.4立方米）容积的储水箱来收集雨水径流，可以满足波特兰市的严格要求。设在场地空间两侧的另外两个高出地面的混凝土雨水池只有12英寸（约30.5厘米）深，水池中的雨水大多会蒸发，而大型降雨事件中的过量雨水则会溢流进入城市排水系统。

安全的传输和储存是这个雨水管理系统非常重要的特点。首先，科赫通过使用全尺寸混凝土模型严谨地计算了排水道的尺寸。在一些细节之处，包括一个直角转弯，根据实验结果进行了修改，达到最终完美的流道表现。其次，主蓄水池有能力容纳10年一遇降雨15%的水量以及小一些降雨的100%的水量。当雨水超过蓄水池的容量时，过量的雨水会立即流入城市雨水排水系统中。

图4.50（左） 位于空间一侧的第二个雨水接收系统，将屋顶径流沿阶梯式流道向下输送，通过水平布水器进入高出地面的水池之中；在这个12英寸深的水池中，大部分的雨水都会蒸发掉（设计：Koch Landscape Architecture；照片：Stuart Echols）

图4.51（右） 庭院的两侧是对称的，以轴向雨水系统为中心视觉焦点，环境优雅而宁静。水的运动为场地景观增加了一个有趣的元素（设计：Koch Landscape Architecture；照片：Stuart Echols）

雨水通过一个循环系统被重复利用，循环系统使雨水在喷泉中流动。这个再利用过程为人们提供了视觉和听觉上的乐趣。一些雨水通过氧化反应进行净化，一些被蒸发掉以减少最终进入城市排水系统的水量。

人性化特征

第十霍伊特赞美雨水的方式既优雅又有趣。场地以街道入口为轴线呈现出一种宁静的对称状态。顺着入口望进去，看上去似乎平静和低调的设计风格，通过两侧不同的卢布哥德堡风格（Rube Goldberg-esque）的雨水传输系统展现了一种顽皮的效果。雨水短暂的特质也是很重要的——降雨事件激活了雨水循环系统，将安静、优雅的空间变成了一个吵闹和起泡泡的雨水乐园。到了晚上，由于在彩色玻璃“按钮”镶嵌的考顿钢布水器表面设置了照明系统（这个创意来自莫卧儿花园的灵感），场地展现出了色彩斑斓的戏剧场面。场地的戏剧效果与短暂精彩展现是通过降雨来激活的，这使我们充分珍视雨水的价值。

虽然第十霍伊特项目只能提供部分的教育特性，但它所具有的优势是值得人们注意的。首先，是可见而吸引人的雨水路径，在三个不同的位置采用不同的方式，该设计作品愉快地引导观众注意到屋顶径流流入三个高出地面的巨大混凝土池子中。其余的部分则保持着神秘色彩，雨水只是消失在每个池子里的大块卵石中，人们可能注意不到其实是雨水循环激活了喷泉。但居民或其他经常来访的人可能会注意到，水的活动只有在雨后才会发生，这可能能够帮助人们破译系统的滞留功能。

设计的休闲娱乐性特征价值弥补了教育性特征方面的不足。无论是雨天还是晴天，雨水的赞美庆典为人们带来了愉快的体验。晴天时，空间优雅而迷人；雨天时，它是生动的，嘈杂的且有趣的。因为这是公寓大楼的主要入口庭院，这意味着来来往往的人会沉浸在这个设计之中，院中的座位会让人流连忘返。这个空间也吸引着来自街道上的游客：白天，植物装饰的大门通常是敞开的，而以中央雨落管作为轴线的优雅对称空间无疑是非常吸引人的。

该设计的一个重要特征是在可以进入的水池中，提供了与水非物理接触的雨水体验。为了应对这一挑战，所有的蓄水池都填满了大块河石。雨水从屋顶上滚落下来，然后消失在满是石块的水池中，又奇迹般地在瞬时喷泉的循环流动中重新出现，然后再次消失。雨水的目的地是令人困惑且神秘的——从某种程度上讲，这种解决安全问题的方法增加了我们对雨水变化无常特征的欣赏。

许多信息综合在一起，传达了这个公寓综合体是可持续的、精致复杂的且有趣的项目，与使用它的人群的城市性特征非常吻合。清澈的雨水路径使“我们对环境负责”这一信息显而易见。主入口的关键位置表达了“我们希望你注意到”的信息。各种不同的雨水传输系统

外加千变万化的雨水场景表达了“我们使它非常有趣。”与此同时，“我们是经验丰富的”则是通过优雅简单的构图、精选的材料、材料规格和形式种类的控制，以及精心修饰的外观来表达的。所有这些公共关系特征信息都巧妙地传递给了居民。与此同时，居民本身也因为住在这里而传达出他们的态度，“我住在一个对环境负责的环境之中，这让它看起来很酷！”

从美学角度来说，第十霍伊特项目是个精品。整个庭院的布局使中心轴线成为视觉焦点，雨落管、优雅的座位、种植池和考顿钢堰箱都宁静而对称地安排布置着。额外的视觉兴趣点来自于其他不同的两套线性传输系统。色彩和纹理的运用非常抢眼，如彩色玻璃按钮与考顿钢表面材质所形成的鲜明对比。各种精心的植物搭配，又与混凝土、河流岩石、考顿钢和玻璃这些材质形成强烈对比。当然，下雨的时候，雨水带来的声音会增加人们对景观的兴趣。这个设计是简单元素和复杂搭配的完美组合，给人们带来了多方面的审美体验。

说明

- 第十霍伊特项目告诉我们，大多数城市环境下仍然有建设ARD的机会。
- 只有在下雨后系统中才有水流动，这个设计增强了人们对雨水具有的转瞬即逝的特征的认识。
- 州立法中关于严格限制储存雨水及收集的雨水进行接触的规定，并不会妨碍ARD项目的建设。
- ARD可以成为一个成本效益划算的市场营销策略：第十霍伊特项目的开发商认为，由于庭院的设计，这栋大楼租赁异常火爆，ARD部分的投资溢价（约7.5万美元）带来了非常丰厚的收入回报。

信息来源

Koch Landscape Architecture. 2005. “Narrative Summary” written as general public relations information on the project.

Koch, Steve. 2013. Personal communication with authors.

Rodes, Benjamin J. 2007. *10th@Hoyt Courtyard*. Unpublished study completed in partial fulfillment of BLA at University of Idaho.

案例研究18

弗吉尼亚州，夏洛茨维尔，弗吉尼亚大学的小溪谷

 减少雨水污染负荷

 恢复或创建栖息地

 安全性特征

 减少径流对下游的破坏

 教育性特征

 公共关系特征

 安全传输、控制和储存雨水

 休闲娱乐性特征

 美学丰富性特征

 雨水收集利用

图4.52　小溪谷项目主要部分是一个双格的池塘，背景中一个与波光粼粼的河流相连接且高出地面的石砌水渠将流水引入池塘之中。无论晴天还是下雨，它都会呈现出美丽的景色，对周围的人们来说，这是一处环境宜人的娱乐休闲设施（设计：Nelson Byrd Woltz Landscape Architectswith Biohabitats, Inc., PHR&A with NitschEngineering；照片：NBW）

日期：2005年

面积：12英亩（约4.86公顷）

地点：弗吉尼亚州，夏洛茨维尔，埃米特街

业主：弗吉尼亚大学

设计：Nelson Byrd Woltz Landscape Architects with Biohabitats, Inc.; PHR&A with Nitsch Engineering

背景

从托马斯·杰斐逊（Thomas Jefferson）时代起，这个场地一直是校园内的休憩之地。它的北面和西面与居民区接壤，东面是一条贯穿校园的主干道。它曾经是梅多河（Meadow Creek）的水源地，这条梅多河曾经蜿蜒地穿过整个场地，但是在20世纪50年代时被排干。1999年，安德罗波贡和卡希尔的景观建筑和土木工程团队编制了弗吉尼亚大学（UVa）的雨水管理总体规划，内容包括恢复校园内的溪流以及修建开放式水渠。几年后，小溪谷项目得到了资金支持，用以减轻雨水对下游1英里处的约翰·保罗·琼斯竞技场（John Paul Jones Arena）的影响。正常情况下，最初的项目资金仅够建造基本的雨水设施和恢复1200英尺长（约365.76米）的梅多河。然而学校的教职员工、学生和邻近社区的居民呼吁大学管理层努力争取更多资金，以建设更多的内容。大学管理者最终争取下来的资助，建造了现在的溪流池塘公园，它成功地复原了原有的场地生态环境，保留了网球场、篮球场和一个可停放60辆车的停车场，还有一些作为公共空间的休闲草坪。

如今，这座占地12英亩（约4.86公顷）的田园式公园和谐地置于校园和社区之间，波光粼粼的梅多河顺着地势蜿蜒而下，沿着网球场地边缘流淌，最后流入一个面积为四分之三英亩（约0.3公顷）的平静池塘之中。这优美的田园风光景色，从埃米特街（Emmet Street）和29号公路（Route 29）都可以观赏到。

功能性特征

小溪谷的基本雨水管理理念是收集、净化、传输、再利用到水景、滞留和排放。径流瀑布跌入波光粼粼的梅多河时进行了净化和部分渗透，这保证了河水尽可能地干净。弯弯曲曲的河流随后被传输并导入一个双格湿地池塘之中。流水在前池进行沉淀，然后溢流进入第二个储水池塘中。池塘中滞留的水随后以可控流量缓慢地排入下方雨水排水系统，这么做将减轻灰色基础设施的排水负荷。根据UVA和州市政当局的监测，该项目达到或超过了所有设定的水质和水量目标，显著减少和延迟了暴雨洪峰流量，减少了下游的沉积物和营养物负荷。

项目采用了多种过滤技术。首先，设置在梅多河两岸网球场周围的雨水花园对河岸径流的初次冲刷雨水进行生物过滤；在其他地方，植被覆盖的洼地起到进一步净化径流的功能；接下来，雨水在湿地池塘的前池进行沉淀；最后，池塘内种植的湿地植物对水进行更进一步的生物过滤处理。

该项目的设计能力是针对周边170英亩（约68.8公顷）范围内两年一遇的降雨所产生的径流。作为内涝防控的备用措施，超过设计降雨量的雨水将被系统内的溢流分流器（位于重新恢复的河道中的雨水口处）分流到原河道的排水管中，溢流的多余雨水经过排水管进入

到城市雨水排水系统中。进入到池塘中的水将被滞留储存，然后缓慢地释放到雨水排水系统中。

梅多河河道经过1200英尺（约365.8米）的自然河道段，然后与一条新建的与主池塘相接的笔直人工排水渠相衔接，河水经人工排水渠进入池塘前湾。请注意设置在上游河道内的管道分流器，它保护整个河道工程免受洪水的破坏。阶梯式围堰控制流量，将水从前池释放到主池内。池塘驳岸是倾斜入水的，它可以为池塘提供一定的缓冲调蓄空间，用来容纳超出正常水位的过量雨水。

开放性的梅多河的主要作用是增加地下水补给。同样可以提供补给的措施是沿着河道设置的生物渗透洼地和雨水花园。

梅多河和储水池塘的北岸种植着茂盛的本地植物，这为当地的动物群落提供了栖息地。

图4.53（左） 池塘前池的水明显比主池的水更混浊，这表明水在前池内进行了沉淀，然后再进入主池，所以主池内的水更清洁（设计：Nelson Byrd WoltzLandscape Architects with Biohabitats, Inc., PHR&A with Nitsch Engineering; 照片：NBW）

图4.54（右） 两个池塘之间的拦沙坝在枯水位时吸引人们从这里走过（设计：Nelson Byrd WoltzLandscape Architects with Biohabitats, Inc., PHR&A with Nitsch Engineering；照片：Stuart Echols）

人性化特征

小溪谷是一个复杂的雨水管理系统，它是以一个美丽的池塘作为场地中心，占地12英亩（约4.86公顷）的田园式公园。小溪谷作ARD项目的唯一缺点，是它的雨水管理功能并不十分明确，但是大量可见的特征也可以表明雨水在这里起着特殊的作用。

也许是因为项目设计师沃伦博亚德Warren Byrd在弗吉尼亚大学UVa教授植物识别课程，这个项目成为向学生们讲授本地动物和植物群落的场地。因为这个意图，项目的种植方案真

实地呈现了弗吉尼亚三个主要自然地理区域的植被特征：高原山地、山地峡谷和低洼海岸。这三种地形的种植区沿着河道走向分布在三段不同高程的区域。设计中其他的教育内容需要进行更敏锐的观察：例如，大雨过后，前池与主池水体浑浊度的鲜明对比；一个爱思考的观察者会通过这个现象推测出前池的净化功能。同样原理，大雨过后系统中水体运动特征会发生明显变化：随着水量的增加，高出地面水渠排水口的小瀑布，会从一个安静、垂直下降的姿态，变成大角度的拱形瀑布。同时，前池溢流口处的水会从安静均匀的状态变为湍流奔涌地从围堰中央的断开处进入到主池之中。细心的观察者一定会注意到，这个项目肯定与雨水有关，如果他还是没有悟出这个道理，那么附近的标识系统会帮助他补上这一课。

水以天然溪流或池塘的形态，在弗吉尼亚大学校园中已经消失了很久；这个设计将水的人性化特征还给了校园。它既可进入，又清晰可见。场地一边是一个社区，另一边是一条穿过校园的州际公路。另外，场地内还有很多可以供人散步的人行道和草地，网球场、篮球场和停车场保留在其中。这在某种程度上绝对是一个优势：来往于这些休闲场所的人们不会错过小溪谷项目。总而言之，这个设计向人们提供了很多娱乐互动的机会，从开车经过，到走在打网球或回家的路上，到坐在池塘边或小心地走过池塘，都可以欣赏这美丽的风景。

设计团队仔细考虑了池塘沿岸的安全问题。池塘周边有一条连续的安全水位长凳（一边是种植区，另一边是宽阔的砾石路面），以确保游客不会落入深水中。

这个美丽的蓄水池的位置和设计传达了一些关于弗吉尼亚大学UVa的重要信息。显要且高度可见的场地位置表明，“我们关心环境，我们希望得到你的注意，”而优雅的设计延续了杰斐逊先生开创的弗吉尼亚大学传统，“我们是富有经验且追求卓越的审美。”这个项目的名字“小溪谷”（the Dell）也取的非常恰当：这个名字使它成为一个具有辨识性的目的地，而名字本身就寓意这里是一个安静的休憩之地。

本设计将山地峡谷的水文特征与校园布局进行了有机结合。弯弯曲曲的流水，轻快的曲线，与校园的直线型路网相映成趣，又不失优雅；自然（水）与文化相遇，优雅地结合在了一起。梅多河河道有意地设计成从山地蜿蜒的自然形态改变为校园区域笔直的人工水渠，而蓄水池塘的轮廓则兼而有之：在校园一侧是直线，另一侧是自然弯曲的。同时，高出地面的水渠和分层围堰形成的多层次、线性平面与校园路网的设计语言相一致，这是因为它们都有控制水的功能。最后，沿着河道和池塘弯曲一侧的植物色彩、丰富纹理与校园另一侧光滑、线性的石雕和平整草地也形成了鲜明的对比。

说明

- 小溪谷的设计表明，一个高度可见的、美丽的、以休闲为中心的设计可以有效地管理雨水。

- 设计师报告称，边境的柯利牧羊犬会把讨厌的加拿大鹅赶走。一个承包商在事先没有计划的来访时观察到了这个场景，所以鹅是无法进入场地的。
- 为了确保有效的维护，设计师与维护主管人员和员工进行了现场演练，重点是有选择地清除入侵物种和维护自然演替的理念。为了便于维护，植物种植得很密，杂草几乎没有生长空间并且很容易被维护人员发现。

信息来源

American Society of Landscape Architects. 2009. "Honor Award: The Dell at the University of Virginia."

2009 Professional Awards. http://asla.org/2009awards/567.html. Accessed September 29, 2013.

Byrd, Warren. 2013. "Lessons from a Dell." Video of presentation at Artful Rainwater Design Symposium. Stuckeman School, Penn State, April 10, 2013. https://www.youtube.com/watch?v=P3PZIsn0LxM.

Byrd, Warren. 2013. Personal communication with the authors.

UVA Dell. 2013. Nelson Byrd Woltz Landscape Architects. http://www.nbwla.com/featured/dell.htm. Accessed November 4, 2013.

案例研究19

宾夕法尼亚州，费城，宾夕法尼亚大学的鞋匠绿地

减少雨水污染负荷

雨水收集利用

休闲娱乐性特征

减少径流对下游的破坏

恢复或创建栖息地

安全性特征

安全传输、控制和储存雨水

教育性特征

公共关系特征

美学丰富性特征

图4.55 该设计将宾夕法尼亚大学标志性的帕莱斯特拉（palstra）和富兰克林运动馆（Franklin Field）前面的一片灰地，变成了一座紧邻33街郁郁葱葱的雨水花园（设计：Andropogon Associates Ltd.，Meliora design LLC；摄影：Barrett Doherty）

日期：2012年

面积：2.85英亩（1.15公顷）

地点：宾夕法尼亚州费城宾夕法尼亚大学，核桃街和云杉街之间的33街

业主：宾夕法尼亚大学

设计：Andropogon Associates Ltd; Meliora Design LLC

背景

在变成“鞋匠绿地”之前，这个场地既存在问题又具有潜力：一方面，它是一个未被充分利用的灰地，只有已经老化的网球场、几棵大树，此外还存在雨水径流的问题。另一方面，它坐落在宾夕法尼亚大学标志性的体育设施帕莱斯特拉球场和富兰克林运动馆门前的位置，紧挨着第33街，这个地理位置应该能把宾夕法尼亚大学的蝗虫步道（Locust Walk）和斯古吉尔河畔（Schuylkill River）的宾夕法尼亚公园（Penn Park）连接起来。在校长艾米古特曼（Amy Gutmann）的带领下，该大学致力于成为可持续设计和规划的领导者，于是直接促成了该项目的落地。他们制定了新的校园总体规划，规划的指导思想与该校2009年气候行动计划和费城积极推行的2009年绿色城市清洁水源计划保持高度一致。结果，当决定将这个破旧但十分重要的场地改造成“鞋匠绿地”时，可持续发展理念毫无疑问地成了这个改造工程的指导思想。

鞋匠绿地（Shoemaker Green）被认为是在传统大学绿地上附加多种不同的功能：除了大面积的绿地外，这块坡形的场地提供了通往周围建筑的无障碍通道，并可以为举办多种不同规模的活动提供场地。于是毫不奇怪，客户同意在场地上建设这个实验性项目。设计师与宾夕法尼亚大学地球和环境科学学院联合，创建了旨在建设高性能景观并对其实施长期跟踪监测的自动评级系统，用来评估场地景观的可持续性。雨水管理在这里被优雅地设计成为功能性和人性化特征相结合的系统，这一点在与33街紧邻的绿地中的一个场地排水型雨水花园表现得尤为明显。

功能性特征

鞋匠绿地的基本雨水管理理念是输送、净化、渗透或再利用于灌溉。雨水系统的目标是将现有的不透水场地表面减少49%，使从周围建筑物流到人行道上的雨水中的86%被场地内正交的排水沟渠截留，传输到草坪或者雨水花园处。草坪实际上是一个渗透盆地，接收来自排水沟渠的雨水径流（在夏天，还有空调的冷凝水），然后由一套排水管网将渗透的水输送到草坪下埋设的一个2万加仑（约75.7立方米）储水量的蓄水池中。虽然这个雨水管理组件在场地之上并没有明显地展现出来，但是雨水花园的作用却非常明确：排水沟渠穿过人行道连接到雨水花园，它通过可见的路缘石缺口将雨水导入花园中，让一条可见的雨水路径显示水进入雨水花园。之后，雨水在雨水花园中经过生物过滤和渗透作用，进入一个双层盆地系统。其中没有被植物和土壤吸收的雨水将被蓄水池收集，回用于灌溉。

无论是在雨水花园还是在草皮覆盖的渗透盆地，生物过滤都是这个ARD项目的关键技术。在这两种措施之中，植物和土壤将径流净化。此外，雨水花园地下凹盆地被一个带有中心石堰的拦沙坝划分为前池和主池；这种双池盆地系统能让沉积物在到达渗透区域之前，在前池中被沉淀去除。

鞋匠绿地的设计通过渗透和收集策略，显著减少了城市雨水排水系统的流量。根据设计师所说，“我们相信从2013年5月24日至2013年10月11日（2013年飓风安德里亚经过该场地包括在这段时间内），没有雨水从场地中外排。”这充分表明，该场地的雨水管理系统可以管理至少3.14英寸（约79.8毫米）的降雨，这远远高于场地设计要求的1英寸（约25.4毫米）“暴风雨”的降雨量。

场地内片状径流被排水沟渠在多处截留，这些沟渠的设计尺寸可以容纳至少1英寸（约25.4毫米）的降雨量。两条沟渠将雨水导入植草的渗透盆地中，该盆地可容纳最多13000加仑（约49.2立方米）的水量。另外三个沟渠为雨水花园提供水源，雨水花园至少可以容纳8500加仑（约32.2立方米）的水量。

2013年春季和夏季的180天中，雨水花园下方埋设的2万加仑（约75.7立方米）容积的蓄水池收集了123469加仑（约467.4立方米）的水，回用于灌溉。

项目的目标之一是增加场地生物多样性。雨水花园中密集种植的植物，为包括黄莺在内的本地小型动物提供了栖息地。黄莺是候鸟栖息地的重要指标性物种。

图4.56（左） 排水沟渠顺地形坡度穿过许多步行道。在这个例子中，排水沟渠将雨水收集并传输至雨水花园的主要径流入口处（设计：Andropogon Associates Ltd.，Meliora design LLC；照片：Stuart Echols）

图4.57（右） 从图4.56的雨水入口开始，一条蜿蜒的白色卵石沟渠清晰地呈现了雨水路径，无论是晴天还是雨天。雨水沿着这条种植茂密的路径，通过照片中心的石堰进入主要的渗透盆地。请注意背景中的长椅：游客会被吸引至此，驻足欣赏场地景观（设计：Andropogon Associates Ltd.，Meliora design LLC；照片：Stuart Echols）

人性化特征

鞋匠绿地通过创建了旨在赞美雨水的低调管理系统，成功营造了大学传统合院的氛围：可见的雨水路径清晰地指引到雨水花园，那里设置着由白色卵石突出的小溪和支流，这代表着雨水蜿蜒流过场地进入雨水花园的盆地，在那里水流欢快地穿过石堰跌入盆地之中。该设计将雨花园设置在场地低处，利用延伸到33街的场地坡度，吸引了所有过路者的注意。

这个ARD的教育作用并不明显：雨水管理系统没有设置标识牌，但是管理方提供了电话录音功能，为那些对项目感兴趣的游客讲述系统的工作原理。其实在这个有趣的设计中，可见的雨水路径为好奇的人们提供了足够的信息来探索场地中到底发生了什么。首先，那些有着长长的钢格栅盖板的排水沟渠，横向布置在整个场地范围内的人行道区域，收集不透水表面汇集的雨水径流。其中一些雨水直接流到雨水花园边缘的路缘石开口处，从那里开始，白色河卵石小径蜿蜒进入种植区域。很明显，这就是人行道钢格栅盖板下的排水沟截流的雨水径流。不那么明显的是钢格栅盖板的作用，它似乎直插进了草坪边缘，但还是有至少一半的游客可以猜到雨水一定是从草坪下汇集输送过来的。对于那些需要弄个究竟的人来说，北边雨水花园入口处则完全泄露了天机：在这个位置，排水沟边缘的花岗岩铺装会将人们的注意力顺势而下带到宽阔平坦的花岗岩石板处，这个构造很显然就是一个水道。即使在晴天，它的这个功能也非常明确，因为铺设白色卵石的“旱溪”路径，朝着由巨大石板构成的拦沙坝，蜿蜒穿过种植着茂密本地植物的草地之中。

色彩斑斓的雨水花园沿33街人行道设置，这样的位置确保了它们可以获得最大的可见性，并吸引路人关注和探索系统的功能。沿着人行道两侧设置的两条弧形花岗岩长凳，也吸引人们在这令人愉快的美景之中徘徊逗留。项目还有一个对于具有冒险精神的人来说不只是吸引，甚至可以说是召唤其走进雨水花园亲身体验的巧妙设计：与雨水花园几乎同宽的宽大而平坦的花岗岩石板，将前池与主池分割开来，它距离路缘石大概只有2英尺左右的距离，只需轻轻一跃，人们就可以轻松跨越拦沙坝进入系统中。也许在这个围堰结构上面稍坐休息，也是另一种享受这个美丽花园的不错方式。

项目中有多处设计是为了保证游客的安全。首先，穿越步行路的排水沟渠上面用格栅覆盖，让人们在保证安全的前提下意识到雨水的存在。此外，项目通过在雨水花园入口处种植茂密的植物，以及用在旱溪中铺满看上去不能用来行走的白色卵石（它们看起来像专门用来崴脚的设施）的方式，阻止人们进入系统。任何大胆进入系统想要穿越雨水花园的人，只能待在花岗岩石板构成的通道上，因为周围的植物太茂盛了，确实没有办法待在别的地方。最后，宽阔的双池雨水花园可以分散雨水，不会形成危险的深水区，围堰使两个水池内的流速非常缓慢。

鞋匠绿地清晰地表达了宾夕法尼亚大学对可持续发展理念的承诺，并通过高质量的选材展示了丰富的大学绿色传统，打造了复杂而优雅的环境。总结起来，这个项目表达了“我们关心，我们对环境负责，我们想让你了解雨水”以及“我们是富有经验的，在美学上高度追求的，而且是承载传统文化的。”另外需要提到的是，该项目是经过认证的样板工程项目。虽然在场地现场看不出来，但这个认可对于学校来说具有重大价值。

在鞋匠绿地，雨水是通过线条来赞美的。排水沟渠笔直、粗犷的线条清晰地与雨水花园中蜿蜒的白色卵石线条相连接。雨水路径容易被发现，也容易被跟随，这点对雨水的叙述非常重要。颜色和纹理的对比也是项目成功的关键，包括植物种类丰富的雨水花园与平整的草坪和花岗岩铺装形成的对比，以及同样作为雨水路径标记的白色卵石和金属格栅形成的对比等。

说明

- 如果你的客户希望项目得到公众对可持续发展贡献的认可，那么你应该考虑为你的ARD项目申请SITES认证。
- 为了满足项目建成后监测的要求，项目运维团队与宾夕法尼亚大学建立了伙伴关系，使监测工作变成学科教育的一部分内容，这一策略可以在其他教育机构进行复制。
- 雨水花园可以成为校园合院中的优雅的附加部分，而通常这个部分仅仅被作为一个简单的草坪对待。
- 在雨水花园茂密的植物可以带来两个重要作用，取悦欣赏美景的游客，同时阻止他们进入花园。这种密植的方式还可以减少除草的工作量。

资料来源

Almіnaña, José. 2013. Personal correspondence with authors.

McWilliams, Julie. n.d. “Shoemaker Green: Penn’s Newest Public Common.” University of Pennsylvania website. http://www.upenn.edu/spotlights/shoemaker-green-penn-s-newest-public-common. Accessed September 23, 2013.

Meliora Design website. http://melioradesign.net/Project-UPennShoemaker.html. Accessed September 23, 2013.

“Shoemaker Green: The Red and Blue Turn Grey into a Green Sustainable Site.” *University of Pennsylvania Almanac* 57, no. 01 (2010). http://www.upenn.edu/almanac/volumes/v57/n01/shoemaker.html. Accessed September 23, 2013.

“SITES™ Certifies Three More Projects.” Land: E-News from ASLA. https://www.asla.org/land/LandAr. “Shoemaker Green.” In “Certified Projects” of the Sustainable Sites Initiative. http://www.sustainable sites.org/cert_projects/show.php?id=56. Accessed November 27, 2013.

案例研究20

俄勒冈州，波特兰市，东北西斯基尤绿色街道

减少雨水污染负荷

雨水收集利用

安全性特征

减少径流对下游的破坏

教育性特征

公共关系特征

安全传输、控制和储存雨水

休闲娱乐性特征

美学丰富性特征

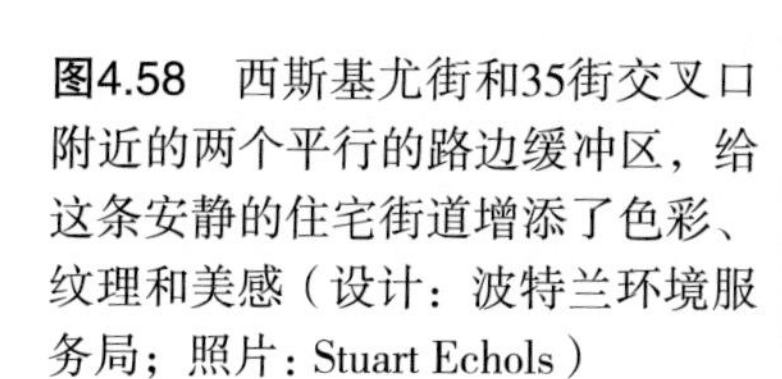
图4.58　西斯基尤街和35街交叉口附近的两个平行的路边缓冲区，给这条安静的住宅街道增添了色彩、纹理和美感（设计：波特兰环境服务局；照片：Stuart Echols）

日期：2003年

面积：590平方英尺（约54.8平方米）

地点：俄勒冈州波特兰市东北西斯基尤街，位于35街和36街之间

业主：波特兰市

设计师：波特兰环境服务局；凯文·佩里，美国风景园林协会（Kevin Perry, ASLA）

背景

这是一个不太起眼的项目，但是它展示了如何通过小型而有创意的ARDs来综合解决问题的好处。由于整个城市范围内的合流制溢流（CSO）问题严重地影响着威拉米特河，波特兰市环境服务局（BES）推出了这个位于东北西斯基尤街的小规模创新性改造项目。他们认为项目所在地的区位条件非常具有代表性，因此这个项目可以作为类似植物茂盛的住宅区改造的示范项目。BES的设计师凯文·佩里（Kevin Perry）选择位于东北西斯基尤街（NE Siskiyou Street）大约一个街区的范围进行设计，因为这个范围是一个低密度住宅街区，交通流量较小，改造难度低。此外，佩里觉得这条街环境优美，而且他本人又恰好是这片社区的居民，所以他作为BES设计师和社区居民的身份参加项目，被视为是可以将社区居民的关注带入项目方案中的潜在优势。

根据刚刚退休的BES环境专家汤姆立普顿（Tom Liptan）的说法，他们是想在街道两边对称的道旁缓冲区净化、滞留和渗透街道上的雨水径流。BES团队认为，这种改造不仅可以管理雨水，还可以通过缩窄街道降低交通噪音，同时有助于居民出行安全。当然，增加种植空间更有利于美化环境。

一些社区居民对街道改造持保留态度，原因之一是担心沿街停车位的减少。但是，BES设计团队与当地业主进行了多次街边座谈，讨论了路缘扩建的实际占地面积和如何把停车位损失减到最低。此外，BES通过将扩建部分叠加在现有路缘之上，而不是改变原路缘石结构的方法，使扩建部分成为真正意义上实现未来可拆除可改造的工程；BES团队保证，如果日后当地居民真的不接受它，这些路边缓冲区将会被不留任何痕迹地拆除掉。

最终，在西斯基尤街和35街的交叉口附近，两个长50英尺（约15.24米）宽7英尺（约2.13米）的平行水池，设置在紧挨合流制溢流排水系统入口的坡上位置。施工周期为两星期，耗资2万美元（其中包括3000美元的辅助性街道和人行道维修费用）。项目达到了全部预期效果，实现了BES的要求。更重要的是，当地居民彻底接受了新的“街道花园”，甚至自发帮助除草。事实上，在该项目刚刚完成后不久，附近社区的数百名居民就表示希望能够在他们居住的街道上也修建类似的处理系统。截止到2005年，其他街道更是有太多的居民也希望拥有他们自己的道旁雨水缓冲池，绿色街道新闻报（Green Street News）刊登了修建新的缓冲区的标准：

- 社区支持
- 具有特殊位置条件，具有实验意义的场地可以优先考虑
- 需要缓解雨水排水系统超负荷的场地
- 与地下设施不冲突的场地

BES的监测还表明，这些不起眼的小景观区域是真正成功的雨水管理系统。

功能性特征

东北西斯基尤街（Siskiyou Green Street）的基本雨水管理理念是收集、传输、净化、渗透或滞留和排放。两个雨水道旁缓冲区从9300平方英尺（约864平方米）的铺装路面上收集雨水径流［请注意，这个数字略低于我们在本书3.1部分中描述的10000平方英尺（约929平方米）的面积］；通过18英寸（约46厘米）宽的路缘开口，雨水可以从坡上一侧流入缓冲区。每个生物过滤池设有4个隔间，由3个拦沙坝（砾石覆盖的土壤）分隔而成，这其中包括一个铺有2英寸（约5厘米）厚度砾石层的前池。拦沙坝起到了减缓水流并促进渗透的作用。雨水通过植物和土壤净化后入渗到地下。缓冲区溢流出来的雨水和它周边没有被收集到的雨水将进入城市雨水排水系统中。

街道径流进入前池，在那里水中颗粒物被大量沉积；拦沙坝减缓径流在其他三个隔间中的流速，进一步促进了沉淀作用。在入渗之前，植物和土壤会对雨水进行生物过滤。

该项目主要目标是减轻雨水排放对城市排水系统的影响。2004年8月，BES进行了流动测试，模拟了25年一遇设计降雨量【6小时1.89英寸（约48毫米），15分钟内降雨量最大】和3年一遇CSO设计降雨量【夏季24小时降雨中的1.41英寸（约36毫米）量】的半小时峰值流量。试验表明，径流流量排放量在上述两种情况下分别减少了88%和85%。

图4.59（左） 街道径流通过系统坡上一侧的大型路缘石开口和入口分流器进入生物滞留池；坡下一侧小一些的路缘石开口为溢流分流器，当大型降雨事件来临时，将过量的雨水径流排出系统（设计：波特兰环境服务局；照片：Stuart Echols）

图4.60（右） 平行的道旁缓冲区降低了交通噪声，并美化了街道，为从35街进入西斯基尤街营造出一个精致而巧妙的街道入口空间（设计：波特兰环境服务局；照片：Stuart Echols）

雨水道旁缓冲区可以管理大量的雨水径流。然而，在大型降雨事件时，该设计还有一个内置的备用计划：任何不能在景观系统内消纳的雨水径流可以简单地通过或绕过系统，进入雨水排水系统。这个功能是由水流分离器来实现的。这些道旁种植池边缘有6英寸（约15厘米）深，按照坡度倾斜到中心12英寸（约31厘米）的深度。拦沙坝限定了池塘最大积水深度为7英寸（约18厘米），每个盆地的蓄水量为120立方英尺（约3.4立方米）。

系统中截留的雨水入渗地下，补充地下水。两次模拟结果都显示，当土壤在完全饱和状态下时，入渗补给速率为每小时2英寸（约50.8毫米）。

人性化特征

东北西斯基尤绿色街道项目具有多方面的宜人特征，不仅赞美了雨水，还为街道增加了花园景观。并通过设置50英尺（约15.24米）长的道旁生物过滤缓冲区盆地，将原有街道宽度从28英尺（约8.5米）缩窄至14英尺（约4.25米），从而减缓了车速。

在下雨的时候，可以很容易观察到水进入，积聚，并慢慢入渗的现象；雨水路径和系统的基本功能非常清晰。如果人们通过观察还是无法了解到雨水管理系统的工作原理，那么设置在南边道旁缓冲区的解释性标识牌上简短的文字和图形可以为其提供帮助。该标识牌上的网址链接提供了大量关于该项目的信息。

雨水系统位于道路两旁，人行道和车行道之间。这确保了它的高度可见性，为行人提供了赏心悦目的景观。

由于道旁缓冲区内植被茂盛，并且与人行道之间被传统的沿街草皮隔开，所以这些下凹潜池虽然可见，但行人却很难进入。此外，水池下凹深度不大以及较宽的水平距离，使水池盆地内的雨水量控制在安全的高度，同时拦沙坝大大降低了系统内的流速。总而言之，即使在大型降雨事件来临时，系统中的积水也是很浅的，而且积水时间非常短暂。

这个简单的小项目却表达了很多关于城市的信息："我们关心、我们对环境负责，我们想要你了解雨水"以及"我们智慧，机智，聪明，通过巧妙使用这个小面积且并不起眼的区域，既实现了对雨水可持续管理的功能，又降低了车速，美化了社区环境。"

植物品种的选择非常丰富，色彩和纹理主要集中在灰色、蓝色和绿色的相近颜色组合中，球茎花卉华丽地展现着春天的颜色。此外，几乎所有的植物品种都是常绿的，这是出于对全年景观效果的考虑（同时可以帮助减缓水流通过系统的速度）。两个对称布置的缓冲区在东北西斯基尤和35街的交叉口附近营造了一个宁静的街道入口。

说明

- 汤姆·利普坦（Tom Liptan）根据他在这个项目上的经验，在劝说谨慎的客户采用绿色基础设施和ARDs时经常采用的有效说法是："让它变得小巧、无威胁、可恢复。"
- 这个项目在受到空间和预算限制的情况下达到了三个重要的目标（雨水管理，消除交通噪声，美化街道环境）。
- 道旁缓冲区内种植的植物高度在3英尺（约90厘米）或以下，这是为了使这个花园景观看上去小巧且不具有威胁性；而它们的种植密度却比通常情况下高很多，这是为了减少维护成本（减少杂草生长的空间），并快速提供美学效果。
- 如果可能，进行项目后测试和监测，以确保系统的功能性要求，发现问题并进行改善。当然，更重要的是为您的下一个ARD客户提供令人信服的数据。
- BES得出的结论是，前池可以通过设计来降低清理难度（第一年系统清理了两次），拦沙坝可以采用更加可持续性的建造方式，防止它在大型降雨事件中受到侵蚀破坏。

信息来源

City of Portland. 2005. *Green Street News*. Summer 2005.

City of Portland Bureau of Environmental Services. 2004. *Flow Test Report: Siskiyou Curb Extension, August 4, 2004*. http://www.portlandonline.com/shared/cfm/image.cfm?id=63097. Accessed November 12, 2013.

City of Portland Bureau of Environmental Services. 2005. *NE Siskiyou Green Street Project Report*.

Liptan, Tom. 2006, 2013. Personal correspondence with authors.

Perry, Kevin Robert. 2013. Personal correspondence with authors.

第五部分 结论：一些不完整的想法

XYZ小学校长面临着一个困局：城市负责雨水管理的官员希望学校减少一半的停车位，因为肮脏的径流雨水会直接通过学校植草滞留池，进入小溪，这直接导致了溪水水质的下降。这是不可能的！他们的每一个停车位都是不可减少的。她打电话咨询一个她认识的景观建筑师，而碰巧的是，这位景观建筑师刚刚读了一本关于巧妙雨水设计的书。他觉得这是一个绝佳的机会来实验书中的观点，于是他向校长分享了一些他的想法。

首先，他请校长放心，停车场不需要减少。然后，他提出了一个绿色基础设施的改造方案：建造一个种植着本地多年生植物的生物洼地，将从屋顶和停车场收集的雨水输送到这个生物洼地内；在这里雨水将被净化，同时一部分雨水在这里渗入地下。将滞留池加深1英尺，这个深度大概可以截留初期雨水冲刷的水量。本地多年生种植生物带的根系，将有助于过滤和渗透雨水。生物带的线性外观来自于水流外形的灵感。在水池中设置河流岩石构成的旱溪，用它们来勾勒滞留池中小到中型水流的路径，它可以在减缓滞留池中水的流速、促进沉淀作用的同时，告诉人们这里是“有水的地方”。在新的雨水花园中设置鸟屋和进入用的踏脚石。问题就这样解决了：雨水在离开场地之前，水量减少了，水质提升了。但结果还远不止如此。场地成了一个新的户外教室，孩子们在这里学习地下水的补给，认识和研究本地植物、鸟类、蜜蜂和蝴蝶的栖息地，以及了解这一切是如何在一个美丽的景观之中协同工作的。

这本书的目的是帮助你重新思考雨水管理系统。现在的法规要求我们积极主动地解决水量和水质问题，这本书证明了采用ARD方法来管理雨水，可以实现更多的目标。我们希望本书前面的部分已经提供给你足够多的想法和灵感，这样你就可以像前面几部分内容中我们那些充满想象力的设计师们一样，创造出不一样的景观场地，既可以管理雨水，也可以创造动植物栖息地、有趣体验和学习机会。

但是也许你能从这本书中学到的最重要的三个观点是：

想法一：让景观发挥作用！

这是一个如此简单的想法，但直到土木工程师史蒂夫·本茨（Steve Benz）把它表达出来时，我们才迎来了这关键的“啊哈！”时刻。史蒂夫的观点很简单：在每个建设项目中，景观经常被当成为了通过该项目审批的需要而不得不做的部分，并且经常被认为过于昂贵（特别是在设计师的眼中）。但我们知道，景观作为项目的组成部分，经常被设计师认为是可以随意减少的，这样做能够确保用于项目中其他优先项的资金充足。貌似合理的解释通常为“我们可以完成其他部分，最后再回来加强景观效果”或“植物是会生长的；我们可以种些小的来节省成本。”最后的结果往往是设计损失了重要的空间元素，原本是可以利用这些空间元素来促进社会交往、提高环保意识、改善交通系统等作用的。这些没有具备重要功能的空间设计，使景观被降级成为火鸡盘边的西芹，“绿化”了建筑（但根本不够！）

如果景观作为场地开发所必需的雨水管理系统，那么一切都会改变。正如本茨所说：“专注于景观的功能性要求：让它们发挥作用！然后它们将成为项目必不可少的组成部分，不能因为投资而削减掉。”多么简单而强大的概念！

因此，在您寻求设计ARD（一个具有人性化特征的景观，又是一个真正可持续的暴雨管理系统）时，请记住以下几点：

- 牢记这句格言：“永远是慢下来，扩散开，吸收它。”将整个场地作为可持续的雨水管理系统。尽可能多地分散这些雨水，努力模仿自然景观中的场地对雨水的收集过程。这一策略实现了两个重要的目标：它有效地管理了雨水水量和水质，并确保您设计的每一寸景观对项目来说都是非常必要的。
- 确保雨水管理系统真正有效。认真设计传输和储存系统的容量（然后增加一些额外的容量），并确保过量的雨水发生溢流时，有一个备用系统可以把水送到你想让它去的地方，而不是流进别人的地下室里。为你的备用计划做好准备吧，因为你最不希望看到的就是系统出现故障，到那时你的客户会说：“嗯，它看起来还不错，但它实际上行不通。”
- 不要让系统在技术上过于复杂，因为复杂意味着系统可能会出现更多故障。保持系统基本原理的简单性，不要采用过多的机械部件，这样会导致系统出现断供、堵塞或者泄漏等等。
- 基于三个原因，尽可能使用绿色方式。首先，根据规定，你需要让这个场地的雨水管理能力恢复到开发前的状态；有什么方法比让一个景观来完成这项工作更好的呢?如果你的目标是模拟自然景观对雨水的管理，那么建造一个这样的景观不是很明智吗?这个想法非常简单，但让人感到尴尬的是，这目前还不是我们常用的雨水管理方法。其次，通过使用绿色基础设施，业主和维护人员可以避免由许多地下系统问题引起的头痛，如堵塞的管道和淤塞的集水池。绿色基础设施将大量维护工作留在了地面之上——这更加容易进行修理，也更容易在问题升级成为噩梦之前被人发现。最后，现在有大量的绿色基础设施用户报告说，无论从建设成本还是从生命周期成本来计算，绿色基础设施都比灰色基础设施更加便宜，而且其增加的附加值也能带来非常显著的经济效益。为了证实这一点，我们来看看亚特兰大市的历史第四区公园。市政当局统计，他们通过采用修建雨水管理公园而不是扩建下水道的方式，节省了2000万美元；他们还计算，该公园的建成吸引了场地周边超过4亿美元的私人土地开发项目（更多信息请参阅本书第4部分中历史第四区案例研究）。或者干脆听听俄勒冈州波特兰环境服务局退休环境专家汤姆·利普坦Tom Liptan的说法。根据他20多年来在该市绿色基础设施建设方面的工作经验，经过成本对比分析，绿色基础设施明显胜过灰色基础设施。

想法二：让景观明显公开地赞美雨水

让我们很高兴的是人们会经常联系我们，建议我们对某个特定的雨水管理系统进行研究，并将它纳入到我们的案例研究部分。然而，当我们前去调研时经常会发现，项目是一个吸引人的生物洼地或者是一个设计可爱的雨花园，但并不是一个巧妙雨水设计项目。“等一下，”你一定在想，“这有什么不对吗？嗯，没有什么不对，除了这个雨水管理系统只是被设计成为一个具有视觉吸引力的景观之外，实际上它错过了一个非常重要和适时的表达机会：在我们为保护环境而努力的这一点上，我们需要告知人们关于雨水的价值。我们需要雨水管理系统能够清晰而有趣地赞美雨水，并让游客们说：“看看雨水在干什么！”或者，“看！那是雨水。”我们尤其需要让人们意识到雨在水文循环中的重要作用：“从屋顶到河流”和“从停车场到池塘”才是我们需要传达的信息类型（这在我们的许多案例研究中都能够发现）。

为什么这一点如此重要？景观建筑师里奥·阿尔瓦雷斯（Leo Alvarez）在2013年5月出版的《景观建筑学》（Landscape Architecture）杂志上发表了一篇精彩的文章。描述他在为他的工作单位亚特兰大Perkins + Will公司总部设计的一个小巧而优雅的ARD时，他解释道：“我们的目标之一就是让它可以被看到。这里面有很多元素都对环境有好处，但如果没有人能够看到，就没有实现项目的设计目标。”[1]

在这一点上，我们的方向就是要实现目标，帮助公众认识到雨水是我们的重要盟友，而不是敌人。

因此，一个真正的ARD项目毫无疑问首先必定是一个美丽的景观：经过缜密的构思，色彩纹理丰富。这必须比处理雨水本身更具有价值；它必须被视为一个拥有环境价值并且美丽的地方，因为只有当人们足够热爱一个景观，对它进行保护和维护，它才可能是可持续的——这恐怕就是景观的可持续性。所以，对于所有那些创造了可持续雨水管理系统的人们，我们想说：“干得好！”这些雨水管理景观的所有者和来参观他们的游客得到了真正的人性化享受，我们希望这些设施能够持续下去。但是，我们想恭敬地补充一句，下次为什么不更进一步，真正地赞美那片景观上的雨水呢：惊喜，喜悦，或者教育人们关于雨水的意义。我们就实现了目标！

想法三：它不可能只是一只工作犬或只是一只选秀犬

好吧，这个比喻并不完美，但是我们认为你能够明白我们的意思。有许许多多的工作犬，在它们放牧、捉鸭或者导盲的工作领域非常勇敢和出色地承担着自己的任务。这些犬的长相并不重要；它们的价值取决于它们完成某项工作的能力。而且据说那些血统非常混杂的品种要比那些血统纯正的品种有更好的脾气，这有利于完成它们的任务。还有一类血统纯正的犬是专门为选秀而生的，这些犬被主人们精心地养育和修饰着，就是为了能够拥有绝佳的外形外表。而它们的行为却并不是那么优秀，工作的能力更加说不上好了。现在您是否明白了我们的比喻呢？

让我们直接丢掉这个比喻进入正题：成功有效的ARD项目既不仅仅是工作犬，也不仅仅是走秀犬。它必须具同时具备两者的优势；它必须能够很好地发挥其可持续的雨水管理功能，同时还必须具有吸引力，能够让人们从它赞美雨水的方式中获得体验感和学习机会。

不幸的是，我们已经见到了足够多充满善意的例子，勤奋的工作犬们和美丽的走秀犬们。我们见到了市政工程师充满激情地建造出看上去就像城市景观中的杂草补丁一样的绿色基础设施系统，我们也见到了视觉上令人惊叹，对雨水进行赞美，但根本没有雨水管理功能的项目。如果我们想实现目标，我们可承担不起建造这样两种效果类型的项目。简单地说，我们必须建造可以可持续管理雨水的ARD项目，并借助他们明确地赞美雨水。我们必须建造这样的ARD项目：人们尊重它们在雨水管理上的成功，并欣赏它们传达雨水是资源这一美丽信息的方式。做不到这两点，那就是错失了良好的机会。

将这三个伟大的想法牢记于心，那么我们现在转过头来解决我们收集到的最常见的疑问，它们来自希望建造ARD项目，但又觉得他们做不到的设计师们。

疑问一：“好吧，那是在波特兰。在我们这里可不能这样做！”

我们已经在这本书前面的内容中不止一次地指出，俄勒冈州的波特兰并不是什么神奇的奥兹国（小说《绿野仙踪》中的虚构之境），你在你所在的地理位置上所遇到的限制，在波特兰一样是有可能存在的。将你对波特兰不客观的想象放在一边，要知道波特兰之所以推广ARD，是因为这个城市面临着CSO危机：在这里，紧迫的需求才是这个发明之母。因此，波特兰仅仅只是全国范围内首批面临日益严格的雨水管理限制措施的众多城市之一，确实是因为危机激发了波特兰的创造力。当然，我们不应该忽视波特兰或位于其他地理区域城市的ARD项目，我们应该更加广泛地向他们学习，因为如果我们真正了解了ARD项目成功的原因和方法，我们就能成功地建造我们自己的ARD项目。

疑问二：“是的，但是我们怎么知道它一定会起作用呢？”

这种怀疑是非常现实的：许多设计师告诉我们，他们希望在设计中采用绿色基础设施的方式，但是他们的客户不相信采用这样的方法可以有效地管理雨水。好在现在越来越多的项目中采用了建造后检测系统（参见第四部分中的案例研究中的一些例子）。同时，还有越来越多的项目在获得SITE认证（SITE是一套旨在指导和评价自愿采用可持续场地设计的指标体系）。为了获得SITE认证，项目必须监测它的性能，所以获得SITE认证的项目或案例研究为说服客户提供了一个重要的参考。就在本书撰写的过程中，美国景观建筑师协会（American Society of Landscape Architects）也提供了全国范围内很多雨水管理项目案例研究的监测数据（http://www.asla.org/storm watercasestudies.aspx）。换句话说，您可以研究大量现有项目的性能和雨水管理措施，找到成功构建ARD绿色基础设施所需要的数据。

疑问三："它太贵了！"

越来越多的数据表明，绿色基础设施的投资比灰色基础设施的投资要小。仔细研读本书中的案例研究部分，并且查阅相关的出版物，包括美国景观建筑师协会的绿色银行。"绿色银行：绿色基础设施是如何节省市政资金并带来社区经济效益的"（http://www.asla.org/ContentDetail.aspx？id = 31301）。还有美国环境保护局（EPA）的"采用LID（低影响开发）的策略和措施来降低雨水管理成本"（EPA 841-F-07-006, December 2007, at http://www.epa.gov/nps/lid）。当你读完这些文章时，将会有更多这样的资源可以供你使用，所以要做好功课来使得你的绿色项目更加经济。

一旦你跨进了绿色基础设施这个大门，接下来就是把钱用在绿色基础设施人性化特征的方面了，让它来赞美雨水。在这里，要为你的客户考虑了：学校甚至市政当局越来越多地在项目中寻找公共关系特征效益，用以表现其在可持续发展理念中的领先位置。对于私人开发商而言，如果项目的公共关系特征通过良好的人性化措施得以实现，并且因此可以使他的投资效益增大，他肯定会接受这个新的理念。比如我们案例研究部分的高点项目，其赞美雨水的雨水管理系统成了该项目的品牌特性。还有第十霍依特项目的案例研究，该公寓开发商确信ARD庭院成为这个项目的一个标志性名片，在一定程度上，庭院景观为项目顺利而又快速的出租做出了重要贡献。如果你能使你的客户相信，ARD在经济上、主题上还有品牌知名度上都是值得进行投资的话，那么你就应该打消这个疑虑了。

疑问四："是的，但是这里会结冰。"

这种疑问是那些在严寒地区生活的人们常用的说辞，从功能性特征和人性化特征的角度来看，这完全是不用担心的。原因如下：

- 如果你建造的是绿色基础设施ARD项目，那么它的功能和自然景观是一样的：

降水在地面上冻结并保留，等它融化后，它将在系统中流动。其实就是这么简单。

- ARD是唯一可以使结冰成为赞美雨水的水景类型的项目。为什么这么肯定呢?如果雨水是通过地面传输，而不是在管道内传输，就不必担心管道结冰破裂。以我们的第四部分案例研究之一的斯沃斯莫尔科学中心为例，项目的设计师在报告描述，"结冰从来不是一个问题"，由结冰产生的"冻雨"悬挂在排水道口上，即使在冬天也可以让人们感受雨水（图5.1）。

图5.1 斯沃斯莫尔科学中心的冻雨悬挂在排水道口边缘，让人们意识到即使在冬天，雨水也是重要的（设计ML Baird & Co., Einhorn Yaffee Prescott；照片：Mara Lee Baird）

疑问五："维护太麻烦了。"

让维修人员参与到你的ARD项目功能和目标的设计工作中是相当有挑战性的，但这通常会对团队合作提供一个有助于激发教育性特征和创造性的难得机会。若真的花费时间和精力来这样工作，一定会对项目在长周期运行的效果起到至关重要的作用。第4部分的案例研究中提供了一些简单且具有创造性的方法：

- 小溪谷的设计师与项目维护团队就项目的运营维护召开会议，会议上明确了项目的维修养护要求，这种方式使维护人员也成为设计团队的一分子。
- 高点项目中，团队组建采取了一种不同的方式：项目开始阶段，承包商就被邀请参与筹划项目的可持续发展目标，他们也确实给出了很多建议，这使得项目在规划阶段就得到了极大的提升和改进。在某些情况下，这对于维护团队的工作来说是一个极好的策略。没有什么比让人们怀着崇高的目标，作为团队一员投入到某件具有创造性的工作之中更美好的事情了。
- 为了尽可能明确地区分出项目中种植的植物和入侵植物，大量案例研究的项目设计师种植植物采取以网格限定或其他更明显的方式来配置植物，以便维护人员更容易发现杂草。或者他们通过加密种植的方式（增加植物尺寸或增大种植数量）来压缩杂草的生长空间。

- 所有的雨水管理系统都需要维护，有些维护的范围会更加全面。为了让ARD的外观更符合游客和邻居通常对景观的审美喜好（我们美国人更喜欢整洁的景观！）[2]要确保足够的养护频率来保持它的外形。你肯定不想让当地的房主把你的ARD看作是一堆蓬乱、杂草丛生、缠绕在一起的碍眼野地。
- 特别注意种植颜色搭配。我们认为可以经受住时间和植物生长的考验的ARD项目具有一些共同的重要特征：成熟期的植物尺寸与绿色基础设施系统相适应，植物不会显得非常稀松（普通美国人认为这种稀松是不受欢迎的“邋遢”）。

总而言之：是的，在目前我们这个可持续发展设计的历史阶段，ARD项目还是具有很多挑战的，但一定不要让这些挑战阻止你去追求建造功能强大、有教育意义和令人兴奋的雨水管理系统。让我们预测未来的挑战，并用创造性来应对它们。

阅读完以上所有的例子、想法、问题、反驳和资源，我们希望你能在你设计的雨水管理系统中采用代表未来的ARD设计策略。把今天日益严格的雨水治理条例看作是一个令人兴奋的机会，而不是一个负担。事实上，我们必须管理雨水，什么都不做是不正确的。让我们运用智慧，通过管理雨水的机会实现其他目标：从教育到美学到刺激周边区域的发展再到创造绿色就业。让我们巧妙地利用土壤和植物来管理雨水，它们本身就是如此擅长这项工作。让我们通过“实现目标”来提供非凡的公共服务，教会人们将雨水视为生命的源泉，而它本来就应该名副其实。

最后感谢那些为本书带来灵感的设计师们，感谢他们创造出这么多具有创意的设计作品。我们从1997年苹果公司在他们的“Think Different”（另类思考）活动中的广告中引用了这段文字（https://www.youtube.com/watch?v=8rwsuXHA7RA）：

“致疯狂的人们：不合时宜者、叛乱者、麻烦制造者、方洞里的圆楔子们——所有那些用不同方式看待事物的人们，因为他们不喜欢规则。你可以同意他们的观点，也可以不同意他们的观点。可以赞美他们，也可以诋毁他们。但你唯一不能做的就是忽视他们，因为他们创造了不同——他们推动了人类的进步。”

注释：

1. Jonathan Lerner, “The Last Drops,” *Landscape Architecture* 2013 (5): 60.
2. For an exploration of this topic, see Eliza Pennypacker, “What Is Taste, and Why Should I Care?,” *Proceedings of the 1992 International Conference of the Council of Educators in Landscape Architecture* (Washington, DC: Landscape Architecture Foundation, 1992): 63–74.

巧妙雨水设计项目列表

项目名称	项目所在地	设计人
Arizona State University Polytech Campus	Mesa, AZ	Ten Eyck Landscape Architects, Inc.
Underwood Sonoran Landscape	University of Arizona, Tempe, AZ	Ten Eyck Landscape Architects, Inc.
Pacific Cannery Lofts	Oakland, CA	Miller Company Landscape Architects, David Baker Architects
Rodgers School	Stamford, CT	Mikyoung Kim Design
Washington Canal Park	Washington, DC	OLIN
Southwest Recreation Center Expansion	University of Florida, Gainesville, FL	RDG Planning and Design
1315 Peachtree	Atlanta, GA	Perkins+Will
Historic Fourth Ward Park	Atlanta, GA	Phase I: HDR; Phase II: Wood+Partners
Lamar Dodd School of Art	University of Georgia, Athens, GA	Ecos Environmental Design
International Student Center Rain Garden	Kansas State University, Manhattan, KS	Department of Landscape Architecture/Regional & Community Planning, KSU
Outwash Basin at Stata Center	Massachusetts Institute of Technology, Cambridge, MA	OLIN; Nitsch Engineering
Maplewood Rain Gardens	Maplewood, MN	Joan Nassauer et al.
Queens Botanical Garden	Queens, NY	Atelier Dreiseitl with Conservation Design Forum; BKSK Architects
10th@Hoyt	Portland, OR	Koch Landscape Architecture
The Ardea	Portland, OR	Mayer/Reed
Atwater Place	Portland, OR	Mayer/Reed
Buckman Heights	Portland, OR	Murase Associates
Gibbs Street Bridge	Portland, OR	Mayer/Reed
Glencoe Elementary School	Portland, OR	Portland Bureau of Environmental Services
Headwaters at Tryon Creek	Portland, OR	Greenworks
Howard Hall, Lewis and Clark College	Portland, OR	Walker Macy

项目名称	项目所在地	设计人
Mount Tabor Elementary School	Portland, OR	Portland Bureau of Environmental Services
New Seasons Market Arbor Lodge	Portland, OR	Lango Hansen Landscape Architects PC; Ivan McLean
New Seasons Market Seven Corners	Portland, OR	Portland Bureau of Environmental Services
Oregon Museum of Science and Industry	Portland, OR	Murase Associates
Rain Garden at the Oregon Convention Center	Portland, OR	Mayer/Reed
Rigler Community Garden Gazebo	Portland, OR	Liz Hedrick
RiverEast Center	Portland, OR	Greenworks; Group MacKenzie
Siskiyou Green Street Project	Portland, OR	Portland Bureau of Environmental Services
Stephen Epler Hall	Portland, OR	Atlas Landscape Architecture; KPFF Consulting Engineers; Mithun
Southwest 12th Avenue Green Street	Portland, OR	Portland Bureau of Environmental Services
Southwest Montgomery Street	Portland, OR	Nevue Nguyan
Tanner Springs Park	Portland, OR	Atelier Dreiseitl with Greenworks
Water Pollution Control Laboratory	Portland, OR	Murase Associates
Taylor Residence	Kennett Square, PA	Margot Taylor
Liberty Lands Park	Philadelphia, PA	Pennsylvania Horticultural Society and CH2MHill
Salvation Army Kroc Center of Philadelphia	Philadelphia, PA	Andropogon Associates Ltd.
Shoemaker Green	Philadelphia, PA	Andropogon Associates Ltd.; Meliora Design LLC
Springside School Rain Wall and Gardens	Philadelphia, PA	Stacy Levy
Center for Sustainable Landscapes	Phipps Conservatory, Pittsburgh, PA	Andropogon Associates, Ltd.

项目名称	项目所在地	设计人
Swarthmore Science Center	Swarthmore, PA	ML Baird & Co.; Einhorn Yaffee Prescott
Ridge and Valley	The Arboretum at Penn State, University Park, PA	Stacy Levy with MTR Landscape Architects; Overland Partners
Automated Trading Desk	Mount Pleasant, SC	Nelson Byrd Woltz Landscape Architects; Tinmouth Chang Architects
Ladybird Johnson Wildflower Center	Austin, TX	J. Robert Anderson Landscape Architects; Overland Partners
The Green at College Park	University of Texas, Arlington TX	Schrickel, Rollins, and Associates
Belo Center for New Media	University of Texas, Austin, TX	Ten Eyck Landscape Architects, Inc.
Manassas Park Elementary School	Manassas Park, VA	Siteworks LLC
Campbell Hall Renovations	University of Virginia, Charlottesville, VA	Nelson Byrd Woltz Landscape Architects
The Dell	University of Virginia, Charlottesville, VA	Nelson Byrd Woltz Landscape Architects
South Lawn Commons "water circuit"	University of Virginia, Charlottesville, VA	Office of Cheryl Barton
Cedar River Watershed Education Center	North Bend, WA	Jones and Jones
Waterworks Garden	Renton, WA	Lorna Jordan
2nd Ave Edge Street (SEA Street)	Seattle, WA	Seattle Public Utilities
110 Cascade	Seattle, WA	Seattle Public Utilities
Growing Vine	Seattle, WA	GAYNOR, Inc.; Carlson Architects; SvR Design Company; Buster Simpson
High Point	Seattle, WA	SvR Design Company; Mithun; Bruce Meyers
Pierce County Environmental Services	University Place, WA	Bruce Dees & Associates; SvR Design Company; The Miller|Hull Partnership
Washougal Town Square	Washougal, WA	GreenWorks; Sienna Architecture Company, Inc.; Ivan McLean

参考文献

第一部分

Bay Area Stormwater Management Agencies Association. 1997. *Residential Site Planning & Design Guidance Manual for Stormwater Quality Protection*.

Biswas, A. K. 1970. *History of Hydrology*. Amsterdam: North Holland Publishing.

Carson, R. 1962. *Silent Spring*. New York: Houghton Mifflin.

CIRIA. 2007. *The SUDS Manual C697*. Construction Industry Research and Information Association. http://www.ciria.org/service/AM/ContentManagerNet/Search/SearchDisplay.aspx?Section=Search1&FormName=SearchForm1.

Clean Water Services. 2009. *Low Impact Development Approaches Handbook*. http://www.cleanwaterservices.org/content/.../Permit/LIDA%20Handbook.pdf. Accessed September 24, 2013.

Coffman, L. 2000. *Low-Impact Development Manual*. Prince George's County, MD: Department of Environmental Resources.

Dreiseitl, H., and Grau, D. (eds.). 2005. *New Waterscapes: Planning, Building and Designing with Water*. Berlin: Birkhäuser.

Dreiseitl, H., Grau, D., and Ludwig, K. H. C. (eds.). 2001. *Waterscapes: Planning, Building and Designing with Water*. Berlin: Birkhäuser.

Dunnett, N., and Clayden, A. 2007. *Rain Gardens: Managing Water Sustainably in the Garden and Designed Landscape*. Portland, OR: Timber Press.

Dzurik, A. A. 1990. *Water Resources Planning*. New York: Rowman and Littlefield.

Ferguson, B. 1990. "Role of the Long-Term Water Balance in Management of Stormwater Infiltration." *Journal of Environmental Management* 30: 221–233.

Ferguson, B. 1994. *Stormwater Infiltration*. Boca Raton, FL: CRC Press.

Ferguson, B. 1995. "Storm-Water Infiltration for Peak-Flow Control." *Journal of Irrigation and Drainage Engineering* 121 (6): 463–466.

Ferguson, B. 2005. *Porous Pavements*. Boca Raton, FL: CRC Press.

Göransson, C. 1998. "Aesthetic Aspects of Stormwater Management in an Urban Environment." In *Proceedings of Sustaining Urban Water Resources in the 21st Century*. Rowney, A. C., Stahre, P., and Roesner, L. A., eds., 406–419. New York: ASCE/Engineering Foundation.

Hager, M. C. 2001. "Evaluating First Flush." *Stormwater, the Journal for Surface Water Quality Professionals* 2(6). http://www.stormh2o.com/SW/Articles/219.aspx.

Kent, K. M. 1973. *A Method for Estimating Volume and Rate of Runoff in Small Watersheds*. SCS-TP-149. Washington, DC: U.S. Department of Agriculture Soil Conservation Service.

Law, S. 2011. "River City's Pipe Dream." *Portland Tribune*, November 9, 2011. http://cni.pmgnews.com/component/content/article?id=15327. Accessed January 5, 2014.

Liptan, T. 2013. Telephone interview with the authors. September 2013.

Maplewood, Minnesota. 2013. "Rainwater Gardens." Accessed August 29, 2013. http://www.ci.maplewood.mn.us/index.aspx?NID=456.

McHarg, I. 1969. *Design with Nature*. New York: Natural History Press.

National SUDS Working Group. (2003). *Framework for Sustainable Urban Drainage Systems (SUDS) in England and Wales*. London: CIRIA.

Niemczynowicz, J. 1999. "Urban Hydrology and Water Management: Present and Future Challenges." *Urban Water* 1: 1–14.

Owens Viani, L. 2007. "Seattle's Green Pipes." *Landscape Architecture* 97 (10): 100–111.

Prince George's County Government Environmental Services Division. 1993. *Design Manual for Use of Bioretention in Stormwater Management*. Prince George's County, MD: Department of Environmental Resources.

Roesner, L., and Matthews, R. 1990. "Stormwater Management for the 1990s." *American City and Country* 105 (3): 33.

Schueler, T. 1987. *Controlling Urban Runoff: A Practical Manual for Planning and Designing Urban BMPs*. Washington, DC: Metropolitan Washington Council of Governments.

Schueler, T. R. 1995. *Site Planning for Urban Stream Protection*. Washington, DC: Metropolitan Washington Council of Governments.

SCS. 1975. *Urban Hydrology for Small Watersheds*. Technical Release 55. Washington, DC: U.S. Department of Agriculture Soil Conservation Service.

SCS. 1982. *Computer Program for Project Formulation Hydrology*. Technical Release 20. Washington, DC: U.S. Department of Agriculture Soil Conservation Service.

Stahre, P. 2006. *Sustainability in Urban Storm Drainage: Planning and Examples*. Stockholm, Sweden: Svenskt Vatten.

Strom, S., and Nathan, K. 1993. *Site Engineering for Landscape Architects*. New York: Van Nostrand Reinhold.

Thompson, J. W., and Sorvig, K. (2000). *Sustainable Landscape Construction: A Guide to Green Building Outdoors*. Washington, DC: Island Press.

Tourbier, J. T. 1994. "Open Space through Stormwater Management: Helping to Structure Growth on the Urban Fringe." *Journal of Soil and Water Conservation* 49 (1): 14–21.

Urbonas, B., Roesner, L., and Sonnen, M. 1989. *Design of Urban Runoff Quality Controls*. New York: American Society of Civil Engineers.

Wenk, W. E. 1998. "Stormwater as Civic and Ecological Urban Framework." In *Proceedings of Sustaining*

Urban Water Resources in the 21st Century. Rowney, A. C., Stahre, P., and Roesner, L. A., eds., 434–453. New York: ASCE/Engineering Foundation.

第二部分

Beyard, M. D. 1989. *Business and Industrial Park Development Handbook*. Washington, DC: Urban Land Institute.

Bookout, L. 1994a. *Residential Development Handbook*. 2nd ed. Washington, DC: Urban Land Institute.

Bookout, L. 1994b. *Value by Design: Landscaping, Site Planning, and Amenities*. Washington, DC: Urban Land Institute.

Corbin, J., and Strauss, A. L. 2008. *Basics of Qualitative Research: Grounded Theory Procedures and Techniques*. 3rd ed. Newbury Park, CA: Sage.

Deming, E., and Swaffield, S. 2011. *Landscape Architecture Research: Inquiry, Strategy, Design*. Hoboken, NJ: Wiley.

Echols, S., and Pennypacker, E. 2008. From Stormwater Management to Artful Rainwater Design. *Landscape Journal* 27 (2): 268–290.

Kaplan, R., Kaplan, S., and Ryan, R. L. 1998. *With People in Mind*. Washington, DC: Island Press.

Koch, S. 2006. Interview with the authors, Portland, OR.

Kone, D. L. 2006. *Land Development*. 10th ed. Washington, DC: National Association of Home Builders.

McDonald, S. 2006. Mithun Partners. Interview with the authors, Seattle, WA, March 8.

O'Mara, W. P. 1988. *Office Development Handbook*. Washington, DC: The Urban Land Institute.

Owens Viani, L. 2007. "The Feel of a Watershed." *Landscape Architecture* 97 (8): 24–39.

Whyte, W. H. 1980. *The Social Life of Small Urban Spaces*. New York: Project for Public Spaces.

第三部分

Byrd, Waren. 2006. Interview with the authors. Charlottesville, VA. March 10.

Richman, T. 1999. *Start at the Source: Design Guidance Manual for Stormwater Quality Protection*. San Francisco, CA: Bay Area Stormwater Management Agencies Association.

US Environmental Protection Agency. "Green Infrastructure." http://water.epa.gov/infrastructure/green infrastructure/index.cfm.

第五部分

Lerner, J. 2013. "The Last Drops." *Landscape Architecture Magazine* 103 (5): 52, 54, 56, 58, 60.

Pennypacker, Eliza. 1992. "What Is Taste, and Why Should I Care?" Proceedings of the 1992 International Conference of the Council of Educators in Landscape Architecture. Washington, DC: Landscape Architecture Foundation: 63–74.